사진 & 일러스트로 보는 꿈의 자동차 기술　　**Motor Fan** illustrated

Motor Fan
illustrated

AUTONOMOUS DRIVING

자율주행의 모든것

GoldenBell
www.gbbook.co.kr

003 도해특집 자율주행에 대한 모든것

005   **CHAPTER 1**   **자율주행에 대한 기초지식** AI의 역할 / 센서의 역할

019   **CHAPTER 2**   **자율주행 로드맵**

024   **COLUMN 01**   드디어 시작된(?!) 로봇 레이스

027   **CHAPTER 3**   **자율주행 전야**
[메르세데스 벤츠 E클래스 / BMW 5시리즈 / 테슬라 모델 S /
볼보 V90 / 닛산 세레나 / 스바루 임프레자 스포츠]

041   **COLUMN 02**   연결로 인해 발생하는 위협

043   **CHAPTER 4**   **자율주행이 변화시켜 나갈 모습**

053   **COLUMN 03**   자율주행시대의 HMI를 생각해 본다.

055   **CHAPTER 5**   **자율주행에 필요한 법률 정비**

068   **COLUMN 04**   일본 최초, 세계 최대의 자율주행기술 평가시설의 운용을 시작

071   **CHAPTER 6**   **자율주행의 체커깃발은 어디에?**

086   **COLUMN 05**   가나자와대학이 연구 중인, 자율주행을 사용한 인구과소지역에서의 공공교통기관 확대 대처방법

089   **CHAPTER 7**   **자율주행의 키 - 플레이어들의 의도**

110   **COLUMN 06**   GT 레이싱 카인 포르쉐 911 RSR에 밀리파 레이더를 탑재. 그 의도는….

114   **CHAPTER 8**   **안전향상과 인력부족 해소를 위한 카드가 될 수 있을까.**

117   **CHAPTER 9**   **괴산이 아니라 신뢰할 수 있느냐 여부가 관건**

121   **EPILOGUE**   [시미즈 가즈오의 견해] **모든 사람에게 이동의 자유를**

Motor Fan
illustrated
Special Edition
CONTENTS

123

도해특집 **최첨단 안전기술**

125	**INTRODUCTION**	자동차의 「안전성」 이란 무엇인가.
127	**BASICS 01**	[운전자를 중심으로 생각했을 때…] **멀티 센서가 만드는 전방위 「가상 방어」**
129	**BASICS 02**	[아직 끝나지 않는 대책] **현재의 「충돌안전」**
131	**BASICS 03**	[충돌안정성을 담보하는 규칙] **세계의 충돌안전기준과 NCAP**
134	**BASICS 04**	[가상과 메커니즘의 융합으로] **더미의 경이적인 변화**

137	**[CHAPTER 1]**	0차 안정성
142	**[CHAPTER 2]**	1차 안정성
155	**[CHAPTER 3]**	1⁺차 안정성
168	**[CHAPTER 4]**	2차 안정성
177	**[COLUMN]**	「입력1.000000」과 「출력1.000000」 AI는 사고제로를 실현할 수 있을까.

181	**EPILOGUE**	계속해서 논의되고 있는 문제 **「사람」「도로」「자동차」의 관계**

자

율 주 행 에

자동차가 탄생한 이래 가장 큰 변혁일지도 모른다.

아니 자동차가 드디어 「자율주행(自律走行)」차가 되는 때가 다가오고 있는지도 모른다.

자동차, 컴퓨터, 인프라, 인간공학, 통신, 빅 데이터,

인공지능 등등의 최첨단 기술과 모든 분야를 망라하는 기술의 발전을 바탕으로 「자율주행시대」가 다가오고 있다.

물론 그 시대가 확실히 언제인지는 아무도 모른다.

하지만 자동차와 관련된 사람들은 정확한 지식으로 무장하고는 자율주행과 정면에서 맞서나가야 한다.

현재의 「자율주행에 대한 모든 것」을 다양한 각도에서 추적해 보고 정리했다.

사회와 산업구조를 획기적으로 바꿀 것으로 예상되는 자율주행.

대

한

모

든

것

Illustration Feature

**AUTONOMOUS DRIVING
TECHNOLOGY DETAILS**

자율주행의 모든것

CHAPTER

①

[Autonomous Driving
Technology Basics]

자율주행에 대한

기 초 지 식

자율주행은 인간의 어떤부분을 ＡＩ가 대체하는 것인가 .
자율주행을 둘러싼 활동이 매우 빨리 활성화되고 있다 .

마치 미래사회처럼 무인자동차나 로봇이 운전하는 자동차가 실용화
되는시대가 다가오고 있다 . 하지만 가전제품과 달리 기계가 한 번만
잘못된 행동을 하거나 파손되었을 때 어떤 피해가 발생할지 , 또한 기계
의 신뢰성을 어디까지 보증할지 , 항공기와 달리 대당 2천만 원 대로
시판될 자동차에 어떤 첨단시스템을 탑재할 수 있을지 등등 .
궁금한 점은 산더미 같다 .
그 중에서도 여기서는 자율주행에 관한 기술적 과제들을 살펴보기로 하겠다 .

본문 : 시미즈 가즈오

자율주행이 인간을 구원한다?

자동차 시스템에서 「자동」이라는 단어가 포함된 장치는 많이 볼 수 있다. 자동 와이퍼, 자동 헤드라이트, 자동 에어컨, 자동변속기, 자동안전장치 ESC 같은 장치 외에 "자동·차" 등도 있다. 처음에 마차에서 자동차로 발전한 차(車)는 연료소비량(연료효율), 쾌적성이 중요한 성능이었지만, 이후 점점 증가하는 사고에 주목하게 된다. 그리고 이런 많은 사고가 거의 운전자의 실수로 인한 것이라는 사실이 파악된다.

그런데 자동차가 많은 사람으로 하여금 실수를 쉽게 저지르게 하는 도구가 된다면, 그것은 기계로서의 성능이 미숙한 것은 아닐까 하는 의구심을 가질 만도 하다. 하지만 자동차의 편리성이 매우 뛰어났기 때문에 전 세계적으로 아무런 거부감 없이 자동차는 보급되어 왔다. 연간 교통사고로 사망하는 사람 수가 전 세계적으로 200만 명이나 된다고 알려져 있다. 그렇다면 자율주행이 이루어지면 자동차 사회가 안고 있는 문제를 근본적으로 해결할 수 있을까.

모두에서 말했듯이 「자율주행」이라고 말하기는 하지만 어디까지가 자율주행인지 이해하기가 쉽지 않다. 그래서 자동차를 기계로 보았을 때의 「자동화 레벨」부터 살펴보도록 하겠다. 유럽과 미국에서는 미국의 자동차 기술학회인 SAE가 제시한 5단계 레벨을 사용하고 있다. 한 가지, 자동화가 제로인 자동차를 「레벨0」이라고 정의하고 있으므로 엄밀하게는 6단계라고 할 수 있다.

AI가 잘 하는 부분, 인간이 잘 하는 부분

레벨을 말하기 전에 시스템은 어떻게 인간을 대체하는지에 대한 기본 논리부터 살펴보겠다. 자율주행의 알고리즘은 「인지」「판단」「조작」으로 분류할 수 있다.

먼저 「인지」는 인간의 눈에 해당하는데, 시스템에서는 카메라나 레이더가 대체한다. 여기서 인간의 화상인식은 과거의 경험(축적)을 바탕으로 「보았던 사물」에 대한 의미부여가 가능하다. 단단한 나무상자가 날아왔는지, 종이로 만들어진 골판지 상자인지를 순간적으로 판단할 수 있다. 하지만 경험이 없는 어린이는 강도 차이를 이해할 수 없다. 그럴

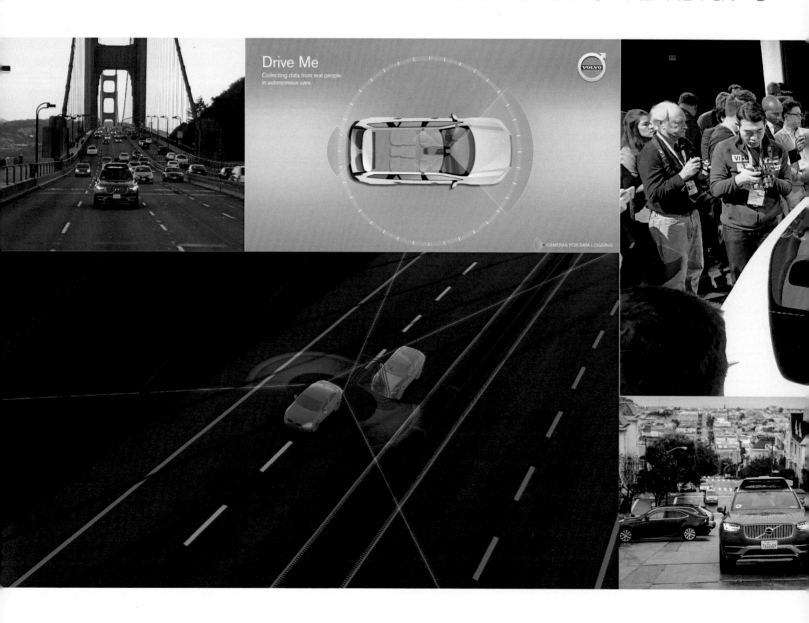

기 때문에 실제 사회에 나와서 여러 가지 일들을 경험하고 배울 필요가 있는 것이다.

「판단」은 뇌에 해당한다. 불가사의하고 다양한 능력을 가진 인간의 뇌를 인공적으로 대체하는 것은 불가능하다고 여겨져 왔지만, 최근에는 AI(인공지능)가 등장하면서 상당한 부분까지 인간의 뇌를 대체하고 있다.

AI가 인간의 능력을 넘어서는 시점을 싱귤래러티(Singularity, 기술적 특이점)라고 하는데, 그 시점은 2040~2050년 무렵으로 예측된다. 이 무렵의 컴퓨터는 불과 100만 원 정도의 가격으로도 인간의 100억 배 능력을 보유할 것으로 예측된다. 그런 AI가 자동차뿐만 아니라 우리 인간사회에 널리 사용되면 어떻게 될까. AI의 진화는 자동차의 자율주행에만 그치지 않고 다양한 영역에서 이용될 것이다. 아니 AI가 사회를 지배하게 되고 인간이 종속될지도 모른다.

AI가 체스게임에서 인간을 이긴 일만 해도 기억에 새로운데 계속해서 도전한 것은 더 복잡한 장기 그리고 가장 복잡하다는 바둑이다. 이 모든 게임에서 AI가 프로들을 제압한 것이다. AI는 인간과 마찬가지로 과거

의 실적(데이터)으로부터 배운다. 이것을 「심층학습(Deep Learning, 딥러닝)」이라고 하는데, AI에게는 빼놓을 수 없는 과정이다.

AI는 잠재의식을 가질 수 없다.

AI가 만능으로 여겨지는 상황에, 「AI는 결코 인간을 넘어설 수 없다」고 단언하는 사람이 있다. 메르세데스 벤츠의 알렉산더 맨카우스키가 그렇다. 알렉산더는 메르세데스의 미래 자율주행 콘셉트카인 F015의 개발책임자이자 AI 전문가이고 사회학자이기도 하다. 맨카우스키는 「인간은 컴퓨터가 흉내 낼 수 없는 능력을 갖고 있다」고 한다. 예를 들어 하늘을 보면서 좋은 음악을 듣고 있을 때 멋진 아이디어를 떠오르는 경우가 있는데, 이때 뇌는 무의식 속에서 다른 것을 생각하는 것이다(Subconscious). 이에 반해 컴퓨터는 인간이 「무엇을 하라」고 명령한 것밖에 하지 않는다. 스스로 테마를 찾아내고 답을 끌어내는 일은 아직 못 한다. 여기에 인간과 컴퓨터의 차이가 존재하고 그렇기 때문에 공존이 가능한 건지도 모른다.

3번째의 「조작」은 인간의 수족에 해당한다. 지금은 많은 기술이 전기신호화되어 있어서, 컴퓨터 제어를 통해 전기적으로 가속페달, 브레이크, 조향핸들의 조작이 가능하다. 이렇게 「인지」 「판단」 「조작」과 같은 기본기능이 시스템적으로 대체되는 것이다. 그렇다면 자동화는 어떻게 되는 것일까. 자동화에 대한 정의나 의미를 살펴보겠다.

레벨1(발이 자유롭다)

전/후 가속과 감속이 자동화되는 레벨. 즉 브레이크와 가속페달을 밟지 않아도 달릴 수 있는 상태를 가리킨다. 상품명으로는 ACC(Adaptive Cruise Control)와 AEB(Automatic Emergency Brake)가 있다. 발이 자유로워진다고 해서 풋 프리(Foot Free)라고 한다.

레벨2(손이 자유롭다)

레벨1에 추가적으로 좌/우방향을 제어하는 조향이 자동화되는 레벨. 차선유지가 가능할 뿐만 아니라 차선변경도 가능하기 때문에 조향핸들에서 손을 뗄 수가 있다. 하지만 시스템적으로는 앞/뒤뿐만 아니라 좌우, 비스듬한 전방, 비스듬한 후방을 감지할 필요가 있고, 차선(흰선)을 감지하는 카메라도 있어야 하는 등 레벨1보다 기술적인 장벽이 훨씬 더 높다.

레벨3(눈이 자유롭다)

레벨2까지는 운전자가 전방을 감시할 의무와 안전운전에 대한 책임을 갖지만, 레벨3은 조건부 자율주행이기 때문에 시스템이 운전할 때 운전자는 감시의무로부터 자유롭다. 스마트폰으로 메일을 검색하는 등 다른 작업(sub-task)이 가능하다. 하지만 차량이 시스템적으로 어찌할 도리가 없는 상태에 맞닥뜨리면 인간에게 운전을 넘긴다. 운전주체가 시스템과 인간 사이에서 왔다갔다하기 때문에 기술적으로 상당히 어렵다.

레벨4(머리가 자유롭다)

레벨3에서는 운전하는 주체가 시스템과 인간 사이에서 왔다갔다하지만, 레벨4에서는 시스템이 인간에게 운전을 요청하지 않고, 시스템적으로 어찌할 도리가 없는 상태에 맞닥뜨리면, 가령 길옆으로 붙어서 자동정지하는 등 자기판단으로 안전한 상태까지 이끌어나간다. 이 때문에 사용할 수 있는 장소(Zone)와 사용하는 용도가 한정된다. 구체적인 사례로는, 자동차 전용도로에서 운전자가 관여하지 않고 시스템만으로 달리는 것이 가능해질 것이다.

레벨5(운전자가 필요 없다)

모든 상황에서 완전자율주행으로 주행할 수 있다. 인간이 있거나 없거나 상관없다.

자율주행은 상세한 지도 데이터가 있어야 가능

레벨2의 어려움은 카메라로 차선을 어떻게 인식할 수 있느냐에 달려 있다. 그래서 흰 선이 흐려진 도로에서는 운전이 어려울 수밖에 없다. 인간이라면 이런 상황에서도 원래는 흰 선이 있을 것이라고 예측하면서 운전할 수 있지만, 시스템이 인간과 완전히 똑같은 일을 하는 것은 아직 어려운 것이다.

레벨1 이상의 시스템에서는 상세한 지도정보도 필수이다. 일본 정부가 상세한 다이내믹 맵 개발을 지원하고 있기는 하지만, 지도와 차량 탑재 카메라로 인식한 데이터를 지도상에 업로드하는 것도 빼놓을 수 없다. 이미 독일 자동차 메이커는 디지털 맵을 개발하는 히어(HERE)라는 회사를 매수했다. 자율주행에서는 지도의 완성도 유무가 성공의 열쇠를 쥐고 있는 것이다.

올바로 전달하고 올바로 사용하는 것이 중요

여기서 언급하는 레벨 단계는 어디까지나 기술적인 기능의 자동화에 지나지 않는다. 이렇게 실용화되는 각 레벨의 자동차로부터 사용자는 어떤 가치를 찾게 될까. 또한 법적인 책임문제는 어떻게 될까. 기술적인 레벨뿐만 아니라 사회적 수용성과 책임문제를 동시에 생각해 나가야 한다.

게다가 자율주행이 아직 개발단계에 있는 현재 상태에서는 부작용도 따른다. 몇 년 전에 미국에서 테슬라 모델 S의 운전자가 운전지원 시스템인 「오토 파일럿」을 과신하다가 다른 자동차와 충돌해 사망하는 사고가 있었다. 일본에서도 2016년 11월에 치바현에서 닛산 세레나가 탑재된 운전지원 시스템인 「프로 파일럿」을 과신하면서 사고가 일어난 적이 있다. 메이커와 판매관계자에게는 단계적으로 진화 중인 자율주행 자동차를 사용자에게 올바로 전달할 의무가 있다. 1990년대에 ABS가 보급되었을 때 「잘 멈추게 하는 브레이크」라고 잘못 인식되면서 추돌사고가 증가한 적이 있었다. 안전과 관련된 첨단기술은 환영할 일이지만 기능을 올바르게 설명하는 노력을 결코 소홀히 해서는 안 된다.

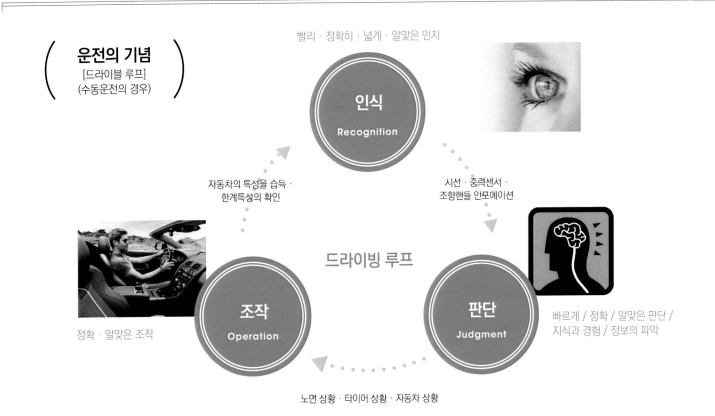

운전의 기념
[드라이블 루프]
(수동운전의 경우)

빨리 · 정확히 · 넓게 · 알맞은 인지

인식
Recognition

자동차의 특성을 습득 · 한계특성의 확인

시선 · 충력센서 · 조향핸들 인포메이션

드라이빙 루프

조작
Operation

정확 · 알맞은 조작

판단
Judgment

빠르게 / 정확 / 알맞은 판단 / 지식과 경험 / 정보의 파악

노면 상황 · 타이어 상황 · 자동차 상황

AI는 자율주행의 빗장을 열어젖히게 될까.

신흥기업 3회사를 벤치마킹한 다이믈러

인공지능(AI)은 자율주행의 사령탑과 같다. 센서가 인식한 정보를 바탕으로 현재 상태와 다음에 취해야 할 행동을 판단한 다음
조향핸들이나 가속페달 등을 조작한다. 왜 AI인가, 다시 한번 그 의의에 대해 생각해 보도록 하겠다

본문 : 하야시 아키오 취재협력 : 노베 츠기오(나고야대학 객원 조교수) 사진 : 다이믈러

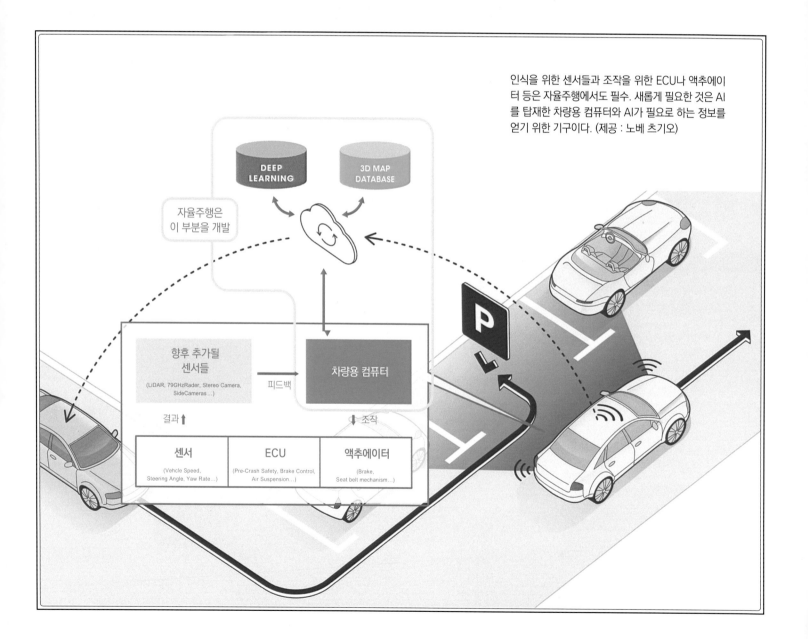

인식을 위한 센서들과 조작을 위한 ECU나 액추에이
터 등은 자율주행에서도 필수. 새롭게 필요한 것은 AI
를 탑재한 차량용 컴퓨터와 AI가 필요로 하는 정보를
얻기 위한 기구이다. (제공 : 노베 츠기오)

인간은 복잡한 상황에서도 필요한 정보를 찾아낼 수 있다. (제공 : 노베 츠기오)

AI의 진화와 심층학습

자동차는 인간이 운전하는 것을 전제로 설계해 왔고 지금도 그렇게 하고 있다. 인간이 정보를 쉽게 얻도록 미러나 인스트루먼트 패널을 설계하고, 쉽게 조작하도록 조향핸들이나 페달을 배치한다. 전동화와 ECU(Engine Control Unit)에 의해 제어 효율성은 크게 향상되고 있다. 개인마다 운전습관의 차이는 있지만 인간의「이렇게 달리고 싶다」는 욕망은 거의 실현가능하다.

구동계통이나 안전대책에 대한 중요성은 자율주행이라도 다를 것이 없다. 다른 점은「이렇게 달리고 싶다」는 지시를 내리는 것이 인간이 아니라 AI라는 점이다. 인간이 올바로 조작하는 것이 안전운전의 조건인 것처럼, AI가 올바로 판단하고 지시를 내리는 것이 자율주행의 조건이다.

현재 AI는 제3차 붐을 맞고 있다. 붐의 주역은 심층학습(Deep learning)으로서, 구글 자회사인 딥마인드(DeepMind)사가 만든 소프트웨어『알파고(AlphaGo)』는 심층학습의 상징과도 같다.

종래의 바둑 소프트웨어는 막대한 기보의 데이터베이스와 앞에 있는 바둑판을 대조하면서 전개를 예측하고 다음 수를 결정해 나갔지만, 인간을 이기지는 못 했다. 그런데 알파고는 자기 자신과 대전하면서 경험을 통해 학습하고 승리를 위한 최선의 수를 스스로 선택할 수 있게 되었다. 그래서 프로기사에게 승리할 수 있게 된 것이다.

심층학습은 AI의 진화에 빼놓을 수 없는 과정이다. 자율주행의 경우는 바둑보다 복잡해서 상황이 무한대로 존재한다. 인간이 AI에게「이런 상황에서는 이렇게 해라」는 식의 하나하나 조건을 주입하는 것은 불가능하다. 또 인간도 운전을 배울 때 조건을 암기하거나 하지는 않는다. 도로교통법이나 자동차의 조작방법 등, 기본정보를 습득한 상태에서 실제 운전을 통해 체험하면서 대부분을 배운다. 그렇기 때문에 모르는 곳이나, 날씨나 도로상황이 나쁘더라도 유연하게 대처할 수 있는 것이

다. AI도 마찬가지가 아니면 완전한 자율형 자율주행은 성립하지 않는다.

인간과 동등한 정확성을 추구

인간이 당연하게 하는 것을 AI는 어떻게 실현할까. 나고야대학 객원교수인 노베 츠기오씨에게 물어보았다.

「인간은 다음 신호가 보이거나 주위에 네온사인 등이 빛나도 내가 지켜야 할 신호를 인식할 수 있습니다. 컴퓨터의 경우는 고성능 CPU(Graphics Processing Unit)에서 상황을 데이터로 파악해 3차원 지도를 참조해 가면서 지켜야 할 신호를 특정할 필요가 있습니다. 이 정확성을 추구하는 것이 AI개발에 있어서 무엇보다 중요하죠. 이것이 안 되면 자율주행은 실현될 수 없습니다.」(노베씨)

정확성을 높이기 위해 AI에는 낮은 픽셀의 화상을 대량으로 주입해 학습시킨다. AI는 그래픽 데이터로 화상을 처리하고 대상을 픽셀 수준으로 의미를 부여(주석달기)해 구분한 다음, 그 데이터를 3차원 지도와 대조해 가면서 구분한 대상이 무엇인가를 특정한다. 이런 일련의 프로세스를 한결같이 반복하는 것이 심층학습으로, 이를 통해 AI가 높은 정확도로 환경을 인식하게 된다고 한다.

종래의 컴퓨터는 미리 설정한 조건에 기초해 처리하는 ITE(If-then-else)타입이었는데 이 기술에는 한계가 있었다. 현재의 AI는 인간의 뇌를 모방한 뉴럴 네트워크를 이용한다. 막대한 수의 뉴런(신경세포)으로 이루어진 인간의 뇌는 학습을 통해 성장하는 특징을 갖는다. 이 메커니즘을 응용해 알파고는 인간에게 승리할 수 있을 만큼 성장했고, 그래서 자율주행 AI도 진화가 기대되고 있다.

덧붙이자면, 현재의 기술로는 주변환경 인식

부터 대상물의 특정까지 걸리는 시간이 100밀리 초(10분의 1초)이다. 참고로 올림픽 선수가 출발음을 듣고 나서 달려나갈 때까지 120밀리 초가 걸리고, 일반인은 200밀리 초 이상이 걸린다. 이미 처리속도는 인간을 뛰어넘은 것이다.

주목해야 할 과제는 역시나 정확성의 추구로서, 이것은 학습을 반복하는 수밖에 없다.

「AI는 반드시 실제 세계에서 학습할 필요가 있는 것은 아니고 시뮬레이션으로 가능합니다. 최근에 기업들이 활용한다고 해서 화제를 일으켰던 것이 미국 록스타 게임사의 비디오 게임인 『그랜드 세프트 오토 V(Grand Theft Auto V)』입니다. 도로환경은 사실적으로 표현되었지만 가상환경인 만큼 실제 세계에서는 있을 수 없는 것을 체험할 수 있죠. 예를 들면 일부러 부딪친다거나 말이죠. 또 해커 연구자는 실제로 해킹을 시도해 보면서 방어책을 생각합니다. 이런 것과 마찬가지로 자율주행 자동차가 충돌한 후에 어떻게 해야 할지는 사고를 경험해 보지 않으면 안 됩니다. 실제 세계에서 고의로 사고를 일으킬 수는 없으나 게임이라면 가능한 것이죠.」(노베씨)

AI의 학습과 진화는 시판된 후에도 계속된다. 가까운 미래에는 AI를 탑재한 자율주행 자동차가 전 세계를 누비고 다닐 것이다. 차량에 탑재된 AI는 주행이력을 경험값으로서 축적해 나간다. 자율주행 자동차에 통신기능이 기본으로 탑재됨으로써 각 AI의 경험값은 적당한 데이터센터로 전송된다. 그리고 개인정보를 뺀 상태에서 AI의 학습에 활용되고 진화된 데이터는 데이터센터로부터 각 차량으로 환원된다.

이것은 스마트폰이나 컴퓨터 OS가 항상 버전을 높여서 기능을 확충해 나가는 것과 비슷하다. 이미 테슬라는 실행하고 있듯이 자율주행의 소프트웨어도 무선통신으로 업그레이드하는 것이 업계표준이 될지도 모른다.

일본회사들은 자율주행에 대한 패권을 잡을 수 있을까?

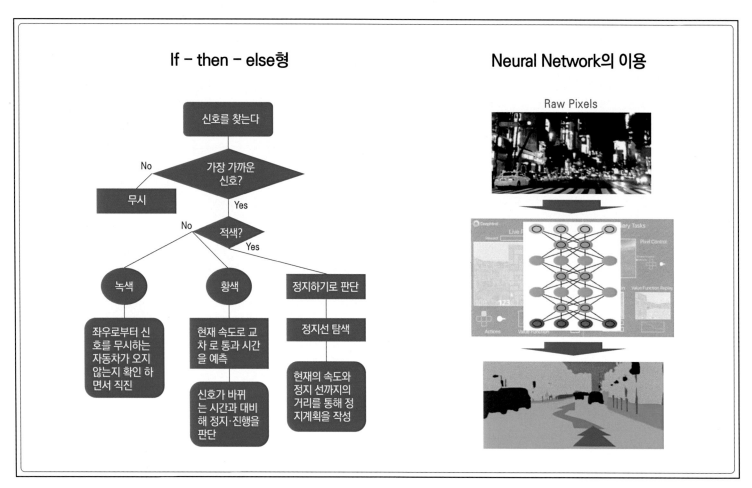

인간의 뇌를 모방한 신경회로망이 AI 진화의 열쇠를 쥐고 있다.(제공 : 노베 쓰구오)

왼쪽이 현실의 풍경. 이것을 대상물로 변환해 의미를 부여하고, 색으로 구분한다. 이 정보와 3차원 지도정보를 맞춰가면서 주변 환경을 인식하게 된다. (제공:노베 츠기오씨)

도요타는 2016년에 AI를 연구개발하기 위해 TRI(Toyota Research Institute)를 설립. 혼다도 곧이어 도쿄에 새로운 연구개발 거점을 마련한다. 업계 전체가 AI연구에 주력하는 흐름이다.

「이대로는 일본회사들이 살아남지 못할지도 모른다는 우려를 하고 있습니다. 16년 9월, 미국 도로교통안전국(NHTSA)이 발표한 『Federal Automated Vehicles Policy』에는 레벨 4가 자율형 차량이라고 명기되었습니다. 자율주행을 위해서는 앞서 언급한 주변 환경을 정확하게 이해할 수 있는 AI기술이 필수이기 때문에 유럽과 미국의 자동차 메이커는 이 영역을 열심히 연구하고 있지만, 일본회사들은 그런 기색이 보이지 않습니다.」(노베씨)

자율주행 연구개발에서 중요한 것은 하드웨어가 아니라 소프트웨어인 AI이다. 많은 사람이 이것을 이해하고 있을 텐데도 하드웨어 신앙에 사로잡혀서, 지금 현재 AI의 미숙함을 차와 도로 사이의 통신으로 보완하려는 움직임도 있다. 완전한 자율주행에 필요한 AI를 어떤 방법으로 만들어낼지 일본회사들의 방향성에 위화감을 느끼게 된다고 노베씨는 지적한다.

자동차의 연구개발이 하드웨어에서 소프트웨어로 바뀌고 있는 중에, 다이믈러로부터 새로운 움직임이 있었다. 매년 3월에 미국에서 개최되는 인터랙티브 콘텐츠의 이벤트인 「SXSW(South by Southwest)」에 디터 제체 회장이 나타나 2017년 프랑크푸르트 모터쇼에서 메르세데스와 SXSW가 공동 이벤트를 개최한다고 발표한 것이다.

「이때 제체 회장은 『40년 동안 근무하는 동안 처음으로 다른 산업으로부터 위협을 느꼈다』『5년 전까지만 해도 AI는 공상과학(SF)에서만 나오는 것으로 생각했지만 이제 자율주행에 AI는 필수이다』『자율주행은 클라우드에서 만들어지는 3차원 지도에 의존해 달릴 것』『판매 후에도 무선통신으로 소프트웨어를 업그레이드할 것』이라고 말했죠. 이후의 집중취재 때는 『구글, 애플, 테슬라가 우리들 앞에 있다』고 구체적인 기업 이름까지 거론했습니다. 아마도 구글은 AI나 3차원 지도에서, 애플은 HMI(Human Machine Interface)에서, 테슬라는 무선통신을 통한 소프트웨어 갱신에서 앞서 있다는 의미였겠죠. 『우리가 해야 할 일은 이 3사를 따라붙어 추월해 나가는것』이라고 까지 말했습니다.」(노베씨)

메르세데스는 매년 그랬듯이 크랑크푸르트 모터쇼에서 콘셉트카를 발표할 것이고, 매력적인 시판 차량도 전시할 것이다. 하지만 자율주행에 관한 기준점은 이미 자동차 메이커가 아닌 것 같다. 하드웨어에서 소프트웨어로, 유형의 형태에서 콘텐츠로, 그들의 관점이 바뀌고 있다.

진화한 AI는 폭주하게 될까.

자동차 탄생의 어버이를 뿌리로 하는 기업조차도 그 중요성을 인정하지 않을 수 없게 된 AI. 무어의 법칙에 걸맞게 앞으로도 AI가 비약적으로 발전할 것임은 틀림이 없다. 여기서 AI와 관련된 몇 가지 오해를 살펴보겠다.

한 가지는 속도의 문제. 속도제한이 40km/h라 하더라도 실제 주행속도는 60km/h에 가까운 경우가 드물지 않다. 인간이라면 자기책임 하에 어떤 선택을 하겠지만 AI는 어떻게 판단할까. 도로교통법을 준수할까, 주위상황을 판단해 다른 자동차와 보조를 맞추게 될까.

「결론부터 말하자면 어느 쪽이든 가능합니다. 『어떠한 상황에서도 법을 지킬 것』이라고 프로그래밍하면 자기 때문에 정체가 되든, 아무리 시간이 지나도 합류하지 못하게 되든 상관없이 AI는 법정속도를 준수하게 되죠. 반대로 『주변 교통에 속도를 맞출 것』이라고 설정하면 실제 속도에 맞춰 달리는 식이죠. 이런 경우는 법을 위반한 셈인데, 누가 책임을 질지는 AI와는 다른 논의입니다. 유럽이나 미국에서는 아예 법정속도를 바꿔야 한다는 목소리도 있습니다.」(노베씨)

또한 어떤 식이든 고도화된 AI가 폭주하지는 않을까 하는 우려도 여전히 들려온다. 알파고는 심층학습을 통해 진화하면서 설계자도 예측하지 못 하는 수를 두게 되었다. 지금은 아직 이 정도에 그치고 있지만, 어떤 식이든 AI가 지능을 갖게 되고 SF영화처럼 인간의 제어를 넘어서는 세계가 오는 것은 아닐까 하는 염려이다.

「AI가 폭주하는 일은 없을 겁니다. 그렇게 되지 않도록 인간이 프로그래밍하니까요. 앞에서 정보를 처리하는데 걸리는 시간이 100밀리 초라는 얘기도 했습니다만, 컴퓨터는 항상 그 속도에서 폭주하고 있는지 아닌지를 판단합니다. 프로그래밍 내용을 이탈하지 않도록 감시하고 위험성이 있으면 피하는 방법을 찾는 것이죠.」(노베씨)

어떤 연구자는 이런 예를 들기도 한다.

알파고는 화재가 일어나 바둑판이나 자신에게 불이 붙어도 마지막까지 최선의 수만 계속 생각하고 있을 것이다.

2017년도 프랑크푸르트 모터쇼에서 SXSW와 협업해 「THE me Convention」을 개최한 메르세데스의 디터 제체 회장.

자동차 업계에 있어서 SXSW는 제2의 CES가 될지도 모른다.

센서의 역할

빠르고. 정확하고, 넓으면서도 알맞은 인지를 위해

인간의 귀와 눈을 대신 수행하는 센서의 정밀도 향상이 관건

이미 ADAS(Advanced Dirver Advanced System=선진 운전자지원 시스템)을 구축하기 위해 많은 센서를 사용하고 있다.
자율주행은 디지털 맵과 마찬가지로, 빠르고 정확하고 알맞은 인지와 판단을 하기 위해서 차량탑재용 센서의 성능향상이 중요하다.

본문 : 테크노미디어(Technomedia) 사진 : 포드 / 보쉬

LIDAR를 차량의 좌우 A필러에 설치
NAIAS 2017 / 포드

실험 차량의 디자인을 한 걸음 발전시켜 실용성을 향상시킨 LIDAR 설치 방법을 채택.
이 스터디 모델도 베이스 차량으로 하이브리드인 퓨전을 사용.

● MULTI PURPOSE CAMERA 【단안 카메라】

특징 : 대상물의 형상을 잘 포착한다. 그러나 2차원 형상을 바탕으로 판단하기 때문에 대상물이 입체구조물인지 아닌지에 대한 판단이 어렵다는 단점도 있다. 데이터 베이스 상에 등록된 형상 이외에는 인식하지 못하고, 거리를 측정하기도 어렵다. 가격은 싸다.

인식 시스템 : 촬상소자(CMOS) | 시야각도 : ~ 수평 50도 / 수직 28도
도달거리 : 120m | 해상도 : 1280×960픽셀 | 보쉬 MPC2

● STEREO CAMERA 【스테레오 카메라】

특징 : 대상물의 형상을 포착할 수 있다는 점은 단안 카메라와 똑같지만, 좌우 렌즈를 통해 깊이를 인식하기 때문에 데이터 베이스 상에 대상물의 형상데이터 유무와 상관없이 주행에 장애가 되는 벽이나 입체구조물을 인식할 수 있다. 하지만, 단안 카메라와 달리 3D 측정범위가 50m 정도에 그친다.

인식 시스템 : 촬상소자(CMOS) | 시야각도 : ~ 수평 50도 / 수직 28도
도달거리 : 55m | 해상도 : 1280×960픽셀 | 보쉬 SV1

● ULTRA SONIC SENSOR 【초음파 센서】

특징 : 자동차 주위를 둘러싸는 소나로 활용하는 경우가 많다. 범퍼에 장착하는 등, 차량용 부품과의 친화성도 뛰어나다. 몇 m까지의 근접 영역의 거리측정기술로 주로 이용된다. 역사가 길고 확립된 기술이기도 해서 가격이 계속해서 떨어지고 있다. 중거리를 커버하는 형식도 등장하고 있다.

인식 시스템 : 초음파 | 시야각도 : 140도
도달거리 : 20cm~450cm | 보쉬 Ultrasonic Sensor

● MIDDLE RANGE RADAR 【중거리 레이더】

특징 : 일반적으로 항공기나 선박용 등으로 많이 알려진 레이더의 자동차 판. 날씨 등의 환경 영향을 잘 받지 않고, 도플러 효과가 비교적 큰 밀리파 대역의 전파를 사용하기 때문에 자동차 용도에 맞는 특성을 갖추고 있다. 장거리 측정이 가능해 고속 주행일 때도 대응할 수 있다.

인식 시스템 : 밀리파 / 주파수 범위76 ~ 77GHz | 시야각도 : 45도
도달거리 : 160m | 보쉬 MMR

● LONG DISTANCE RADAR 【장거리 레이더】

특징 : 측정 범위 이외는 중거리 레이더와 거의 똑같은 기능을 갖는다. 다만 측정거리가 늘어난 만큼 고정확도 측정이 필요하기 때문에 상대적으로 비싸다. 둥글게 솟아난 형상이 포인트로서, 이것이 광범위한 전파를 모은다. 복수의 센서를 이용한 위상차이를 통해 방향 등을 파악할 수도 있다.

인식 시스템 : 밀리파 / 주파수 범위77GHz | 시야각도 : 30도
도달거리 : 250m | 보쉬 MMR

● LIDAR 【라이다】

특징 : 이 벨로다인 제품의 LIDAR는 100m의 장거리 레인지 측정이 가능하다. 그런데도 830g밖에 안 나간다. 비에 강하고 충격에도 강한 보호설계가 되어 있다. 실시간, 360도, 3D거리, 교정된 반사율 측정 등, 혁신적인 기능이 들어가 있다고 제작사는 설명한다. 포드 실험차량에도 사용되고 있다.

인식 시스템 : 레이저 | 시야각도 : 360도 / 수직 ±15도
도달거리 : 100m | 벨로다인 Puck VLP-16

앞으로의 열쇠를 쥔 LIDAR

자율주행을 완성하기 위해서는 종래의 컨트롤러=운전자인 인간을 대체할 뭔가가 필요하다. 눈이나 귀 또는 신체에서 느낀 정보를 뇌가 처리·판단한 다음, 신체를 사용해 차량을 제어한다. 말로 하면 번거롭게 느껴지지만 통상 우리는 이런 일련의 「인지·판단·조작」을 자연스럽게 그리고 무의식 중에 실행한다.

완전 자율주행 상태에서는 이들 「인지·판단·조작」에 대한 행동을 모두 자동차가 맡아서 하게 된다. 그러나 자율주행이 실현되려면 결국 최종적으로 움직이는 것은 자동차라는 하드웨어이다. 드라이브 트레인, 조향핸들, 서스펜션 등이 하나가 돼서 차량을 물리적으로 움직이게 하고, 타이어는 노면과 접촉한다. 이것은 자동차가 하늘로 날아다니지 않는 한, 변함이 없는 사실이다.

이 글의 주제인 센서를 통해 자동차에 탑재된 컴퓨터가 차량 주변의 상황을 수집하고 파악한 뒤 그에 기초해 판단을 내리면서 운전조작을 자율제어하는 두뇌의 대체물이라면, 센서는 우리로 따지면 눈이고 귀에 해당한다. 카메라나 초음파 센서, 중거리/장거리 레이더는 이미 누구나가 알고 있는 장치이지만, 근래 주목받는 것이 자율주행 자동차의 지붕 위에서 주로 발견할 수 있는 측정전자장치이다.

이것은 라이다(LIDAR, Laser Imaging Detection and Ranging)라고 해서, 레이더의 전파를 빛으로 바꾼 레이저 측정기기이다. 360도에 걸쳐 모든 방향을 전망하는 역할을 한다. 그래서 자동차 지붕에 장착하는 경우가 많은 것이다. 라이다는 소형화나 차량장착과 관련해서는 아직도 개발 여지가 남아 있다.

그런 한편으로 포드는 태양광이나 자동차의 라이트에 의존하지 않고 어둠에서도 대상물이나 형상을 인식하는 시스템을 일찍 개발했다. 퓨전 실험 차량(사진 아래)으로 개발을 계속하고 있다. 밤이 되면 빛 한 줄기 없는 사막이나 숲이 근처에 있는, 광대한 국토를 가진 미국다운 착안과 현실감각이 아닐 수 없다.

센서는 하루가 다르게 발전하고 있다. 그 발전속도는 생각보다 빨라서 여기에 게재한 정보도 내일이면 이미 과거의 정보가 될 가능성도 부정할 수 없다.

LiDAR 기술을 사용하는 자율주행 실험 차량 | 통상적인 자율주행 실증실험 외에, 포드는 어떤 어두운 곳에서도 문제없이 작동하는 자율주행을 개발 중. 테스트 차량으로 벨로다인 제품의 라이다를 장착한 포드 퓨전을 이용하고 있다.

Illustration Feature
AUTONOMOUS DRIVING
TECHNOLOGY DETAILS
자율주행의 모든 것

CHAPTER

2

눈과 손의 해방은 이루어질 것인가?

자율주행 로드맵

언제부터인가 모든 자동차 미디어에서 아니 모든 미디어에서 「자율주행」이라는 4문자를 자주 볼 수 있게 되었다.
반면에 아무것도 하지 않아도 목적지까지 데려다주는 자동차가 언제쯤 시판될 것인지를 알려주는 기사는 찾아보기
힘들다. 그것도 그럴 것이 아직 아무도 모르고 있기 때문이다. 그런데 예를 들어 10년 전 모델과 현재 모델을 비교하
면 자동차의 자동화 진행 과정을 일목요연하게 파악할 수 있다. 여기서는 자동차업계가 지침으로 삼고 있는
자율주행의 레벨 (5단계)을 살펴 가면서 자동차의 자동화에 대해 가감 없이 생각해 보았다.

본문 : 시오미 사토시

➡ **스바루 레거시(SUBARU LEGACY)**
2008년 당시의 스바루 레거시 시리즈
에는 초창기 아이사이트(eye-sight)가
설정되어 있긴 했지만 완전정지까지는
대응하지 못 했다.

➡ **닛산 시마(NISSAN CIMA)**
2001년에 등장한 닛산 시마에는
차량탑재 카메라를 통해 차선을 감
지함으로써 이탈하려고 하면 조향
을 지원하는 차선유지지원 시스템
을 적용했다.

20년 전에 이미 레벨1이 있었다.

일본에서 충돌을 회피하기 위해 완전히 정지
하는 자동브레이크를 처음으로 인가받은 회
사는 2009년 볼보였다. 자동브레이크라고
하면 스바루가 선구자가 아닌가 하고 생각하
는 사람도 많을 텐데 그것도 틀린 말은 아니
다. 아이사이트(EyeSight)로 명명된 이 기능
은 완전히 정지하지는 않지만, 앞차와의 접
근을 카메라로 감지해 자동으로 브레이크를
작동시킨다. 이 기능이 들어간 모델을 발표
한 것이 2008년이었다. 지금은 완전정지까
지 되는 것이 당연시되고 있지만, 당시에는
최종적으로는 운전자가 책임을 지고 정지시
켜야 한다는 사고방식도 있었다. 다만 완전정
지를 하는 것과 안 하는 것은 상품으로 보았을
때 차이가 있기 때문에 스바루도 볼보의 뒤를
쫓아 곧바로 완전정지에 대응했다.
한편 자동브레이크의 실용화에 앞서서 2000
년대에 들어와서 앞차를 감지해 간격을 일
정하게 유지하는 ACC(Adaptive Cruise
Control) 기능을 탑재한 자동차가 각 메이커
에서 시판되기 시작했다. 이것도 지금은 일
반화되어 다른 차량이 갑자기 끼어드는 경우
등에도 강력한 브레이크를 작동시켜 대응하
게 되었지만, 애초에는 브레이크 제어까지는
하지 않고 앞차에 접근하면 가속페달에서 받

을 떼어 엔진 브레이크 정도만 조정하는데 머물렀다. 그래도 당시 어떤 자동차였는지는 잊었으나 ACC를 일반 자동차도로에서 경험했던 기억은 지금까지도 생생하다. 이렇게 자동차의 가/감속을 자동화하는 기능은 다음 페이지의 표에서 말하는 레벨1(통칭 : Foot Free)에 해당한다.

한편 닛산은 2001년도의 CIMA에 세계 최초로 차선유지지원 시스템을 도입했다. 이것은 차량탑재 카메라가 자동차가 차선으로 부터 이탈하려는 것을 감지하면 경보를 울리는 동시에 파워 조향핸들을 지원해 이탈을 방지하는 기능이었지만, 차선 인식기술이 미숙했기 때문에 본격적으로 실용화되지는 못했다. 최근에는 카메라나 레이더 가격이 싸지면서 ACC와 자동브레이크(각사마다 명칭이 다르지만 「AEB(긴급 자동브레이크)」가 주로 사용된다)를 세트로 갖추게 되었다. 처음에는 차선이 없으면 기능을 못 했지만, 최근에는 일시적으로 차선이 끊겼어도 ACC의 앞차 추종기능이 이것을 보완해주는 모델도 있다. 이처럼 가/감속과 조향이라는 복수의 기능을 자동화하는 단계를 레벨2(통칭 : Hands Free)라고 한다.

레벨2와 3의 차이는 기술수준이 아니라 감시의무의 유무

가속페달, 브레이크, 조향이 자동화된다고 했을 때 대부분의 운전이 자동화된 것으로 생각하기 쉽다. 현재 시판 중인 많은 프리미엄 브랜드 모델은 AEB는 물론이고 조향지원(LKAS=차선이탈방지·차선유지지원)기능이 포함된 ACC를 갖추고 있다. 조향지원은 이름 그대로 지원을 하는 것이지 자동 조향이 아니다. 이런 시스템은 대응할 수 있는 속도나 곡률(曲率)에 한계가 있어서 자동 조향으로만 기능하는 능력은 아직 충분히 갖추지 못하고 있다.

그러나 고속도로에서 시험 삼아 조향핸들에서 약간만 손을 었을 때는

● 볼보 (VOLVO) XC60

2009년에 등장한 볼보 XC60의 시티 세이프티(자동브레이크)는 일본에서 최초로 완전정지에 대응할 수 있는 자동차로 인기받았다.

별 문제없이 차선의 중앙을 유지하면서 앞차를 쫓아가고, 만약 앞에 차가 없으면 설정한 속도로 주행할 수 있는 자동차도 시판 중이다. 다만 어떤 메이커의 시스템이든 10초 정도가 지나면 조향핸들을 잡도록 경고가 나오고, 그래도 조향핸들을 잡지 않으면 15초 정도 지나서 기능이 꺼지도록 되어 있다.

가령 조향지원 시스템이 자동 조향장치로 발전해 제한 없이 가속페달과 브레이크, 조향장치가 자동화되면 레벨3(통칭 : Eye Free)이 되는 것이냐 하면 그렇지는 않다. 레벨3은 앞서의 「자율주행에 관한 기

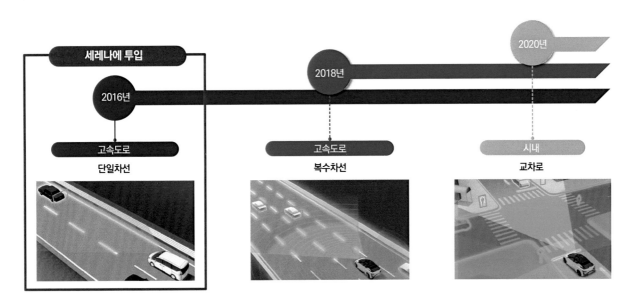

닛산의 자율주행에 관한 로드맵.

책임 : 운전자	책임 : 운전자	책임 : 운전자	책임 : 운전자 / 시스템	책임 : 시스템	책임 : 시스템

운전자가 차량을 계속제어

운전자가 차량을 계속제어

운전자는 항상 차량제어를 관리할 필요가 있다.

운전자가 항상 차량제어를 관리할 필요는 없지만, 언제라도 수동으로 조작할 수 있게 할 필요가 있다.

운전자가 한계를 넘어서도 운전자에게 운전을 요구하지 않고 시스템이 안전한 상태로 이행한다.

시스템이 모든 상태에 대응. 운전자는 완전히 불필요. 조건에 따라서는 무인도 가능.

앞/뒤 움직임을 자동적으로 지원

앞/뒤 외에 좌/우방향 움직임을 지원

일정 조건 하에서 시스템이 차량을 일부 조작에 관해 계속적으로 제어. 다만 제어에 대한 한계를 시스템이 판단했을 경우는 운전자 조작으로 이행해 운전자가 수동으로 운전한다.

정의된 조건에 있어서 모든 상황에 시스템이 자동으로 대응

레벨0 운전자만	레벨1 운전지원 있음	레벨2 일부 자동화	레벨3 부분적 자동화	레벨4 조건부 자동화	레벨5 완전자동화

초지식」에서 보듯이 레벨2까지는 운전자가 전방을 감시할 의무와 안전운전에 대한 모든 책임을 지지만, 레벨3은 조건부 자율주행이기 때문에 시스템이 운전할 때는 운전자가 감시의무로부터 자유로워진다. 스마트폰으로 메일을 체크하는 등 다른 작업(Sub-task)을 해도 되는 것이다.

요컨대 자동차가 스스로 주행한다 하더라도 감시의무가 있는 경우에는 레벨2에 속한다. 감시의무란 사고가 발생했을 때 운전자가 책임을 져야 한다는 것을 의미한다. 즉 자율주행 레벨은 기능의 자동화 정도만으로 결정되는 것이 아니다. 어떤 기준으로 결정된 것이냐면, 기술뿐만 아니라 법적, 윤리적 측면까지 고려한 상태, 더 나아가 사회가 받아들일 수 있을지 없을지까지 포함해 종합적인 실현난이도에 따라 정해져 있다고 할 수 있다.

책임소재가 바뀐다는 점이 레벨3의 어려움

레벨3에서 운전자는 감시의무에서 벗어나 다른 작업이 가능한 상태로 주행할 수 있기는 하지만, 그렇다고 항상 그런 것은 아니다. 차량탑재 자율주행 시스템에 예기치 않은 고장이 발생하거나 그 능력을 넘어서는 곤란한 상황에 처했을 경우, 시스템은 운전 주체를 인간에게

넘기게 된다. 운전자는 자동차가 자율주행을 계속하는 것이 곤란하다고 알렸을 경우 언제라도 운전을 넘겨받을 수 있어야 한다. 현재의 시스템에서 인간에게로 운전이 넘어가는 시간에 대해서는 국제적인 기준책정이 논의 중이다. 운전자에게 어느 정도의 시간을 주면 다른 업무(Sub-task)를 멈추고 운전할 수 있는 상태로 돌아갈 수 있는지를 연구하고 있다. 이 대목에 레벨3의 실현에 대한 어려움이 담겨 있다. 여기서 기술 이외의 문제가 떠오른다. 레벨3은 일정한 조건이 갖춰지면 운전자를 감시의무로부터 해방시켜 자율주행을 가능하게 하지만, 자율주행 중에 사고가 발생했을 경우의 책임이 어디에 있는지에 대한 법적 문제를 포함해, 사회적으로 아직 합의하지 못하고 있다는 점이다. 책임소재를 (비록 사고 당시에는 운전을 하지 않았더라도) 운전석에 있는 사람에게 물을지, 아니면 자동차 소유자나 자율주행 시스템을 개발한 메이커·서플라이어, 판매점에 물을지를 합의하지 못한 것이다. 이 문제에 대해서는 뒤쪽의 「로봇이 책임지는 시대가 올까」를 참조해 주기 바란다.

이야기를 레벨 문제로 되돌리겠다. 레벨4(통칭 : Brain Free)는 자율주행 중에 시스템이 자율주행을 계속하기 곤란한 경우와 맞닥뜨렸을 경우 자력으로 차를 길가에 정차하는 등, 안전한 상태가 될 때까지 시스템이 책임을 지는 상태를 가리킨다. 그리고 마지막 레벨5는

완전 자율주행을 말한다. 사람이 타지 않아도 되고 어떤 상황에도 대응할 수 있으며, 목적지까지 끊김 없이 자율주행을 계속할 수 있는 상태를 말한다.

레벨3 이상의 실현은 언제쯤 가능할까?

지금은 자율주행이 자동차산업 전체에, 아니 자율주행을 핵으로 하는 AI가 사회 전체에 거대한 파도처럼 밀려오고 있다. 어떤 메이커나 서플라이어든지 간에 자율주행과 관련해서 주도권을 잡기 위해서 움직이고, 또 주도권을 잡을 것 같은 세력과 손잡고 싶어 한다. 아이사이트를 시판하기 전인 07년에는 약 58만대였던 스바루의 전 세계 생산대수가, 아이사이트를 탑재한 모델의 세계 누적판매대수 100만 대

를 돌파한 16년에는 사상 최고인 약 102만 대나 되었다는 사실에서 알 수 있듯이 자율주행으로 이어지는 고도 운전 지원 기술은 한 마디로 장사가 되고도 남는다(스바루가 약진한 이유는 이것뿐만이 아니지만). 그러나 자율주행기술은 진화하면 할수록 기술만으로는 돌파할 수 없는 문제와도 얽혀 있어서, 어디에서도 확실한 전망을 제시하지는 못 하고 있다. 주요 메이커 중에서는 16년에 고속도로 단일노선에서의 자율주행기술을 포함한 「프로파일럿」을 미니밴인 세레나에 적용한 닛산이 「18년 무렵에는 고속도로에서 복수노선의 자율주행(레벨3~4)을, 20년 무렵에는 시내 자율주행(레벨3~4)을, 22~23년 무렵에는 로봇 택시(레벨5)」의 실현을 지향하겠다고 밝힌 것이 그나마 합리적인 자세라 하겠다.

◉ 렉서스(LEXUS) SL500h
선진안전기술 분야는 독일 메이커들이 앞서 나가고 있기는 하지만, 렉서스도 플래그십 모델인 LS의 모델변경을 계기로 긴급 시 조향핸들까지 사용한 회피 등으로, 단번에 선두집단에 뛰어들려 하고 있다.

◉ 메르세데스 벤츠(Mercedes-Benz) S 클래스

자동차가 안고 있는 문제나 과제는 자신들의 문제라고 자부하는 메르세데스 벤츠에게 있어서 자율주행에 대한 대처는 정면승부이다. 신형 S클래스에 적용된 테크놀로지는 이에 대한 최신 기술들이다.

기대가 실망으로 바뀔 위험성을 내포하고 있다.

현재 시판 중인 양산 자동차 중에 가장 선진적인 자율주행기술이 적용된 모델은 메르세데스 벤츠 E클래스나 테슬라 모델 S 및 X 정도이다. 모두 다 앞차에 대한 추종을 비롯해 가/감속 제어와 차선을 유지하기 위한 조향핸들 어시스트가 장착된 외에도, 자차를 거의 360도 감시하기 때문에 다른 차량이 접근해 오는 것을 감지하면 필요에 따라 경고를 보내는 기능도 있다. 또한 고속도로를 주행할 때 방향등을 조작하면 자동적으로 차선을 변경해 준다. 그러나 어떤 모델도 사고가 발생했을 경우 운전자가 책임을 지는, 레벨2에 머물러 있다.

2017년 디트로이트 모터쇼에서 선보인 렉서스의 플래그십 세단 LS500h에는 당시까지 렉서스에 탑재되었던 자동브레이크인 프리크래시 세이프티 시스템보다 진화된 장치가 탑재되었다. 앞차나 보행자 등을 감지해 브레이크만으로는 피하지 못한다고 판단하면 조향을 통해서도 피하게 된다.

같은 해 4월에 개최된 상해 모터쇼에서 발표된 신형 메르세데스 벤츠 S클래스에는, E클래스에도 장착되는 디스턴스 파일럿 디스트로닉& 조향핸들 파일럿이 들어가는 것은 물론이고, 커브나 간선도로의 교차로 등에서 속도를 자동으로 조정하는 기능이 추가되는 등, 플래그십 모델로서 한때 E클래스가 더 충실했던 기능들을 회복한다.

이처럼 레벨2의 상태, 즉 사고책임을 인간이 지는 상황은 바뀌지 않은 채로 기능만 점점 진화해 나가는 상태가 얼마 동안은 계속될 것 같다. 자동차 메이커 중에는 책임이 인간과 시스템 사이를 왔다갔다 하는 복잡한 레벨3을 뛰어넘어 단숨에 레벨4를 지향하는 회사도 있다 (이후의 「과신이 아니라 신뢰할 수 있는지 여부가 관건」 참조). 다만 레벨이 어느 단계이든지 간에 전 세계 어딘가에서 자율주행이 원인이 되어 발생하는 심각한 사고가 단지 한 건이라도 발생하면, 여론은 자율주행에 거부반응을 보일 가능성도 있다. 사회 전체가 최대한의 기대를 하면서도 신중함을 잊어서는 안 될 것이다.

드디어 시작되는(?!) 로봇 레이스

인간을 배제한 레벨5의
포뮬러카 실력은?

머신(팀)의 우열과 레이서의 우열이 복잡하게 얽혀서 승부가 결정 나는 것이 모터스포츠의 매력이라 할 수 있지만,

레이서가 없는 레이스가 시작되려 하고 있다. 이름은 바로 로봇 레이스. 서로 충돌을 피하도록,

또한 코스를 이탈하지 않도록 차량용 컴퓨터가 탑재된 차량이다. 앞으로는 원 메이커 레이스를 펼칠 예정.

레이서의 우열이 존재하지 않는 레이스에 매력이 있을까?

본문 : 시오미 사토시

전장 4.8m, 전폭 2m. 외판은 카본 파이버에 무게는 975kg. 모터(300kW)가 각 바퀴마다 달려 있다. 최고속도는 320km/h. 자율주행기술 장치로 라이다 5개, 밀리파 레이더 2개, 초음파 센서 18개, 광학식 스피드 센서 2개, 카메라 6개가 탑재된다. 차량탑재 컴퓨터는 1초 동안에 24조 횟수의 연산이 가능한 엔비디아(NVIDA)의 드라이브 PX2가 사용된다. 전에 도요타도 향후 시판예정인 자율주행 차량에 적용한다고 발표한 제품이다.

2월, FIA 포뮬러E 선수권 16/17 시즌 제3전이 펼쳐진 부에노스아이레스 시가지 코스에 2대의 차량이 등장했다. 이번 포뮬러E 선수권의 서포트 레이스로는 무인 EV인 로봇카의 로보레이스(RoboRace)가 예정되어 있었다. 이 로보레이스를 위한 개발용 테스트차량인 데브봇(DevBot) 2대가 등장한 것이다. 데브봇과 로보카의 동력성능, 자율주행성능은 거의 똑같지만, 로보카에는 없는 조종석이 데브봇에는 설치되어 있다. 고장이 발생했을 경우에 인간이 수동제어로 제어함으로써 안전하게 정지하기 위해서이다.

먼저 두 대의 데브봇에 엔지니어가 승차한 뒤 코스 인하고 나서 두 대가 이어서 코스를 돌았다. 앞차가 감속하면 뒤차도 따라서 감속하는 등, 충돌을 피하기 위해 주행을 되풀이했다고 한다. 탑승자는 조작을 하지 않는다는 것을 강조하기 위해 만세 자세를 취했다.

포뮬러E 결승전이 열리던 날, 다시 2대의 데브봇이 코스 인. 이번에는 무인이다. 그 순간 두 대만 달리는 시범주행 같은 것이기는 했지만 세계 최초로 무인자동차에 의한 레이스가 펼쳐졌다. 그러나 그 역사적인 레이스는 오래 계속되지 않았다. 출발 후 얼마 지나지 않아 후속 데브봇이 벽에 접촉하면서 주행이 불가능한 상태가 되었기 때문에 프로그램이 종료된 것이다. 이날 데브봇은 최고속도 186km/h를 기록하고, 포뮬러E가 1분 10초대에 주행하는 1랩 2.48km 코스를 1분 40초대에 돌파했다.

16년에 구상이 발표되면서 주목을 끌었던 로봇 레이스는, 17년 3월 휴대통신관련 전시회인 MWC(Mobile World Congress) 식장에서 실제 레이스에 사용하는 로보카가 발표되었다. 16년에 화상으로만 디자인이 발표되었던 머신은 그 형태는 강하게 남아 있으면서, 세밀한 공력 부품 등이 변경되었다. 개발진이 친근감을 담아서 「얼티미트 카」로 부르는 로보카는 전장 4.8m, 전폭 2m, 보디는 카본 파이버 제품이다. 무게는 975kg. 각 바퀴마다 300kW 출력을 내는 모터가 달린 휠 인 모터 방식이다. 자율주행을 하기 위해서 라이다 5개, 밀리파 레이더 2개, 초음파 센서 18개, 광학식 스피드 센서 2개, 카메라 6개가 탑재된 것 말고도, 차량탑재 컴퓨터는 1초 동안에 24조 회의 연산이 가능한 엔비디아의 드라이브 PX2를 사용한다. 이 차량탑재 컴퓨터는 도요타가 앞으로 시판할 자율주행차량에 이용하기로 결정했다고 보도된 바 있는 제품이다.

포뮬러E 선수권의 서포트 레이스로 열린 로보레이스는 주최자가 차량을 관리하는 원 메이커 레이스로 열릴 계획이다. 레이서도 없고 머신도 똑같다. 그러면 어디서 우열이 결정난다는 것일까. 바로 로보카를 작동하게 하는 소프트웨어의 프로그램 우수성을 다투게 되는 것이다. 참가하는 팀은 레이스 전에 소프트웨어 프로그램을 수정하여 차량에 입력한 다음 레이스에 내보낸다. 레이스가 시작되면 팀에서 할 수 있는 일은 없어진다. 예정으로는 예선은 실제로 차량을 달리게 하지 않고 컴퓨터상의 시뮬레이션 주행을 통해 타임을 다투게 된다고 한다.

이런 레이스를 주도하는 사람은 영국의 벤처 캐피탈인 캐네틱 회사이다. 데니스 스펠드로프 CEO는 16년에 일본에서 기자회견을 열었을 때 「교통사고 원인의 90%가 사람의 실수에 의한 것입니다. 레이스를 통해 자율주행기술을 발전시킴으로써 반드시 교통사고 감소에 공헌할 수 있을 것입니다. 자율주행 실용화를 이루어내 사회에 공헌하고자 합니다.」라고 밝힌 바 있다.

자율주행에 대해 취재하다 보면 가끔 영국의 존재감을 강하게 느끼는 경우가 있다. 물론 영국은 예전부터 모터스포츠 강국이다. F1을 비롯해 수많은 컨스트럭터가 영국에 있다. 미국과 마찬가지로 항공산업이 발달된 영국에는 에어로 다이내믹스 전문가가 많고 관련시설

도 많다. 로보레이스가 그들의 땅에서 태어난 것은 그리 이상할 것도 없다. 다만 스스로가 예전부터 잘해오던 모터스포츠와 앞으로 인프라 정비를 포함해 산업의 주역으로 떠오를 자율주행을 조합시키는데 있어서 그들의 역동성을 느끼게 된다. 자국에서의 자율주행 관련 테스트를 적극적으로 끌어들여 그 노하우를 얻으려는 움직임도 볼 수 있다. EU를 떠나 민족자본으로 구성된 자동차 메이커를 잃어버린 그들이 다시 한번 자신들이 주도권을 잡을 수 있을지 모색하고 있는 사실은 틀림없지만, 로보레이스를 그 중에 하나로 보는 견해는 약간 오버하는 것일까.

어쨌든 로보레이스가 인간이라는 복잡하고 재미있는 요소를 가진 종래의 레이스를 대체할지 어떨지는 제쳐놓더라도, 여러 대의 무인 자동차가 뛰쳐나가는 모습을 상상해보면 흥분되는 것은 사실이다. 하루라도 빨리 실제 장면을 보고 싶을 뿐이다.

로봇카를 달리게 하기 전에 각종 테스트를 하기 위한 테스트 차량. 여기에는 조종석이 있어서 문제가 발생하면 인간이 제어할 수 있도록 되어 있지만, 이때는 무인으로 달렸다.

TEST CAR **04**

볼보 V90
「인텔리 세이프」

TEST CAR **03**

테슬라 모델 S
「인핸스트 오토파일럿」

Illustration:Feature
**AUTONOMOUS DRIVING
TECHNOLOGY DETAILS**
자율주행의 모든것

CHAPTER

3

[ADAS TEST DRIVE]　검증　운전지원 시스템

자율주행 전야

시미즈 가즈오가 테스트해 보는
최신 운전지원 시스템의 성능

본문 : 시미즈 가즈오 / 시오미 자토시　사진 : 하나무라 하데노라

TEST CAR **05**
닛산 세레나
「프로파일럿」

TEST CAR **06**
스바루 임프레자 스포츠
「아이사이트 ver.3」

TEST CAR **01**
메르세데스 벤츠 E클래스
「인텔리전트 드라이브」

TEST CAR **02**
BMW 5시리즈
「커넥티드 드라이브」

레벨4 이상의 완전 자율주행은 아직 미래의 일이다. 그러나 현재 시판
되고 있는 자동차에는 이 자율주행 테크놀로지를 바탕으로 한, 운전자지원 시스템
(ADAS=Advanced Driver Assistance System)을 채택한 것도 적지 않다.
ADAS를 탑재한 최신 6가지 모델을 모아 모터저널리스트인 사미즈 가즈오가 일반 도로
부터 고속도로까지 실제로 운전해 보면서 각 자동차의 사용성과 성능을 검증해 보았다.

ADAS(Advanced Driver Assistance System)가 시판차량에 탑재된 지는 오래되었지만, 이 기능은 문자 그대로 운전자지원 시스템이지 자율주행(과 같은 것)을 할 수 있다고 생각해서는 안 된다. 기술 하나하나가 자율주행을 뒷받침하는 것은 확실하지만, 운전자지원기술과 자율주행기술은 요구하는 성능이나 신뢰성에 큰 차이가 있다. 자동차업계 측이 사용하는 자율주행이라는 말에는 일정한 조건에서 단시간 동안만 가속페달·브레이크 조작과 조향핸들 조작을 지원해 주는 것도 포함되어 있는데 반해, 많은 일반 운전자가 말하는 자율주행은 손을 사용하지 않고, 잠도 잘 수 있는 수준의 기능이 아닐까. 그런 인식 차이가 있는 것이다.

많은 안전기술을 실용화한 선구적 브랜드

메르세데스 벤츠에게 있어서 안전은 다른 누구에게도 양보할 수 없는 중요한 테마이다. 처음 자동차를 고안한 메이커라는 자부심 때문에 자동차가 안고 있는 문제를 스스로가 솔선해서 해결해야 한다는 강한 의식을 가진 기업이다. 그런 사고방식이나 철학으로부터는 배워야 할 점도 많다.

메르세데스는 충돌안전과 예방안전 분야에서 다양한 혁명적 기술을 세상에 선보였다. 옵셋충돌 시험법이나 ABS, ESP(횡슬립 방지·자동안전장치)는 이 메이커가 실용화한 기술이다. 충돌안전과 예방안

각 메이커 모두 비슷한 선진안전 장비를 갖추고 있으면서도 그 개념은 6회사 모두 다르다.

전 사이에 존재하는, 충돌에 대비하는 프리세이프티 기술(일본에서는 프리크래시 기술이라고 한다.)도 메르세데스가 최초로 제안한 기술. 오랫동안 실제 발생한 교통사고를 자세히 조사해 최선의 기술을 실용화해 오고 있다.

신형 E클래스(W213형)에 적용된 운전자 지원 시스템은 현재 시판되는 승용차 중에서 가장 앞선 것이다. 테슬라 모델 S에도 채택된 자동 차선변경 기능 등은 그런 한 가지 사례이다. 여기서 메르세데스는 사용자의 오해나 과신을 염려해 자율주행(오토파일럿)이라고 하지 않고 인텔리전트 드라이버 어시스트 시스템이라고 한다.

시스템의 중심은 가속페달과 브레이크가 정교화된 때문이다. 구체적으로는 앞차와의 차간거리를 일정하게 유지하는 ACC(Adaptive Cruise Control)와 보행자가 갑자기 나타났을 때 등과 같은 돌발적 상황에 대응할 수 있는 자동브레이크(브레이크 어시스트 플러스)를 가리킨다.

차선이탈 방지는 카메라를 통해 인식하고 전동 파워 조향핸들으로 차선을 유지한다. 자동차가 차선을 이탈하려고 하면 조향핸들 휠에 내장된 진동장치가 진동하면서 조향핸들을 잡고 있는 운전자에게 촉각으로 알려주는 것이다. 그래도 알아차리지 못하고 이탈하면 ESP의 브레이크 제어를 사용해 한쪽 바퀴에만 제동을 걸어 자동차를 바로 원래 차선으로 되돌아 오게 한다.

이때 실선과 점선(파선)에서 다른 제어가 실행된다. 실선의 경우, 이탈한 앞쪽으로 주행차선이 없기 때문에 매우 위험하다고 판단해 ESP의 브레이크 제어로 대응한다. 파선의 경우는 후방을 감지하는 밀리파 레이더로 옆 차선의 상황을 판단해 자동차 유무에 따라 위험성을 감안해 제어한다. 신속하게 돌아올 때는 ESP의 브레이크 제어, 시간적인 여유가 있을 때는 조향 제어로 커버한다.

이런 장비는 이미 다른 메르세데스에도 적용된 사례가 있지만, 방향등 레버의 조작만으로 차선을 변경할 수 있는 자동 차선변경 기능은 E클래스가 처음이다. 밀리파 레이더로 옆 차선을 달리는 자동차 유무를 체크해 보고 안전성이 확인되면 자동으로 차선을 변경한다.

차선유지나 차선변경을 위해 차선의 표식(흰선)을 카메라로 인식하기는 하지만, 표식이 흐려진 도로에서는 어떻게 인식하는 것일까. 사람이라면 주위의 도로 폭 등을 파악하거나 다른 자동차의 흐름을 통해

「앞차를 쫓아가 (흰선이 없어도) 가상의 차선을 만들어낸다」

가상적인 주행차선을 상정할 것이다. 메르세데스의 엔지니어에게 물었더니, 앞에서 달리는 자동차를 쫓아감으로써 가상의 차선을 만들어낸다고 한다. 즉 ACC와 차선유지 어시스트는 각각 독립적인 기능이 아니라 연계되어 있는 것이다.

운전자가 책임을 지는 레벨2(운전지원)라 하더라도 운전자는 차량에 탑재된 컴퓨터가 어떻게 생각하는지 알고 싶을 것이다. 그래서 운전석은 자율주행 시대를 대비해 계기류가 전부 디지털화되어 있다. 시스템이 무엇을 생각하고 있는지 운전자에게 알기 쉽게 전달하는 HMI(Human Machine Interface)를 고려해 가로로 길게 대형 액정 패널이 위치하도록 디자인되어 있다. 단순한 미래지향 디자인이 아니라 정교화된 시스템을 사람이 직감적으로 이해할 수 있도록 구성된 것이다. 각종 표시는 운전자가 혼란스러워하지 않도록 아날로그와 디지털을 구분해서 사용하고, 그 내용은 필요 최소한으로 하고 있다. 인간연구가 진행된 증거이다. 이 정도면 아날로그를 좋아하는 사람들까지도 쉽게 받아들일 것 같다.

메르세데스의 자동 차선변경 기능은 방향등을 켜면 조향핸들을 잡고

MERCEDES – BENZ [메르세데스 벤츠 E클래스]

E220d
AVANTGARDE Sport
아방가르드 스포츠

흰선이 없으면 가드레일을 감지해서라도 차선을 계속 유지한다.

「인텔리전트 드라이브」는 메르세데스 벤츠의 안전장치 패키지 명칭으로서, 주차 어시스트나 멀티빔 LED 등도 포함된다. 이 중에서 카메라나 레이더를 사용하는 ADAS를 「레이더 세이프티 패키지」라고 한다. 고속도로에서 정체될 때까지의 전속력으로 앞차를 쫓아가는 것이「디스턴스 파일럿 디스트로닉(구 디스트로닉 플러스)」이다. 여기에 E클래스에는 「조향핸들 파일럿」이라는 기능이 들어가 있어서, 디스턴스 파일럿 디스트로닉이 작동할 때는 차선(흰선)을 감지해 차선의 중앙을 유지하도록 조향핸들 조작을 지원한다. 부분적으로 흰선이 없어도 가드레일 등을 감지하면 기능이 계속된다.

메르세데스 벤츠 E220d 아방가르드 스포츠
가격 : 72,700,000원

주행속도계와 엔진회전속도계 사이에 자차나 앞차의 모양이 표시된다. 차선의 표식을 인식하면 양옆으로 표시가 나타난다. ACC에 해당하는 디스턴스 파일럿 디스트로닉은 속도나 차량 간격도 레버로 설정한다.

조향핸들의 좌우 엄지부분에 각각 +자 키가 있는데, 좌측 키는 계기 패널에 표시되는 기능용이고 우측 키는 센터 패널에 표시되는 기능용으로서, 직감적으로 조작할 수 있도록 배치되었다.

있지 않아도(Hand Off) 실행이 되지만, 규칙상으로는 조향핸들에서 손을 떼서는 안 된다. 그 때문에 ACC를 이용하는 중이라도 조향핸들에서 손을 떼면 10초 후에 알람이 점등하도록 되어 있는데, 그 경고를 무시하고 계속 손을 떼고 있으면 이번에는 자동적으로 속도가 떨어지고 최종적으로는 비상등이 점멸하면서 긴급 정지하는 기능도 들어가 있다.

이것은 데드맨(Dead Man) 시스템이라고 하는 기능으로도 이해할 수 있다. 일본에서는 드물지만 주행거리가 많은 미국에서는 고속도로를 정속주행 기능을 사용해 달리다가 주행 중에 심장발작 등으로 급사하는 경우가 있는 것 같다. 데드맨 시스템이 갖춰져 있으면 2차 사고를 막을 수 있다. 물론 미래의 자율주행 차량에도 똑같은 시스템이 들어갈 것이다.

자율주행에도 앞지르는 재미가 있을까?!

「앞지르는 재미」를 회사방침으로 삼아 프리미엄 카를 개발하는 BMW는 안전기술에 어떻게 대처하고 있을까. 운전자에게 감동을 주는 것을 중요하게 생각하는 BMW는 드라이빙과 관련된 전자제어에서도 메르세데스와는 약간 다른 인식을 갖고 있다. 운전자를 지원한다는 점에서는 똑같지만, 더 나아가 BMW는 다이내믹스를 손상시키

TEST CAR 02

BMW [BMW 5시리즈]

BMW523d 럭셔리

60km/h 미만에서는 자율주행에 가까운 상태로 주행 가능

5시리즈는 E클래스의 ADAS와 버금갈 만큼 룸미러에 스테레오 카메라를, 프런트 범퍼와 리어 범퍼에 밀리파 레이더를 각각 3개, 2개를 장착한다. 그런데 무슨 이유에서인지 방향등 레버의 조작을 통한 자동 차선변경 기능이 일본 사양에서는 빠져 있다. 모든 속도에 대응하는 ACC의 정확도는 매우 뛰어나다. 60km/h까지는 가속페달, 브레이크, 조향(지원)이 세트가 되어 자동주행이 가능한 「조향핸들&레인 컨트롤 어시스트」(이번 테스트 차에서는 E클래스, 모델 S, V90, 세레나에 동종의 기능이 있음), 위험한 끼어들기 등과 같이 옆 차선 차량이 접근했을 때 자기 차의 차선 그대로 가면서 운전자의 조향핸들 조작에 개입해 충돌을 피하는 「액티브 사이드 컬리전 프로텍션(Active Side Collision Protection)」, 후방 자동차를 감시해 추돌당할 위험이 있을 경우에 자기 차의 비상신호등을 점멸시켜 후속차량 운전자에게 주의를 주는 「뒤차 추돌경고」 등이 새 기능으로 추가되었다.

BMW 523d 럭셔리
가격 : 76,800,000원

계기 패널을 풀 디지털 액정으로 채우는 차량이 많지만, 5시리즈는 계속해서 아날로그 계기판을 사용한다. 클래식한 부분을 일부러 남겨 놓은 것 같다. 중앙에 부분은 액정으로 각종 정보를 불러낼 수 있다.

센터 패널 부근을 비추는 3D 카메라가 설치되어 있어서 운전자는 아무것도 건드리지 않고도 정해진 몸짓을 하기만 하면 이용빈도가 높은 기능을 조작할 수 있다. 동승자가 있으면 약간 이상하게 볼지도 모르겠다.

TESLA [테슬라 모델 S]

MODEL S
P90D

운전석 주변에 스위치는
별로 없지만 모든 ADAS를 장착

일본에서 모델 S는 2014년부터 판매되고 있다. 중간에 한번 프런트 마스크를 바꾼 것 말고는 외관변경은 거의 없지만, 기능상의 마이너 업데이트는 몇 번 이루어졌다. 하드웨어의 변경 외에 디지털 장치처럼 소프트웨어가 온라인으로 업데이트되는 경우도 있다. 모델 S에 들어간 「엔핸스드 오토파일럿」은 한 마디로 말하면 조향지원 기능이 내장된, 모든 속도에 대응하는 ACC이다. 조향핸들에 있는 레버를 앞으로 1회 당기면 ACC만 작동하고, 2번 당기면 오토파일럿이 작동한다. 풀 디지털 액정인 계기판 중앙에 자기 차가 표시되는 것은 다른 많은 모델과 똑같지만, 모델 S는 감지한 차량의 타입도 표시한다. 가령 옆으로 트럭이 오면 트럭 표시가, 2륜 오토바이가 오면 2륜 표시가 뜬다. 자기 차와 주변 차량과의 위치관계를 연속적으로 파악할 수 있다(직접 감시가 기본이기는 하지만). 이밖에도 다른 차에 있는 기능은 전부 갖추고 있다.

테슬라 모델 S P90D
가격 : 176,890,000원
실제 후속 모델 P100D의 가격

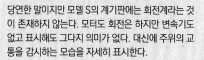

당연한 말이지만 모델 S의 계기판에는 회전계라는 것이 존재하지 않는다. 모터도 회전은 하지만 변속기도 없고 표시해도 그다지 의미가 없다. 대신에 주위의 교통을 감시하는 모습을 자세히 표시한다.

센터 패널에 세로로 긴 17인치 터치패널 디스플레이가 딱하고 자리하고 있는 것이 테슬라 차량의 특징. 대부분의 조작을 터치패널로 하기 때문에 물리적인 스위치가 거의 없다. 음성으로도 여러 가지 기능을 호출할 수 있다.

지 않고, 즐거움이나 쾌적성을 훼손하지 않는 범위에서 시스템이 개입할 여지를 준다. 하지만 자율주행은 어떤 식이든 완전히 운전자를 필요로 하지 않는 방향으로 나아가고 있다. 그렇게 되면 「앞지르는 재미」와 어떻게 조화를 이루게 할지가 주목거리이다.

일본에서는 17년 2월에 발매된 신형 5시리즈. 원래 E클래스와 똑같

은 고도운전지원이 들어가 방향등만 조작하면 자동으로 차선을 변경할 수 있는 기능도 갖춰져 있다. 하지만 이 기능은 일본사양에는 빠져있다. 유럽 시승회 때 시험해 봤지만 ACC와 차선유지 시스템은 메르세데스에 비견될 만큼의 성능을 갖고 있었다. 단지 스위치 배치나 설정방법이 약간 어려웠다. 테슬라나 E클래스처럼 방향등 레버만 조작

VOLVO [볼보 V90]

V90
T6 AWD 인스크립션
(Inscription)

사실상 모든 주행속도에서
조향지원이 가능한 ACC를 장착

V90에도 조향지원이 가능한 모든 속도대응의 ACC인 「파일럿 어시스트」가 장착된다. 이것을 포함한 「인텔리 세이프」에 대강의 안전장비가 들어가는데, 눈에 띄는 것은 미국 고속도로 등에 많은 도로 옆의 파인 곳에 떨어졌을 때(신체가 크게 흔들려 척추 등에 손상이 입기 쉽다), 시트 벨트가 감기면서 에어백이 터지는 것 외에도 페달이 떨어지는 식의 탑승객을 최대한으로 보호하는 「런 오프로드 프로텍션」이 장착되어 있다는 점이다. 최신 프리미엄 브랜드 모델에 많은 「정지 중 오토 브레이크가 내장된 차량이 추돌당했을 때 경고를 보내는 기능」이 V90에도 장착되었지만, V90의 기능은 뒤차가 추돌할 위험이 있다고 판단하면 비상점멸등이 평소보다 빨리 점멸하면서 시트 벨트는 신체를 조여준다. 그래도 추돌을 당하면 운전자가 브레이크를 밟지 않아도 (충격으로 밟지 못해도) 브레이크가 계속해서 작동하며 2차피해를 방지한다.

볼보 V90 T6 AWD 인스크립션
가격 : 79,900,000원

조향핸들을 잡았을 때 엄지가 오는 위치에 +자 스위치가 있다(중앙부분도 푸시 버튼). 조향핸들을 오른쪽으로 돌렸을 때 사진의 +자 스위치 왼쪽 부분을 손바닥으로 누르게 되는 경우가 있었다.

테슬라의 17인치 디스플레이만큼 크지는 않지만, 센터 패널에 세로 9인치인 터치패널 디스플레이가 자리한다. 주변에는 8개의 물리적 스위치가 있다. V90의 미디어 배포용 자료에는 「포르쉐 마칸은 53개」라고 비교하고 있다.

하면 옆 차선으로 차선을 변경할 수는 있지만, 레버를 1~2초 동안 반쯤 누르고 있어야 하는 것이다. 계속 조작할 필요가 있다는 뜻일까. 「운전자가 차선을 변경하고 싶은 의사를 분명하게 시스템에 전달하기 위해서」라는 것이 BMW 엔지니어의 설명이다. 방향등은 좌우를 틀리게 조작할 때도 있기 때문이다.

고전적인 인테리어로 보이지만 여기저기에 디지털 장치를 사용한 것은 최근의 신형차들이 보여주는 트렌드이다. 문제는 주행하면서 조작하는 운전자를 감안해 직감적으로 사용하기에 편한 시스템인가 아니냐가 핵심이다. BMW도 HMI를 중시하고 있다. 대형화된 헤드업 디스플레이는 보기 편했다. 필요 최소한으로 정보를 표시하고 제한속도

와 자차의 속도를 직감적으로 볼 수 있기 때문이다.

기능은 많지만 직감적으로 조작하기가 쉽다.

전기자동차에서 기세를 떨치고 있는 테슬라는 자율주행에도 적극적이

다. 인터넷을 통해 소프트웨어를 업데이트할 수 있기 때문에 오토파일럿 시스템 등이 구입 후에도 진화된다는 점은 운전자에게 있어서는 매력적이지 않을 수 없다.

자동 차선변경 기능을 처음으로 채택한 것은 테슬라이지만, 이것은 기술의 승리라기보다 국제적인 법규제 관계상 그렇게 되었다고 봐야 할 것이다. 모델 S를 통해 처음으로 자동 차선변경을 체험한 것이 16년의 이른 봄 무렵이었다. 고속도로에서 테스트해 보았을 때이다. ACC와 차선유지 시스템 스위치를 켜놓고 나서 방향등 레버를 차선변경 방향으로 조작하고 조향핸들도 약간 그 방향으로 움직였더니 자동으로 옆 차선으로 옮겨갔다. 일단 차선변경이 시작되면 중간에 손을 떼도 차선변경은 계속된다. 움직임이 상당히 기민하고 부드러웠다.

이때 알게 된 것은 어시스트라 말하면서 시스템이 자동으로 조향핸들을 조작했을 경우, 서스펜션의 완성도가 뛰어나지 않으면 자동차의

NISSAN [닛산 세레나]

SERENA
Highway STAR G

적절한 가격에 모든 주행속도에 대응하는 ACC를 장착

이번 테스트 차량 중에서 세레나와 임프레자 이외에는 전부 수입 프리미엄 브랜드의 고급자동차들이다. 이런 점을 감안하면 안전장비에 있어서 일본 두 모델의 충실함을 평가할 수 있다. 세레나는 단안 카메라로, 임프레자는 스테레오 카메라를 사용해, 수입차와 똑같이 고가의 밀리파 레이더를 사용하지 않고도 모든 주행속도에 대응하는 ACC를 실현하고 있다. 나아가 세레나는 조향지원 기능까지 들어가 있다. 세레나의 조향지원은 움직임에 있어서 손에 약간 딱딱한 느낌을 주는 특징이 있다. 조향지원이 작동 중이라는 사실을 운전자에게 알려주기 위해서인데, 작동 중인 상태로 장거리를 편안하게 운전하기에는 적합하지 않다. 조작은 간단해서 누구나 쉽게 사용할 수 있지만, 카탈로그에 「고속도로 동일차선 자율운전기술」이라고 쓰여 있는 한편으로 조그맣게 세레나는 단안 카메라로, 임프레자는 스테레오 카메라로 「자율운전 시스템이 아닙니다. 안전운전을 할 책임은 운전자에게 있습니다.」라고도 나와 있는 등, 표현이 약간 아리송하게 되어 있다.

닛산 세레나 하이웨이 스타 G
가격 : 30,110,400원

계기 패널 내에 자기 차의 그림이 나타나 앞차와의 차간설정이 나타날 뿐만 아니라, 차선(흰선)을 인식하면 양쪽으로 직선이 나타난다. 차선에서 이탈하면 색이 바뀐다. 프로파일럿이 작동하는 동안에는 조향표시가 녹색으로 점등한다.

ADAS뿐만 아니라 닛산이 예전부터 폭넓게 채택하고 있는 어라운드 뷰 모니터(옵션) 등, 편리성과 안전성에 기여하는 장비들이 많이 갖춰져 있다. 가속페달 조작실수 방지 기능도 고령자만 아니라 모든 운전자에게 도움이 된다.

움직임에 불안을 느낀다는 점이다. 어느 일본 메이커의 차선유지 시스템도 자동으로 조향핸들이 조작되면서 서스펜션의 움직임에 불안을 느껴 무서워했던 기억이 떠오른다. 그런 자동차라도 자신이 조향핸들을 조작하는 경우에는 운전자가 자동차의 움직임을 예측할 수 있기 때문에 불안스럽지는 않지만, 자동적으로 조향핸들이 돌아가면 움직임을 예측할 수 없어서 약간의 이상한 움직임만으로도 걱정이 되는 것이다. 자율주행(자동조향)이야말로 완성도가 뛰어난 서스펜션(섀시성능)이 필요하다고 생각했다. 그런 의미에서 모델 S는 섀시도 뛰어나다고 할 수 있다.

그런데 어떤 모델이든 ACC가 작동할 때 「조향핸들을 손으로 잡아야 한다」고 하는데 이것은 어떤 의미가 있는 것일까.

유럽에서는 규칙으로 「운전 중에 조향핸들에서 손을 떼면 안 된다」고 규정되어 있다. 명확하게 「Hands-off 금지」이다. 미국에서는 주(州)마다 다르다고 한다. 의외로 일본에서는 운전 중에 조향핸들에서 손을 떼는 것이 금지되어 있지 않다. 2015년 도쿄 모터쇼에서 자율주행 데모주행을 하기 위해서 경찰청이 일부러 「Hands-off를 금지하지 않는다」는 견해를 보였던 것이다. 여기에는 미디어가 오해한 보도를 방지하는 의미도 있었다. 도로교통법에서는 운전자가 안전운전을 할 의무는 있지만 손으로 조향핸들을 잡고 있어야 한다고는 기재되어 있지 않다. 이처럼 자동조향에 관해서는 기술적인 문제와 도로교통법이 복잡하게 얽혀있는데, 2020년까지는 단계적으로 규제가 완화될 예정이다.

그런데 모델 S의 ACC는 어떨까. 사실 자동 차선변경보다 놀란 것이 ACC의 뛰어난 완성도와 사용편리성이었다. 대부분의 차량에 탑재된 ACC가 다소의 우열은 있지만 아무리 뛰어난 시스템이라도 앞차가 가속하고 나서 뒤따라 가는 차가 쫓아가기 위해서는 가속할 때까지의 시간 지체가 신경이 쓰인다. 도요타는 이에 대한 대책으로 「T커넥트」라고 하는 V2V(Vehicle to Vehicle, 車車間 通信)를 실용화

**자동조향기능이 갖춰진 자동차야말로
완성도 높은 서스펜션 성능이 요구된다.**

TEST CAR 06

SUBARU [스바루 임프레자 스포츠]

IMPREZA
SPORT 2.0i - S EyeSight

기초 안전성능부터 최첨단 안전장비까지 갖춘 차

앞으로 스바루의 운명을 좌우할 새로운 플랫폼인 「스바루 글로벌 플랫폼」을 이용해 개발된 임프레자.」 당연히 스바루가 폭넓게 채택하는 「아이사이트 버전3」이 전체 모델에 기본으로 적용된다(세레나도 프로파일럿을 전체 차종에 기본으로 넣었으면 한다). 아이사이트는 자동브레이크인 「프리-크래쉬 브레이크」(앞차와의 속도차이가 50km/h 이내라면 충돌회피가 가능, 보행자의 경우는 35km/h 이내. ※두 경우 다 상황에 따라서는 피하지 못하는 경우도 있다), 모든 주행속도에 대응하는 ACC, 차선 중앙유지 기능과 차선이탈 억제기능도 65km/h 이상이면 작동한다. 나아가 오발진 억제 제어(앞차나 뒤차 모두 대응)도 아이사이트의 일부이다. 옵션으로 「하이빔 어시스트(상/하 자동전환)」가 설정되어 있다. 충돌 후의 패시브 세이프티 성능도 진화되어서 모든 차량에 보행자용 에어백이 기본사양이다.

스바루 임프레자 스포츠 2.0is 아이사이트
가격 : 25,920,000원

대시보드 중앙 위쪽에 6.3인치 크기의 다기능 디스플레이가 설치되어 구동상태나 차체 기울기 외에, 차간설정 등 아이사이트 관련 정보도 표시할 수 있다.

스바루는 0차 안전(프라이머리 세이프티. 기본적인 안전) 성능으로 좋은 시야를 중시한다. 임프레자도 앞뒤 모두 필러에 의한 사각지대가 적어서 양호한 시야가 확보되어 있다.

ADAS 장비 비교

		메르세데스	BMW	테슬라	볼보	닛산	스바루
주요 안전장비표		E220d 아방가르드	532d	모델S	V90	세레나	임프레자 2.0i - S 아이사이트
자동 브레이크		●	●	●	●	●	●
ACC(Adaptive Cruise Control)		●	●	●	●	●	●
차선유지 어시스트		●	●	●	●	●	●
사각지대 어시스트(후방사각감지기능)		●	●	●	●	X	OP *5
어댑티브 헤드라이트		●	●	●	●	X	OP *5
후방감시 카메라		●	●	●	●	●	●
자동주차		●	●	●	▲ *2	▲ *3	●
운전자 피로감지 시스템		●	●	X *1	●	X	●
야간 시인성 향상 어시스트		●	●	X	●	X	X
자동차선변경		●	X *1	●	X	X	X
센서	카메라	●	●	●	●	●	●
	밀리파 레이더	●	●	●	●	X	X
	초음파 센서	●	●	●	●	OP *4	OP *5

*1 유럽사양 모델에는 표준장착 / *2 일부는 운전자가 조작할 필요가 있음 / *3 일부는 운전자가 조작할 필요가 있음 / *4 주변감시 모니터 장착 차량 / *5 선진 안전 패키지 장착 차량

해 760MHz의 전파로 앞뒤 자동차끼리 연결함으로써 가속 지체를 줄이고 있다.

근본적인 원인은 엔진과 기어박스의 응답성(Response)이다. 응답이 둔한 엔진과 직접성이 없는 기어박스 같은 경우는 ACC의 추종도 더딜 수밖에 없다. 모델 S의 경우 모터 응답성이 뛰어나기 때문에 앞차를 바로 쫓아간다. 이런 체험을 해보니 EV와 자율주행은 궁합이 매우 잘 맞는다는 생각이 들었다. 가령 레이싱카 엔진을 탑재했다 하더라도 모터의 응답성과는 상관이 없다. 모델 S의 뛰어난 점은 가속할 때의 날카로운 응답성분만이 아니다. 감속할 때도 모터에 대한 전류를 차단(가속페달에서 발을 뗌)하면 모터가 발전기로 전환되어 즉각 0.2G 전후의 감속도가 발생한다.

또한 많은 기능을 갖추고 있음에도 불구하고, 운전자가 쉽게 알수 있

도록 직감적으로 알려주기 위한 HMI가 뛰어나기 때문에 처음 타더라도 전혀 어색하지 않다. 계기판에 주위 자동차나 차선을 감지한 영상을 띄우기 때문에 시스템이 무엇을 보고 있는지를 이해하기 쉬웠다.

선진안전장비에서도 타사를 앞서가는 볼보

3점식 시트벨트를 고안한 뒤, 그 아이디어를 타사에도 개방하는 등, 예전부터 안전의식이 높았던 볼보가 새롭게 「2020년까지 새로운 볼보 차 탑승 중의 교통사고에 의한 사망자, 중상자를 제로로 만들겠다」는 목표를 내세웠다. 새로운 볼보가 어떤 모델부터인지, 중상이란 것이 어느 정도를 가리키는지 등 애매한 부분이 있기는 하지만 상당히 야심찬 목표가 아닐 수 없다. 거기에 최신 V90의 안전장비를 보면 그 목표를 정말로 달성하겠다는 생각이 든다.

V90에는 그들이 인텔리 세이프라고 하는 ADAS 패키지가 기본사양으로 들어간다. 인텔리 세이프에는 앞차뿐만 아니라 보행자, 자전거, 대형동물 등을 감지하는 자동브레이크, 교차로에서 좌회전할 때 맞은편 직진 차량을 감지하는 자동브레이크, 거기에 ACC와 사각지대(Blind Spot) 모니터, 차선유지 어시스트는 물론이고 140km/h 이하에서 자기 차를 차선 중앙에 유지되도록 조향을 지원하는 파일럿 어시스트도 포함된다. 파일럿 어시스트는 조향핸들에 가볍게 손을 대고 있는 한 자율주행처럼 주행이 가능하다(이때 사고가 발생하면 운전자 책임이기 때문에 자율주행이 아니다). 앞차나 차선을 인식하는 능력은 상당히 뛰어나다. 16년도에 나온 XC90에서는 앞차가 없으면 이 기능을 사용할 수 없었고, 설정가능 속도도 훨씬 낮았는데 약 1년 만에 이 정도로 진화했다(현재는 XC90도 업그레이드되었다).

조작을 위한 스위치 종류는 하나하나 크기가 커서 익숙해지면 보지 않고도 조작할 수 있을 것 같다. 다만 조향핸들에 많은 스위치를 배치한 때문인지 조향핸들을 돌리다가 뜻하지 않게 손바닥으로 어떤 스위치를 누르는 경우가 몇 번이고 있었다.

덧붙이자면 많은 자동차가 밀리파 레이더를 프런트 그릴 근처에 설치하기 때문에 개중에는 그릴 일부만 다른 재질을 사용해 스타일을 망치는 경우도 있지만, 볼보는 밀리파 레이더와 카메라를 세트로 룸미러 근처에 배치하기 때문에 프런트 마스크의 디자인에 영향을 받지 않는다.

기능을 올바로 주지하는 것도 안전성능 중의 하나

운전석이 높아서 시야가 좋기 때문에 운전이 쉬운 것은 다른 미니밴도 마찬가지지만 세레나는 A필러가 앞뒤로 2분할되어 있어서 전방 비스듬하게 사각지대가 별로 없는 등, 선진적인 안전장비에만 의존하지 않

고 기본적인 안전성도 채택하고 있다. 이날 도쿄만의 아쿠아라인 해상도로 구역에는 옆바람이 강하게 불었다. 차고가 높은 세레나는 때때로 강풍에 흔들리면서도 차선중앙을 유지하기 위해 항상 세세한 자동조향수정이 작동했다. 닛산이 자랑하는 프로파일럿 제어이다.

프로파일럿은 아이사이트 등과 마찬가지로 복수의 ADAS기능을 갖춘 패키지 이름이다. 중심기능인 인텔리전트 크루즈 컨트롤을 작동시키려면 조향핸들에 있는 스위치를 누른 다음 차속설정 스위치를 누르면 된다. 2번만 조작해서 기능이 시작되는 것은 좋다. 조향핸들 지원을 작동시키려면 양쪽에 카메라로 인식할 수 있을 정도의 흰선이 있어야 한다는 것이 조건이지만, 흰선이 없는 경우라도 ACC는 작동한다. 또 하나 프로파일럿에는 정체되었을 때 가속페달, 브레이크, 조향핸들을 자동으로 제어하는 기능도 들어 있다. 또한 정지를 해도 3초 이내라면 자동발진하는 기능도 있다.

프로파일럿만 주목받기 쉽지만, 차량뿐만 아니라 보행자까지 감지하는 AEB, 차선이탈경고, 차선이탈방지 지원 시스템, 진행방향으로 장애물이 있는데 잘못해서 가속페달을 밟았을 때 경고와 동시에 출력을 낮추는 가속페달조작실수 방지 어시스트 등, 카메라만으로 가능한 장비는 거의 갖추고 있다. 다만 밀리파 레이더가 필요한 뒤쪽의 자동차 접근을 알려주는, 소위 말하는 사각지대 어시스트 등은 없다. 장치를 충실히 하다가 가격이 높아져 사는 사람이 줄어드는 것도 곤란하다. 2016년 11월 치바현에서 세레나를 시승하던 한 남성이 조수석의 판매원 지시에 따라 자기 차가 앞차에 접근해도 브레이크를 밟지 않았다가, 어떠한 이유로 자동브레이크가 작동하지 않으면서 추돌하는 사고가 있었다. 다행히 앞차 탑승자의 부상이 심하지는 않았지만 사고 원인의 중대성 때문인지 국토교통성이 일부러 공표하는 상황까지 이르렀다.

자동브레이크를 일반도로에서 작동시킨 것도 상식 외이지만, 판매원이 올바른 지식과 상식을 갖지 못한 것도 원인이다. 시킨다고 브레이크를 밟지 않은 운전자도 책임이 없는 것은 아니다. 프로파일럿뿐만 아니라 시스템은 100% 완벽한 것은 아니다. 메이커의 과도한 광고나 미디어의 잘못된 보도로 인해 사용자나 판매원 등이 현장에서 혼란을 겪어서는 안 된다.

스바루의 다음 발걸음에 기대

자율주행 여명기 전인 현재, 다양한 ADAS가 등장하는 때에 스바루의 아이사이트가 새로운 문을 열어젖혔음은 틀림없다. 아이사이트의 성공으로 자동브레이크가 경자동차까지 보급되었다고 해도 과언이 아니다.

성공의 비결은 결단력이었다. 1세대 아이사이트(당시는 ADA)는 밀

리파 레이더와 카메라 두 가지만 사용했다가 고가의 밀리파 레이더를 포기하고 카메라를 특화함으로써, 100만 원이라는 저가의 옵션을 설정할 수 있었다. 카메라의 인식기술이 점점 발달한 것도 성공 이유이다(소프트웨어가 포인트). CM에서 「자동차가 안 부딪친다고?」하며 어필하는 등, 마케팅전략도 주효했다. 이렇게 하여 아이사이트는 스바루의 큰 재산이 된 것이다.

실제로 달려보았더니 ACC의 추종성능이 평균 이상으로 사용하기 편리하다. 앞차의 주행을 쫓아가는 ACC에는 미묘한 가감속 응답성이 요구된다. 테슬라 부분에서도 설명했듯이 EV답게 가속 응답성이 뛰어나고, 브레이크나 카속페달에서 발을 떼는 것만으로도 회생 브레이크가 순식간에 작동한다. ACC나 그 마지막에 있는 자율주행은 엔진 자동차가 다음 세대에도 살아남을 수 있을지 아닌지에 대한 시금석이다.

16년 12월에 공표된 「전반기 예방 안전성능 평가결과」를 보면, 아이

사이트의 차량에 대한 인식능력이 매우 정확해서 32점 만점에 만점을 획득했다. 하지만 보행자에 대한 인식능력에서는 25점 만점에 22.8점을 획득했다. 도요타나 렉서스보다는 뛰어나지만 마쓰다 악셀라의 24.5점보다는 낮았다. 상대 차량과 달리 옆에서 갑자기 나타나는 보행자 인식은 화상을 처리하는 소프트웨어 개발이 필요하기 때문에, 앞으로 스바루의 과제가 명확하게 드러난 결과라 할 수 있다.

JNCAP에서는 차선유지 어시스트에 대해 경보만 평가하지만, 최근의 수입차는 이탈방지 경보 외에 자동조향을 통해 이탈하지 않도록 하는 제어도 들어가고, 심지어는 차선의 중앙을 유지하는 가이드 기능까지 들어가 있다. 조향핸들 조작이 어디까지 자동화될지 기대가 된다. 기준과의 균형관계도 있어서 한 걸음씩 진행되는 실정이지만, 스바루는 더 적극적으로 자동조향에 대처해야 한다. 많은 스바루 고객층이 더 발전된 차세대 아이사이트를 기대하고 있기 때문이다.

결론 ▶ ADAS 장비는 다 똑같이 들어가 있다. 다만 직감적으로 조작할 수 있는가, 표시를 보고 상황을 바로 파악할 수 있는가 등으로 좋고 나쁨이 갈릴 것 같다. 메르세데스의 사용편리성이 좀 더 뛰어나다.

연결로 인해 발생하는 위협

각국에서 진행 중인 정보보안의 기준화·표준화

2025년에는 거의 모든 신차들이 내장형 접속장치를 갖춘 커넥티드 카가 될 것이다.

이런 예측이 계속해서 흘러나오고 있는 것을 보면 머지않아 전 세계적으로

외부와 통신하는 자동차의 극적인 시장확대가 예상되기도 한다.

여기서 걱정스러운 점은 정보보안이다. 그래서 각국에서는 법 정비에 적극적으로 나서고 있다.

본문 : 나리타 아키코(주상 어빔 자동차종합연구소 시니어 매니저)

● 보안 국제표준과 평가 · 인증체제에 대해 (출처: 경제산업성 홈페이지)

	미국		일본		독일	영국
	IT보안	자동차	제어시스템·IT보안	(참고) 기존 자동차의 안전기준	IT보안 *UK, DE Government involved in Guideline activity	
법령 베스트 프랙티스 지침	White House / DHS		NISC(중요 인프라)			
	USDOC / NIST	USDOT / NHTSA 2016/10/24 Cybersecurity Best Practice for Modern Vehicles	경제산업성 · 총무성(*1)	국토교통성 차량의 보안기준	BMI	CESG 2012/9/5 10 steps to cybersecurity
국제기준 / 표준	ISO /I EC ISO/IEC 15408 Common Criteria	SAE J3061-2 Security Testing Methods J3061-3 Security Testing Tools ISO Joint Standard	ISO / IEC ISO 27001 ISO / IEC 15408 IEC 62443 Common Criteria	WP29 ITS / AD : Cybersecurity and data protection	ISO/IEC	BSI ISO 27001 BS 7799
인증	UL CAP UL2900	UL2900-2-4 (Underdevelopment)	제어시스템 CSSC (*2) / IT보안 IPA / ECSEC(*3)	IT보안 교통연구원 / 심사·차량검사	IT보안 DIN/VDE / TüV	BSI
평가	Synopsys		EDSA(자동차 비대응)			

(*1)2015/7/9 700MHz대 안전운전지원시스템 구축을 위한 보안 가이드라인 1.0판(총무성)
(*2)기술연구조합법 경제산업장관 인가법인   (*3)광공업기술연구 조합법 경제산업장관 인가법인 IT보안평가 및 인증제도(JISEC)

차량실내의 닫힌 공간 안에서 기술적으로 발전해 온 네트워크가 인터넷과 연결되어 외부와의 정보거래나 작동지시가 가능해지면서 보안 위협에 대한 우려도 제기되고 있다. 즉 네트워크와 통신 양쪽에 걸쳐서 보안대책 마련이 당면과제로 떠오르고 있다.

이런 와중에 상징적인 일이 발생하였다. 2015년 7월에 미국 FCA회사(옛 크라이슬러)가 해킹대책을 위해 미국에서 140만 대의 차량을

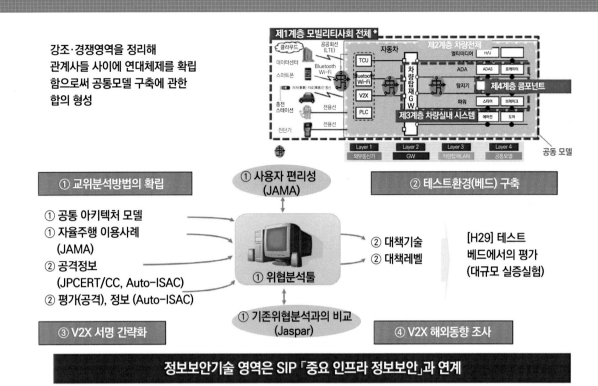

제1계층 모빌리티사회 전체 *

공공회선(LTE) 클라우드 데이터센터 스마트폰 Bluetooth Wi-Fi 충전 스테이션 진단기

자동차 TCU Bluetooth Wi-Fi V2X PLC

차량탑재 GW

제2계층 차량전체 멀티미디어 H/U ADA ADAS 로케이터 탐지기 **제4계층 콤포넌트** 파워 스티어 브레이크 에어컨 도어

제3계층 차량실내 시스템

| Layer 1 외부통신기 | Layer 2 GW | Layer 3 차량탑재LAN | Layer 4 공통모델 |

공동 모델

강조·경쟁영역을 정리해 관계사들 사이에 연대체제를 확립함으로써 공통모델 구축에 관한 합의 형성

① 교위분석방법의 확립

① 공통 아키텍처 모델
① 자율주행 이용사례 (JAMA)
② 공격정보 (JPCERT/CC, Auto-ISAC)
② 평가(공격), 정보 (Auto-ISAC)

③ V2X 서명 간략화

① 사용자 편리성 (JAMA)

① 위협분석툴

① 기존위협분석과의 비교 (Jaspar)

② 대책기술
② 대책레벨

② 테스트환경(베드) 구축

[H29] 테스트 베드에서의 평가 (대규모 실증실험)

④ V2X 해외동향 조사

정보보안기술 영역은 SIP「중요 인프라 정보보안」과 연계

● **SIP의 정보보안에 대한 대처** (출처:SIP – adus 홈페이지)

리콜했다. 이 사례는 커넥티드 카에 대한 위험에 대해 메이커나 사용자 모두를 새롭게 환기시키는 계기가 되었다.

표준화·기준화를 향한 활동

유럽과 미국에서는 보안에 관해 프로세스와 정보공유 등의 활동이 활발하다. 미국에서는 자동차기술 표준화를 추진하는 비영리단체 SAE 인터내셔널에서 16년 1월에 자동차 사이버 보안 가이드 북을 발간하였고, 10월에는 미국 도로교통안전국(NHTSA)에서 베스트 프랙티스(지침)가 발표되기도 했다. UN에서는 16년 3월에 자동차안전기준 국제조화포럼(WP29) 산하 자율주행분과회의에서 자율주행 관련 사이버 공격에 대한 방어대책지침을 가결한 바 있다. 그밖에 자동차 메이커가 참가하는, 사이버 보안 공격사례의 정보를 공유하는 조직(Auto-ISAC) 설립이나, ISO에서의 규격화, ISO와 SAE 사이에서 사이버 보안 분야에 관한 공동기준활동(16년

10월에 제1회 회의가 개최) 등, 보안에 대한 여러 가지 대책수립에 나서고 있다.

일본에서도 기본적으로 보안을 협조영역으로 정해 자동차업계 차원에서 차량탑재 보안에 대처하고 있다. 일본자동차공업협회(JAMA)에서는 기본방침을 만들고 자동차기술회의(JSAE)에서 표준·규격을 작성, JASPAR(차량탑재 소프트웨어 표준화 단체)에서 적용을 위한 표준기술을 책정하는 식으로 각 단체와의 협력체제를 통해 표준화 추진계획을 공유하는 한편, 해외연대 등도 이루어지고 있다. 또한 일본판 Auto-ISAC의 설립에 관해서도 검토 중이다.

안전·안심한 자동차제조

일본은 기능안전에 있어서 ISO26262 등과 같은 표준화 측면에서 뒤처지기는 했지만, 세계의 흐름을 쫓는 한편으로 기술진화에 따른 개정을 주도하려는 움직임도 보이고 있다. 이는 일본의 물건제조 경험을 통해 길러온 안전

성·신뢰성이 확실하게 제품에 뿌리내리고 있다는 증명이라고 할 수 있을 것이다. 앞으로는 안전성·신뢰성에 관한 개발 프로세스에 보안도 반영하지 않으면 안 된다. 특히 보안, 그 중앙에서도 사이버 보안에 관해서는 다른 업종의 지혜도 받아들이게 된다. 기술적 과제도 많이 드러나겠지만, 지금까지 길러온 안전성·신뢰성에 대한 기술력과 보안을 제대로 융합해 안전하고 안심이 되는 자동차를 생산해 나가야만 앞으로도 일본 자동차산업의 존재감을 과시할 수 있을 것이다.

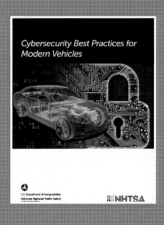

2016년 10월에 미국 도로교통안전국(NHTSA)은 베스트 프랙티스(지침)를 발표

▶▶▶▶

Illustration Feature
AUTONOMOUS DRIVING
TECHNOLOGY DETAILS
자율주행의 모든것
CHAPTER
④

[Impact of Autonomous Driving Car]

자율주행이 변화시켜 나갈 모습
도시계획은 모빌리티와 함께

20세기의 도시계획에 모터리제이션이 짙게 영향을 끼쳤듯이, 자율주행으로 인해 사람의 흐름이 바뀌고, 도시의 존재 방식이나 산업의 모습도 바뀐다. 앞으로 사회는 어떻게 변혁되어 나갈까.

모빌리티로부터 생각하는
미래도시의 디자인

인간이 운전하는 자동차로부터 시스템이 운전하는 자율주행 자동차로,
도시의 모빌리티가 크게 바뀌려 하고 있다.
앞으로 바뀌어 나갈 도시의 모습에 대해 생각해 보겠다.
본문 : 하야시 아키코 그림 : 다이믈러 / 아우디

지금 일본은 기로에 서 있다. 인구가 약 100년 만에 감소세로 돌아서면서 2050년에는 1억 명 아래로 감소할 것으로 예상되고 있다. 도쿄를 제외하면 거의 전국적으로 인구가 줄어드는 한편으로 고령화 비율은 높아지기만 한다. 그래서 각 지자체는 앞으로의 인구감소, 고령화 사회에 어울리는 도시개조를 모색하고 있다.

도시개조에 있어서 동선은 매우 중요한 요소이다. 수도고속도로나 순환도로 일부는 1964년 도쿄 올림픽 때 선수단이나 관계자의 원활한 이동과 물자수송을 위해 만들어진 것이다. 그 뒤의 인구증가와 모터리제이션을 고려해 설계했다고는 하지만 지금같은 과밀도시가 되리라고는 예상하지 못 했던 것 같다. 도쿄는 만성적인 교통정체나 주차장 부족에 시달리고 있기 때문이다.

그러나 완전히 자율적으로 주행하는 레벨4나 운전자없이 자율주행을 할 수 있는 레벨5가 실현되면, 많은 도시 교통의 과제들이 해결될 것으로 기대되고 있다.

자율주행이 가능한 자동차는 도시환경을 바꾼다.

2017년 4월, 보쉬와 다이믈러는 레벨4나 레벨5의 개발업무 제휴계약을 체결하면서 하나의 미래도를 제시하였다.(위 그림 참조).

인간이 자동차로 이동하고 싶을 때 스마트폰 등의 단말기를 사용해 자동차를 부른다①. 호

출을 받은 자동차는 스스로 주행하여 호출한 장소로 이동한다②③. 인간이 승차하면 자동차가 자율주행을 통해 목적지로 가도 되고, 인간 자신이 직접 운전해도 된다. 기호대로 운전을 즐기면 되는 것이다3A, 3B. 목적지에 도착하면 차에서 내린다④. 자동차는 다시 무인상태로 주행하여 주차장에서 대기한다. 이런 기술이 일반화되면 완전한 도어 투 도어(Door To Door) 이동이 가능해진다. 현재는 인간이 자동차가 있는 곳까지 찾아가야 하고, 목적지 주변에 도착한 뒤에도 비어 있는 공간을 찾아서 주차한 다음, 거기서 목적지까지 걸어서 이동하지 않으면 안 된다. 상업시설이나 골프장 같은 곳에서는 카풀(Car Pool)을 했다가 동승자나 짐을 내려주고 나서 운전자 혼자 주차하러 가는 모습을 흔히 볼 수 있지만, 레벨4나 레벨5가 실현되는 세계에서는 이런 일이 없어진다. 카풀에서는 운전자를 포함한 모든 탑승자가 하차하고, 그 뒤에는 자동차가 주차장까지 스스로 이동한다.

현재의 주차장은 탑승자가 타고 내릴 때 옆 자동차와 부딪치지 않도록 어느 정도의 공간을 두고 나누어져 있지만, 무인 레벨5에서는 문을 열고 닫을 일이 없기 때문에 공간이 필요 없다. 시스템은 거리감을 착각하거나 조향핸들 조작을 잘못하는 일도 없으며, 정확하게 틈새 없이 멈출 수 있다. 주차장의 공간 효율이 높아지면 주차장 비용도 싸질지 모른다.

또한 무인(無人)에 스스로 주행한다는 것을 전제로 한다면, 긴자처럼 땅값이 비싼 곳에 일부러 주차장을 설치할 필요도 없어진다. 탑승자가 내린 뒤에 자동차가 스스로 주행하여 주차장으로 가기 때문에, 호텔이나 아파트에서 떨어진 곳을 찾아가도 문제는 없어진다.

사업자가 제각각 주차장을 준비할 필요도 없다. 지역별로 공동주차장을 확보하면 되기 때문에 유럽의 도시 같은 지대설정(Zoning)이 가능하다. 다시 말하면 상업밀집지역이나 관광지처럼 사람들이 많이 모이는 구역은 인간의 이동을 최우선으로 하고, 자동차는 좀 떨어진 주차장에서 대기하고 있다가 필요한 때만 구역 내로 들어오면 되는 것이다. 현재처럼 역이나 상업시설 주위에 택시나 누군가를 픽업하려는 자가용이 쭉 늘어서는 모습은 사라지고, 경관을 유지하면서 더 여유로운 환경을 실현할 수 있을 것이다.

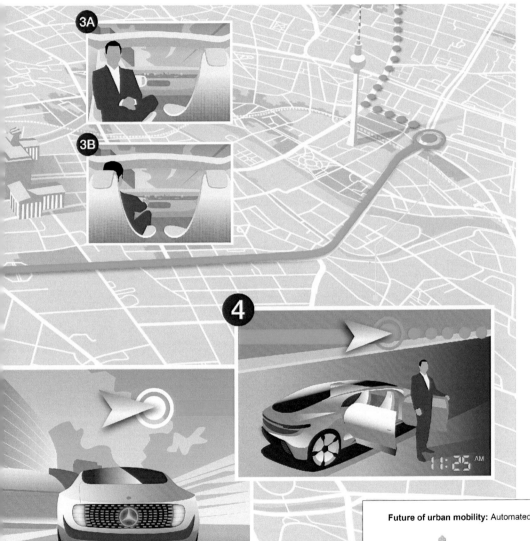

보쉬와 다이믈러는 완전 자율주행 자동차 실현을 위해 제휴를 발표

미래의 도시교통에 있어서 자율주행 택시는 이동을 위한 한 가지 옵션이다. 주차장에서 무인 자동으로 움직여 사람을 태우고 목적지까지 자율주행으로 간 다음, 사람을 내려주고는 다시 스스로 주차장까지 주행한다.

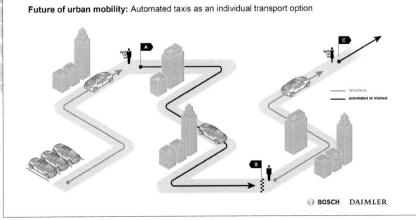

Future of urban mobility: Automated taxis as an individual transport option

driverless
automated or manual

BOSCH DAIMLER

레벨4/5의 자율주행 자동차가 보급된 도시의 상상도

자동차의 진화와 이용방법의 변화로 생활방식이 다양하게 변화할 것이다.

레벨4와 레벨5가 보급되는 시점에는 많은 사람이 자동차를 소유하지 않을 것으로 전망된다.

자동차로 일을 하는 사람을 제외하면 의외로 많은 사람이 자동차를 타는 시간이 짧다. 개인소유 자동차의 가동률은 3%에서 5%로 이야기된다. 고가의 주차장 비용이나 보험료를 지불하면서 소유하고 있는데도 불구하고, 90% 이상이 움직이지 않고 그냥 주차만 하고 있는 것이다.

보쉬와 다이믈러가 제시했듯이, 필요할 때 스마트폰으로 호출하면 자신이 있는 장소까지 자동차가 스스로 데리러 오게 된다면 어떨까. 현재의 버스나 택시보다 편리하게 사용할 수 있을 뿐만 아니라, 이용요금도 개인소유 자동차에 지불하는 금액보다 적다면 소유하려는 입장에서 공유 서비스로 옮기려고 하는 사람도 적지 않을 것이다. 개인이 차를 소유하지

않는다면 각 가정의 주차공간도 필요 없게 된다. 대신에 방을 하나 더 늘릴 수도 있고, 정원을 만들어도 된다. 주변에 나무가 많아지면 풍경도 좋아질 것이다.

공유이용이 확대되면 개개의 자동차 가동률이 향상된다. 즉 자동차가 도로를 달리는 시간이 훨씬 길어지면서 주차장에 있는 시간이 줄어드는 것이다.

항공기 같은 경우 전 세계의 공항을 합쳐도 모든 항공기를 수납하지 못한다고 한다. 항상 몇 대라도 하늘에 떠 있어야만 균형이 맞는 것이다. 레벨4/5 같은 공유 서비스가 일반화될 무렵에는 자동차도 그럴 가능성이 있다. 사회전체로 보았을 때 주차장은 지금보다 줄어들 것이다.

이때 진화되어 있을 것은 자동차뿐만이 아니다. 이용방법을 포함해 전반적인 생활이 지금과는 다른 형태를 보일 것으로 전망된다. 이미 일부 기업에서는 재택근무를 시작하고 있기도 하지만 출근시간대나 근무시간이 유연해지는 한편, 근무환경도 다양해진다. 영

업활동 등 꼭 대면해야 하는 업무가 있기는 하지만, 대부분의 근무가 메일이나 인터넷 회의로 끝나게 될 수 있기 때문에 매일 출근하는 일이 당연시되지 않을지도 모른다.

그렇게 되면 출퇴근이 편리한 곳에 살 필요가 없어진다. 아이들 교육에 적합한 외곽에 살면서 출근이 필요할 때만 공유 서비스를 이용해 직장으로 가면 된다. 먼 곳에 살면 출근에 필요한 시간이 증가하기는 하지만, 자동차가 레벨4이기 때문에 이동 중에 메일체크나 문서작성, 자료정리 등을 할 수 있다. 근무환경과 생활방식의 변화로 인해 현재처럼 대도시에 집중되는 문제가 해소될 가능성도 있다. 기업으로서도 모든 사원이 상시 출근하지 않기 때문에 넓은 사무공간이 없어도 된다. 오피스 운용방식이 바뀌면서 오피스타운도 변화할 것이다.

모빌리티 관점에서 도시계획을 제안

지금까지는 꿈 같은 미래도시를 말했다면, 이

제는 약간 현실적으로 돌아오겠다.

테크놀로지가 진화하면 도시의 형태가 바뀐다. 만원 전철이나 교통정체 등이 해소된다거나, 이동수단이 다양화되면서 교통약자에게는 살기 좋은 마을이 되는 등, 다양한 장점도 기대할 수 있다. 그러나 이런 도시의 형태가 바람직하기는 하지만 구체적으로 들어가면 다양한 의견이 존재한다. 예를 들면 동일본대지진의 피해지역에서는 재해에 대비해 해안지대를 공업지역으로 만들고 고지대를 주거지로 만들자는 아이디어가 있는 한편으로, 해안지대에 살았던 주민들은 「애착이 있는 마을을 떠나고 싶지 않다」 「해안지대 쪽이 이동하기 쉽고 살기도 편하다」고 말하기도 한다. 또한 도쿄에서는 2020년의 올림픽·패럴림픽을 맞아 도시계획에 대한 논의가 분분하다. 경기장 정비 관련해서는 일단락되었지만

많은 관광객을 맞는데 있어서 교통이나 숙박시설, 통신인프라 등 개선해야 할 과제가 산더미 같다. 올림픽·패럴림픽이 끝난 뒤에도 사용토지의 유효활용에 관해서는 논의가 계속될 것이다. 여기에 도쿄는 시장이전이라는 문제까지 안고 있다. 이미 무엇을 어떻게 결정하더라도 갈등은 피할 수 없는 상황이다.

도시계획 논의에 있어서 다양성은 존중되어야 하지만 모든 사람의 의견을 반영하는 것은 불가능하다. 그런 상태에서 앞으로의 도시는 어떻게 디자인해 나가야 할까?

이 난제에 맞서고 있는 것이 아우디이다. 아우디는 2010년에 「아우디 어번 퓨처 어워드」라는 건축상을 시상했다. 2050년에는 세계인구가 100억 명에 육박 할 것으로 추정되는데, 도시개발과 모빌리티를 어떻게 융합시켜 나갈지에 대한 건설적인 대화를 만들어나가자는 것

이 그 목적이다. 첫해에 독일 국내의 건축상으로는 최고상금인 100,000만 유로를 내걸면서 국제적인 건축사무소 6개 회사가 각각 개성적인 구상을 제안했다.

어워드를 시작으로 아우디는 이 활동을 본격화한다. 「어번 퓨처 이니셔티브(Urban Future Initiative)」를 앞세워 컬럼비아대학 등과 협력하면서, 더욱 광범위한 관점에서 도시와 모빌리티와 관련된 연구들을 해오고 있다. 아우디는 일련의 활동을 통해 건축가, 도시계획가, 사회학자, 경제학자, 과학자들과 공개토론을 개최하며 더 좋은 모빌리티사회를 추구하고 있다. 전용 웹사이트(https://www.facebook.com/audiurbanfutureinitiative)를 통해 정보를 공개하는 외에, 모터쇼 등에서도 연구성과를 발표해오고 있다.

자동차 메이커가 도시계획의 주역을 맡을 일은 없겠지만, 도시계획의 본질에 다가서는 일은 자동차제조에 있어서도 반드시 도움이 된다. 역사적으로 보았을 때, 모터리제이션이 도시형태를 만들어 온 것은 사실이지만, 도시가 자동차를 키워온 것도 사실이다. 국토가 좁은 일본에서 경자동차가 널리 보급된 것이 우연은 아니다. 도시계획 전문가와 심도 있게 논의해 오고 있는 아우디가 어떤 모빌리티를 제안하게 될지 기대하는 바가 크다.

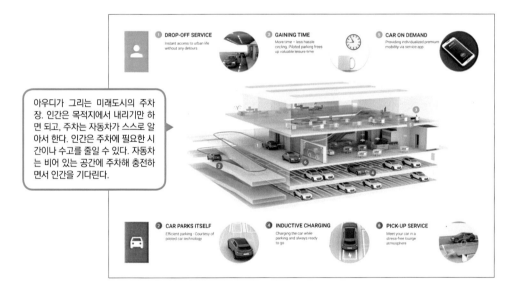

아우디가 그리는 미래도시의 주차장. 인간은 목적지에서 내리기만 하면 되고, 주차는 자동차가 스스로 알아서 한다. 인간은 주차에 필요한 시간이나 수고를 줄일 수 있다. 자동차는 비어 있는 공간에 주차해 충전하면서 인간을 기다린다.

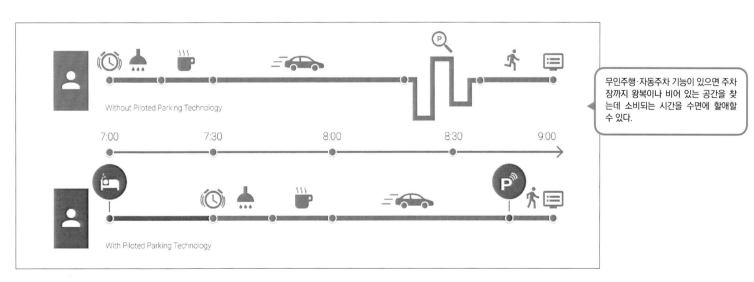

무인주행·자동주차 기능이 있으면 주차장까지 왕복이나 비어 있는 공간을 찾는데 소비되는 시간을 수면에 할애할 수 있다.

자율주행으로 인해

사라지는 직업, 바뀌는 직업

기술의 발전으로 새로운 시장이 만들어진다?

일은 시대와 바뀌게 된다. 이것이 지금 시작된 것은 아니지만 그렇다고 편하게만 있을 수도 없다.
자율주행으로 인해 노동시장에는 어떤 변화의 파도가 밀어닥칠까.

본문 : 하야시 아키코　그림 : 다이믈러　일러스트 : 하야시베 겐이치

자율주행의 보급으로 인해 운전을 전문으로 하는 직업은 변화가 불가피하다. 물류트럭, 버스, 택시 등을 운전하는 직업은 확실히 줄어들 것이다. 포크레인 같은 특수차량도 로봇화가 진행되고 있기 때문에 이들 자율주행 자동차나 무인차량을 관리하는 업무는 필요하겠지만, 차량을 조작하는 작업은 어떤 식으로든 없어진다고 봐야 한다.

다만 고부가가치를 창출하는 운전직은 존속된다. 생활필수품은 인터넷으로 구매해도 되지만 고급차나 귀금속, 기모노 같은 고급시장에서는 「어디서 사느냐」보다 「누구한테 사느냐」가 지배력을 갖는다. 아무리 자율주행을 할 수 있다 하더라도 무인 고급차가 스스로 와서 고객에게 납품되는 상황은 상상이 안 된다. 또 아무리 첨단 AI를 탑재한 자율주행 자동차라 하더라도 세계적인 유명인사가 혼자서 이동하는

일은 생각하기 어렵다. 로봇화가 진행될수록 생생한 인간과의 소통에 대한 가치는 높아질 것이며, 그에 상응하는 가치를 제공할 수 있는 운전자는 지금 이상으로 관계를 심화시킬 것이다.

자율주행은 관련산업에 다양한 파장을 불러온다. 이미 변화가 시작된 직업으로는 국가자격 자동차정비사를 들 수 있다. 지금까지도 기술의 진화와 더불어 필요한 지식이나 기술은 변해 왔는데, 그런 차원에서 1954년에 설립된 도요타의 도쿄 자동차대학교에서는 2014년에 전국 최초로 「스마트 모빌리티학과」를 개설해, 하이브리드 자동차나 전기자동차 등과 같은 스마트 모빌리티를 다루기 위해 필요한 전기관련 과목을 강화한 커리큘럼을 제공하기 시작했다.

이들 자동차는 점점 전동화와 전자두뇌화가 진행 중이다. 그리 멀지

테크놀로지의 진화로 인해 산업형태가 바뀌게 되고, 그에 필요한 직업도 바뀌게 된다.

자율주행 트럭이 대열주행을 하는 실증실험이 진행 중이다. 현재 상태는 운전석에 사람이 타야 하지만 기술이 발전하면 무인화될 가능성도 있다.

않은 미래에 자동차에 무선통신이 기본사양으로 들어가면서 테슬라가 실행하고 있듯이 소프트웨어 다운로드도 당연시될 것이다. 정비사가 알아두어야 할 지식이나 기술이 앞으로도 계속해서 바뀔 것은 두말할 필요도 없다.

그렇게 되면 정비사는 더욱 전문성이 높은 자격으로 세분화되지 않을까 한다. 자율운전 시스템이 획일화되리라고 생각하기 어렵고, 오히려 보급될수록 다양한 기술이 등장할 것이기 때문이다. IT의 경우는 어떤 컴퓨터 언어를 어느 정도로 소화할 수 있느냐에 따라 구인시장에서의 가치가 변한다. 그렇게 보면 정비사는 어떤 자율주행 자동차의, 어느 부분을, 어느 수준에서 다룰 수 있느냐를 묻는 시대가 올지도 모른다.

또한 자율주행과 더불어 자동차의 전동화와 전자두뇌화, 탈(脫) 가솔린이 급속히 진행되는 가운데 주유소도 그야말로 풍전등화와 같다. 업계로서도 충전설비 도입이나 음식점 병행 등과 같은 업계전환을 꾀해 오기는 했지만 근본적 해결에는 이르지 못하고 있다. 2016년, 메르세데스 벤츠는 퀄컴과 제휴해 옵션으로 무선 충전 시스템을 내놓겠다고 발표한 바 있다. 이런 기술을 가진 기업이나 연구기관이 많기 때문에 앞으로는 어디서든 충전할 수 있게 된다. 이동을 위한 에너지를 얻기 위해서 어딘가를 찾아가야 한다는 개념이 붕괴될 것이다.

그리고 많은 사람이 운전을 하지 않는 세상이 되면, 운전면허제도가 바뀌고 자동차학원의 존재방식도 바뀐다. 현재의 면허제도는 1919년에 제정된 것이다. 100년 동안 계속된 면허제도가 앞으로 확 달라질 것이 틀림없다. 일반 자동차는 물론이고 포크레인 등을 가르치는 특수차량학원이 넓은 부지를 소유하면서 기능강습을 할 필요가 없어질지도 모른다.

이처럼 현재의 자동차산업을 떠받치고 있는 일들 대부분은 여지없이 변화를 겪게 된다. 그렇다고 나쁜 일만 있는 것은 아니다. 예전 인터넷 초창기 때, 현재 같은 네트 비즈니스의 다양성과 활황을 예측했던 사람이 얼마나 있었을까. 자율주행 시장에서도 생각지도 않은 서비스나 사업이 창출될 것이 틀림없다.

미국발 택시 배차서비스인 「우버(Uber)」.

개인이 소유한 자동차로 이동서비스를 제공하는 사람과 자동차로 이동하고 싶은 사람을 연결하는 단순한 방식이지만, 그 임팩트는 강렬한 것이어서 이런 매칭 서비스를 통털어 「우버피케이션(Uberfication)」이라는 신조어가 만들어졌을 정도이다.

우버 성공의 첫 번째 이유는 개인차량 소유자를 참여시키는 방식이다. 개인차량이라는 유휴자산을 사용하는 부업인 만큼, 택시 같은 고정자산이 없어도 사업화할 수 있었던 것이다. 두 번째 이유는 배차 어플이다. 미국은 지역에 따라 택시를 잡기가 어렵다. 이용이 가능한 자동차가 근처에 있는지 없는지 아는 것만으로도 가치가 있는 데다가, 그 편리성으로 인해 어플이 널리 사용되었다는 점이다. 세 번째 이유는 공유경제라는 시대적 흐름이다. 소유에서 이용으로, 하드웨어에서 소프트웨어로, 이렇게 사람들의 가치관은 바뀌고 있다. 「언젠가는 크라운(도요타의 고급승용차)」이라는 카피로 상징되듯이, 20세기는 소유가 지위였지만 지금은

그렇지 않다. 물질로서의 자동차가 아니라 쾌적한 이동서비스를 체험할 수 있느냐는 것으로 가치를 찾는 사람이 늘어나고 있다.

공유 서비스에 대해서는 자동차 메이커도 주목하고 있다. 다이믈러는 스마트를 사용한 차량공유(Car Sharing) 서비스인 「Car2GO(카투고)」를 유럽에서 선보이고 있다. 앞으로는 아시아 각국에서 실시할 계획이라고 한다. GM은 우버의 라이벌로 알려진 배차서비스 제공사업자 「리프트(Lyft)」에 5억 달러를 출자했다(라쿠텐도 리프트에 출자하고 있다). 차량공유는 트렌드가 아니라 앞으로도 계속될 거대한 흐름으로써, 미래의 레벨4/5 보급

을 촉진할 토대가 될 수 있다.

미국 도로교통안전국(NHTSA)이 2013년에 자율주행 레벨을 발표했던 시점에서는 레벨4의 내용이나 실현 가능 여부가 미지수였다. 때문에 당시에는 레벨1부터 레벨4까지 순차적으로 진행될 것으로 생각한 사람이 많았다. 하지만 현재는 그렇게 생각하는 사람이 적을 것이다. 시스템과 인간 사이에서 운전의 주도권이 왔다갔다 할 수 있는 레벨3은 상당히 어려운 단계여서, 오히려 기본적으로 시스템이 주도권을 갖는 레벨4가 먼저 실현될 가능성이 높다.

또한 자율주행의 보급은 고속주행이 가능한

자동차는 소유물에서 서비스로 변화

새로운 사업기회는 어디에 있나?

자율주행의 레벨이 5단계로 규정되어 있기는 하지만, 그렇다고 반드시 0에서 1, 2로 단계적으로 나아가는 것은 아니다.
오히려 공유 서비스 같은 것에 의해 레벨4/5가 먼저 실현될 가능성도 있다.

본문 : 하야시 아키코　사진 : 다이믈러

다이믈러는 스마트를 활용한 카 쉐어링 서비스
「Car2Go(카투고)」를 제공하고 있다.

다이믈러는 자율형 자동주행 자동차를 통한 차량공유의 실현가능성도 시사하고 있다

자동차 전용도로에서 먼저 시작될 것으로 흔히 이야기된다. 자동차 전용도로는 도로환경이 정비되어 있을 뿐만 아니라 교차로나 신호가 없어서 가/감속하는 경우도 별로 없다. 속도가 안정적이라 합류나 추월만 안전하게 지키면 갑자기 뭔가가 나타나거나 낙하물 등과 같은 사고도 적기 때문에 비교적 간편한 시스템으로 대응할 수 있기 때문이다.

그 다음 보급은 중간속도 도로가 될지 저속도로(생활도로)가 될지이다. 나고야대학의 객원 조교수인 노베 츠기오 교수는 「생활도로에서 빨리 보급될 것」이라고 지적한다. 「AI, 특히 심층학습이 예상을 뛰어넘는 속도로 빨리 진화되면서, 생활도로에서 라스트 원 마일(Last One Mile)을 레벨4/5의 자율주행 자동차가 맡을 가능성이 크게 높아진 상황입니다. 16년 9월에 NHTSA가 발표한 『연방 자율주행차 정책(Federal Automated Vehicles Policy)』에 따르면, 연방 자동차 안전기준(Federal Motor Vehicle Safety Standard and Regulations)을 통과하면 자율주행 자동차의 상용화가 가능한데, 『이것을 통과하는데 있어서 제외해야 할 항목이나 해석을 바꿔야 할 항목이 있으면 제안하도록』하는 지침이 들어가 있습니다. 미국도 고령화나 교통약자의 증가라고 하는 사회문제를 안고 있기 때문에, 퍼스널 모빌리티를 실현할 라스트 원 마일 같은 자율주행은 반드시 촉진해야 할 큰 테마라고 할 수 있죠.」

거기서 예상되는 자동차는 개인이 소유하는 자동차가 아니다. 누구나가 이용할 수 있는 공공 이동수단으로, 공유 서비스를 통해서 제공된다. 라스트 원 마일용 자동차는 지역이나 서비스 제공자의 자산으로, 지역 내 자동차 가동상황을 관리하면서 이용하는 사람의 필요에 맞춰 최적의 배차를 실현하는 것이 중요하다. 여기에 맞춰 우버나 리프트가 발 빠르게 움직인 것이다.

일본 지방도시는 많은 버스 노선으로 인해 채산이 맞지 않는다. 인구감소가 진행 중인 지역에서는 세수도 줄어들어 적자를 메꿔주는 것에도 한계가 있다. 라스트 원 마일의 자율주행 자동차는 확실히 수요가 있다. 그것을 어떻게 지속가능한 사업모델로 구현할 것인가. 지금 해외에서는 새롭고 획기적인 혁신이 진행되고 있다는 점을 소홀히 해서는 안 된다.

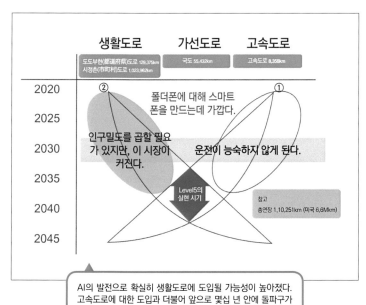

AI의 발전으로 확실히 생활도로에 도입될 가능성이 높아졌다. 고속도로에 대한 도입과 더불어 앞으로 몇십 년 안에 돌파구가 열릴지도 모른다(제공 : 나고야대학 개원 조교수 노베 츠기오)

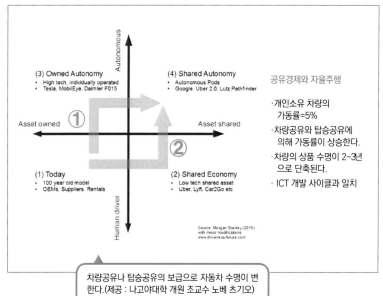

차량공유나 탑승공유의 보급으로 자동차 수명이 변한다.(제공 : 나고야대학 개원 조교수 노베 츠기오)

CES에서 클라우드 서비스에 관해 이야기하는 GM의 메리 배라 회장

연결 자동차가 미래를 만든다.

물건제조에서 인간중심 서비스로의 전환

커넥트나 커넥티드, 커넥티비티 같은 단어를 자주 보게 된다.
간단히 표현하면 "연결"이라는 의미이다. 자동차가 인터넷에 연결되면 어떤 일이 일어날까.

본문&사진 : 하야시 아키코 그림 : 도요타

지금까지 자동차는 오랫동안 독립적인 존재(Stand-Alone)였지만 앞으로는 무선통신 접속기능이 적용되어 세계와 이어지게 된다. 이미 일부 새 차는 통신기능을 탑재하고 있으며, 어느 조사기관에 따르면 2020년에는 새 차 중 90%가 통신기능을 장착할 것이라는 예측도 있다.

인공지능(AI) 기사에서도 언급했듯이 앞으로

개발될 자율주행 자동차는 무선통신으로 소프트웨어를 업데이트해 기능을 확충하게 된다. 기본적으로는 컴퓨터나 스마트폰과 똑같다. 특별한 문제가 없다면 소프트웨어가 최신 것으로 갱신되며, 다운로드나 설치 중에 트러블이 발생하면 실행 전 상태로 돌아가 에러가 표시된다. 다만 3차원 지도의 참조 등과 같은 일부 기능은 인터넷 접속이 필요하기 때문에 연

결된 상태가 유지되어야 하지만, 구동과 관련된 중요한 소프트웨어의 다운로드나 갱신은 안전을 확보하기 위해 이동하지 않을 때 이루어지게 될 것이다.

최근 몇 년 동안 자동차의 "커넥트/연결"에 대한 주목도가 높아진 것은 다양한 서비스의 가능성이 넓어졌기 때문이다.

얼마 전부터 IoT(사물인터넷, Internet Of

Things)라고 하는, 사물의 인터넷 접속을 통한 새로운 서비스가 주목받고 있다. 예를 들면 아마존 단말기인 「에코(ECHO)」에는 알렉사(Alexa)라고 하는 음성인식 기능을 가진 AI가 들어가 있다. 사용방법은 아이폰의 시리(Siri)와 비슷해서, 예를 들면 음악을 듣고 있을 때 「소리를 더 크게 해줘」하고 말하면 볼륨을 높인다. 게다가 알렉사에는 통신판매 사이트로 연결된다는 특징이 있다. 앞으로 AI의 자연언어 처리 기술이 발달하면 일상생활 속에서 「엄마, 샴푸가 떨어졌어」라는 회화가 들리기만 하면 알렉사가 평소에 사용하는 샴푸를 주문하게 될지도 모른다.

포드는 2016년도 CES에서 아마존과의 제휴를 발표한 바 있으며, 17년도에는 차량탑재 정보 시스템 「싱크(SYNC)」를 탑재한 일부 모델에 이 알렉사를 적용한다고 발표했다. 해당 모델의 운전자는 집 안에 있으면서 자동차의 에어컨을 켜거나, 배터리 잔량을 확인할 수 있게 된다. 또한 조만간 운전석에서 알렉사를 통해 다

양한 지시를 내릴 수 있게 된다고 한다. 알렉사는 운전에 있어서 새로운 파트너가 될 것 같다. 자율주행 자동차는 인터넷을 통해 새로운 소프트웨어나 서비스를 제공받는 수혜자인 동시에, 인터넷을 통해 귀중한 정보를 제공하는 공여자이기도 하다.

주행 중에 일어나는 모든 일들이 AI의 심층학습에 도움을 준다. 또한 자동차의 주행이력을 추적하면 자연스럽게 지도가 완성되기 때문에, 데이터를 축적하면 새로운 도로의 개통이나 재해 등으로 인한 통행불가 도로를 신속하게 파악할 수 있다. 이런 유용성은 동일본지진 때 혼다의 인터내비가 실증을 보여준 바 있다.

나아가 지금 시점에서는 상상하기 어려운 서비스가 생길 가능성도 있다. 각 차량으로부터 오는 데이터는 개인을 특정할 수 있는 요소를 제외하고는 전부 축적된다. 조만간 API(Application Programming Interface)가 공개되어 각 방면에서 활용될 것이다. API 자체는 특별할 것이 없어서 구글이나 야후, 아마존 등이 이

미 공개했기 때문에, 벤처기업 등이 새로운 서비스 개발에 활용하고 있다.

이런 시장을 감안해 도요타는 16년 가을에 「커넥티드 전략」을 밝히기도 했다. 그 자료에 따르면 접속 플랫폼이 앞으로의 사업기반으로 중요하다는 것이다.

도요타는 현재도 긴급통보 서비스나 도난추적 서비스 등과 같은 커넥티드 서비스를 제공하고 있지만, 이런 서비스들은 도요타와 운전자와의 일대일 관계성을 바탕으로 한, 스스로 개발한 서비스이다. 앞으로 구축할 플랫폼은 매스(MaaS)와 매스를 연결하는 것으로서, API를 개방해 공유 서비스 사업자나 보험회사, 택시사업자, 관공서 등에 제공한다. 거기서 새로운 모빌리티 서비스가 만들어지면 모빌리티의 사회적 가치가 올라가면서 도요타의 비즈니스도 같이 뻗어나갈 것이다.

연결이라는 가치 탐색은 이제부터 시작이다.

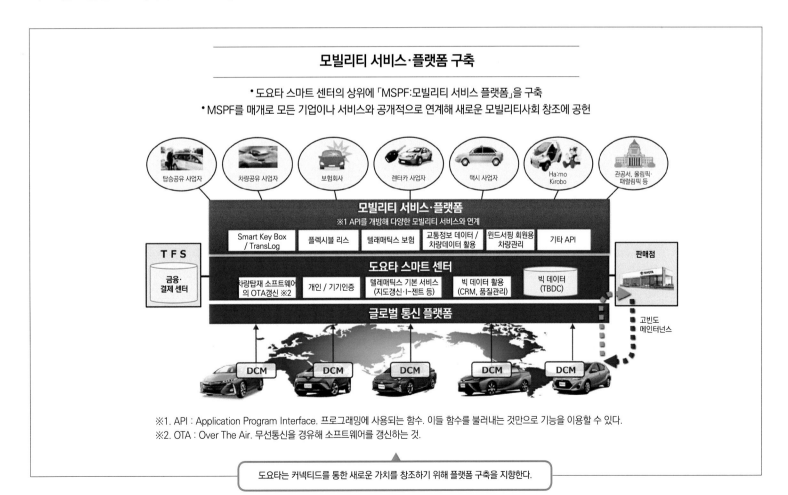

자율주행시대의 HMI를 생각해 본다.

사람과 자동차 간 소통의 미래도

지금 시대는 사람과 사물을 중시하는 물건제조가 트렌드이다.

자동차 업계도 예외가 아니어서 차량실내의 쾌적성을 높이려는 노력이 여러 곳에서 이루어지고 있다.

자율주행이 당연시되는 미래의 자동차는 사람과의 접점을 어떻게 연출해 내게 될까.

본문 : 하야시 아키코 사진 : 닛산 / 메르세데스 벤츠 / 볼보

인간과 기계의 접점을 HMI(Human Machine Interface)라고 한다. 인간은 접점을 통해 기계에 의사를 보내고, 기계는 주어진 정보에 따라 작동한다. 인간 입장에서 보면 HMI는 자신의 의사를 기계에 전달하는 수단이지만 인간도 HMI를 통해 기계의 영향을 받는다.

예를 들면 엘리베이터에 설치되어 있는 비상버튼은 긴급할 때 이용하는 만큼 알기 쉽게 설계할 필요는 있지만, 버튼을 누구나 누르기 쉬운 위치에 설치하면 되는 것은 아니다. 나도 모르게 누르고 싶은 충동에 사로잡히거나, 디자인에 따라서는 잘못 알고 누르게 되는 경우도 있다. 양치기 소년 동화처럼 몇 번이고 이런 일이 벌어지면 「번거로우니까 평소 때는 스위치를 꺼 두자」는 본말전도의 운용이 될 수도 있다. 인간과 기계는 HMI를 통해 서로 영향을 주고받는 관계인 것이다.

자동차는 HMI 덩어리 같은 것이라고 할 수 있다. 지금까지도 다양한 HMI가 안전을 최우선으로 연구되어 왔다. 예를 들면, 조향핸들이 전동 파워 조향핸들로 바뀌면서 힘이 부족한 여성이나 운전경험이 적은

사람이라도 쉽게 조작할 수 있게 되었다. 또한 헤드업 디스플레이가 장착됨으로써 운전자는 시선을 진행방향으로 유지한 상태에서 속도와 같은 주행정보를 확인할 수 있게 된 것이다.

차량의 자율주행이 실현되었을 때 자동차의 HMI는 어떻게 디자인되어 있을까.

레벨4의 경우, 운전은 원칙적으로 기계가 하기 때문에 인간은 감시의무로부터 해방된다. 목적지까지 눈을 감든, 책을 읽든, 일을 하든 이동 중에 어떤 행동을 해도 문제가 안 된다. 차 안에 있는 동안, 이렇게 운전을 하지 않게 되기 때문에 시간을 보내는 방식도 달라지게 되고, 그에 따라 차량실내 공간에 대한 요구가 바뀌면서 사람과 자동차의 관계, 즉 HMI의 존재방식도 함께 바뀌게 될 것이다.

닛산은 2015년 도쿄 모터쇼에 콘셉트카 「닛산 IDS 콘셉트」를 선보이면서 실내공간에 대한 하나의 미래상을 제시했다.

IDS 콘셉트에는 인공지능(AI)이 탑재되어 시스템을 통한 자율주행이

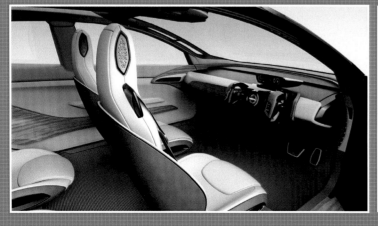

닛산 「Nissan IDS Concept」의 운전석. 인간이 운전할 때는 조향핸들이 원래의 위치에 배치되지만(왼쪽),
시스템에 의한 자율주행 모드를 선택하면, 조향핸들이 수납되고 거기에 태블릿 장치가 나타난다.

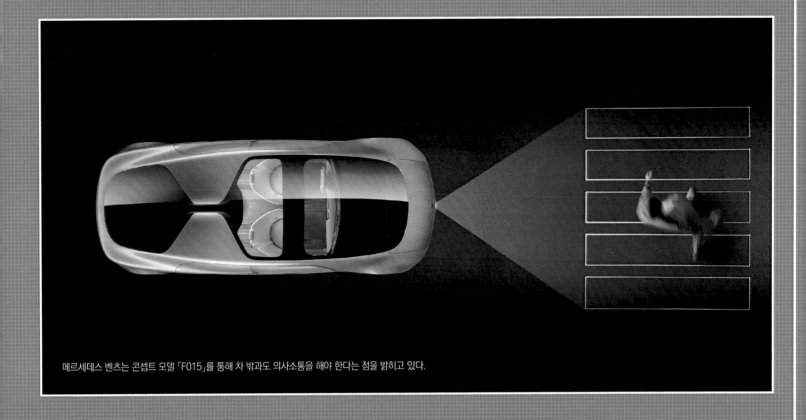

메르세데스 벤츠는 콘셉트 모델 「F015」를 통해 차 밖과도 의사소통을 해야 한다는 점을 밝히고 있다.

가능하다. 참신한 것은 운전석의 설계이다. 운전을 시스템에 맡기는 자율주행 모드일 때는 조향핸들이 수납되면서 차량실내가 리무진 공간처럼 넓고 편안한 휴식공간으로 바뀐다. 운전자가 운전을 하고 싶을 때 매뉴얼 드라이브 모드를 선택하면 마치 애니메이션 로봇처럼 인테리어가 바뀌면서, 조향핸들이나 헤드업 디스플레이가 있어야 할 위치에 등장한다.

볼보도 LA 모터쇼 15에 전시한 「콘셉트 26」에서, 조향핸들이 가변하는 운전석을 제안했다. 콘셉트 26은 세 개의 모터가 있어서, 인간이 운전하는 드라이브 모드일 때는 조향핸들이 원래 위치에 자리한다. 크리에이트 모드를 선택하면 운전석은 약간 뒤로 빠지고 조향핸들도 격납되어 쾌적한 공간을 연출한다. 또한 릴랙스 모드를 선택하면 시트가 더 젖혀지면서 편안하게 쉴 수 있다고 한다.

지금까지는 운전석 디자인에 있어서 인간이 안전하게 운전할 수 있는 환경을 만드는데 주안점을 두었지만, 레벨4 자동차에서는 인간이 운전하지 않는 시간이 길어질 것이다. 그때 운전석 디자인에 요구되는 것은 안전운전이 아니다. 상황에 따라 어떻게 운전석을 최적화하느냐이다. 그것이 HMI 진화의 방향성이라고 할 수 있다.

한편 메르세데스 벤츠는 콘셉트 모델「F015」에서 차 안뿐만 아니라 차 밖의 HMI도 제안하고 있다. 인간 운전자는 보행자나 주위 차량의 움직임을 눈이나 몸짓으로 파악한다. 시스템은 이런 비언어 소통을 잘 하지 못한다. 그래서 메르세데스는 빛이나 소리를 활용하기로 한다. 보행자가 도로를 건너려고 할 때, 차에서 도로에 조사한 LED로 횡단보도를 표시하는 동시에 음성안내를 통해 주의를 환기시킨다.

볼보의 「콘셉트 26」. 자율주행으로 인해 인테리어 개념이 근본부터 바뀔 가능성이 있다.

일본에서는 하이브리드차나 전기자동차, 연료전지 자동차가 주행할 때는 엔진음이 나지 않아 시각장애자나 보행자에게 위험하다고 간주해, 18년 3월부터 생산되는 새 차에는 인공음을 발생하는 차량근접통보장치를 의무화하고 있다. 교통사회에 인간과 모빌리티가 공존하는 이상은 어떤 식으로든 의사소통 수단이 필요하다.

덧붙이자면 F015 개발에는 사회학자인 알렉산더 맨카우스키가 참여했다. 보행자와 자동차의 의사소통이라는 콘셉트를 명백히 드러냈다는 점을 통해 메르세데스가 다양한 시점에서 HMI를 검토하고 있다는 사실을 엿볼 수 있다.

앞으로 각 메이커가 어떻게 새로운 HMI, 새로운 의사소통 방식을 제안하게 될지 기대가 크다.

[Legislative and Regulatory Action]

자율주행에 필요한 법률 정비

레벨3 이상의 자율주행시대에 대비해 정비되기 시작한 법률이나 보험

테크놀로지의 발달이 자율주행을 물리적으로 가능하게 하고는 있지만,그렇다고 해서 바로 시장에 투입할 수 있는 상황은 아니다.
자율주행에 기인하는 사고책임소재를 명확하게 정한, 법적 정비가 필요하기 때문이다.
동시에 책임이 어디에 있든 피해자가 확실하게 구제받을 수 있는 보험 등의 시스템도 정비할 필요가 있다.

완전 자율주행 자동차가 일으킨 사고의 **책임은 누구에게 있나?!**

로봇이 책임을 지는 시대가 오게 될까.

레벨3까지의 자율주행 차량을 운전하는 운전자에게는 안전운전에 대한 의무가 있다.
하지만 완전 자율주행인 레벨4 이상의 차량 같은 경우는 운전자가 따로 없고 탑승자 전원이 승객이 된다.
이런 자동차가 사고를 일으켰다면 과연 이 사고의 형사책임은 누가 감당해야 할까.
소유자? 자동차 메이커? 판매점? 그 사고에 이르는 행동을 선택한 것은….

인터뷰 : 시미즈 가즈오 사진 : 테슬라 / 닛산 / 시오미 사토시

이마이 다케요시 : 법정대학 법과대학원 교수. 「자율주행의 제도적 과제 등에 관한 조사검토위원회(경찰청),
「2016년도 스마트 모빌리티 시스템 연구개발·실증사업(자율주행의 민사상 책임 및 사회수용성에 관한 연구)」(경제산업성), 「사업용 자동차사고 조사위원회」(국토교통성) 위원.

시미즈 가즈오(이하 시미즈) : 이마이 선생은 자율주행시대의 형법에 관해 연구해 오신 것으로 알고 있습니다. 그 중에 레벨4 이상의 자율주행시대에 대비하려면 현재 있는 법률만으로는 불충분하기 때문에 새로운 법체계가 필요하다는 의견인 걸로 알고 있습니다만.

이마이 다케요시(이하 이마이) : 현행 법체계로는 자율주행이 레벨4 내지 5에 도달했을 때 대응할 수 없다는 문제의식이 세계적으로 아직 그다지 논의되지 않고 있습니다. 대신에 지금 있는 법률로 대처가 가능하다, 또는 대처해야 한다는 생각이 주류입니다. 다만 새로운 것

에 대한 저항이 없는 미국이나 독일의 철학자, 법사회학 분야의 일부에서는 자율주행 차량이 사고를 일으켰을 경우, 사람도 아니고 법인도 아닌 (사고에 이르는) 행동을 선택한 AI에 법적 책임을 물어야 한다고 생각하는 사람도 있습니다. 일본에서 이런 생각을 주장하는 사람은 아직 저분입니다만.

시미즈 : 자동차 소유자도 아니고, 승객도 아니고 또한 차량을 제조한 사람도 판매한 사람도 아닌, 실제로 자동차의 움직임을 맡은 AI에게 책임을 물린다는 이야기이군요. 차량을 제조하고 판 사람이나 법인에

2017년 1월에 열린 국제가전전시회「CES」에서 닛산이 발표한 것은「SMA(Seamless Autonomous Mobility)」. SMA는 완전 자율주행 자동차가 긴 급공사 등과 같은 예기치 않은 상황에 맞닥뜨렸을 때, NASA가 가진 원격조작기술을 활용해 인간이 자동차에 우회로 등의 솔루션을 제시하는 시스템이다. 개개의 경우는 클라우드에 축적되어 같은 장소에 도착한 후속 차량이 정지하지 않고 우회할 수 있게 하는 등, 전체 교통의 원활한 흐름에 도움이 되도록 만든 시스템이다. 하지만 만약 멀리 있는 인간의 지시에 따라 우회하다가 사고가 발생하면…. 경로를 제시한 것은 인간이지만 그 지시를 받아서 행동한 것은 AI이기 때문에 책임소재를 어디에 두어야 할지가 풀어야 할 과제이다.

책임을 묻지는 못 하는 겁니까?

이마이 : AI를 제조, 판매한 사람(개발자)이나 법인(메이커나 판매점)의 경우, 소유주에게 건네는 시점에서 차량이 합리적인 안전기준을 따른 물건이었다면 책임을 물을 수는 없습니다. AI는 소유주의 손에 건너간 뒤에도 심층학습 등을 통해 진화하게 되는데, 가령 그 진화가 원인으로 작용해 사고를 일으켰을 경우라도 그것을 판 사람이나 법인에게는 사고에 대한 예견 가능성이 없었을 테니까요. 이런 상황 때문에 AI의 발전가능성을 예측한 법체계를 만들어 두지 않으면 법률로 판단할 수 없는 사례가 발생할 수 있다는 겁니다. 게다가 제조해서 판매한 법인에 책임을 묻는다면 그 법인의 자율주행 개발의욕에 영향을 끼치게 되겠죠. 국제경쟁 측면에서 보았을 때도 그것은 가혹

하다고 봅니다.

시미즈 : 사람을 처벌하거나 법인에 벌금을 부과한다고 하면 이해하겠지만 AI를 어떻게 처벌한다는 것이죠?

이마이 : AI에 책임을 묻고 처벌하자는 주장에 저항이 있다는 점은 알고 있습니다. 사람도 아니고 물건에 어떻게 책임을 묻고, 어떻게 처벌할 것인가. 저의 생각으로는 사고를 일으킨 AI 프로그램을 바꾸는 등, 어떠한 형태로든 수정해야 한다는 것입니다. 최종적으로는 사람에게 극형이 있는 것처럼, AI도 사고 재발방지를 위한 개선이 안 된다고 판단되는 경우에는 파기하는 것도 생각할 수 있다고 봅니다.

시미즈 : 그것을 가능하게 하려면 현행 법률을 패치워크처럼 잇대고 그럴 것이 아니라 새로운 법이 필요하다는 겁니까?

| 칼럼 | 법률 전문가는 트롤리 딜레마를 어떻게 해결할 수 있을까?!

리포트 : 시미즈 가즈오

자율주행과 관련해 트롤리 딜레마는 매우 난해한 과제이다. 난해하다기보다 답이 없다는 표현이 더 적합할지도 모른다. 예를 들면 자동차를 운전하는 중에 직진하면 5명과 충돌하게 되고, 조향핸들을 왼쪽으로 틀면 한 사람과 충돌하게 되는 상황(정지는 불가능하다고 가정)에 놓였다고 했을 때, 당신 같으면 어떻게 하겠는가? 이런 딜레마를 트롤리 딜레마(Trolley Dilemma)라고 한다. 이것은 윤리학의 사고(思考)실험으로서, 학문 세계에서는 유명한 명제이지만 AI가 운전하는 시대가 다가올수록 트롤리 딜레마는 현실적인 과제로 떠오르고 있다.

이런 경우에 자율주행 자동차에 탑재할 AI를 어떻게 행동하도록 프로그래밍해야 할지 자동차 메이커의 전문가에게 물어봐도 답할 수 있는 사람은 없다. 「인간이 운전했을 경우, 5명과의 충돌을 피하고 한 사람과 부딪쳐 사망에 이르게 했다면 형법 37조 제1항의 긴급피난으로 간주해 위법은 아니게 됩니다」라고 설명하는 사람은 이마이 다케요시 교수. 이것은 법률의 세계에서 공리주의라고 하는 개념으로서, 개인보다도 공익(국익)을 우선시한 결과에 대해서는 죄를 묻지 않는다는 것이다. 무미건조하게만 말하자면, 5명 분의 세금수입(稅收)을 잃는 것보다 한 사람분의 세금수입을 잃는 쪽이 국익에 부합한다는 의미이다. 그런 의미에서는 자율주행용 AI의 알고리즘에도 공리주의를 적용하는 것이 맞는 것일까. 이마이 교수는 「해답은 없지만 국민성에 의해 정해지지 않을까 합니다. 독일에서는 칸트주의라는 철학적 사고가 있어서, 자기 차를 폭발시켜서라도 충돌을 피할 수 있는 알고리즘이 요구될지도 모르죠. 미국에서는 어쩔 수 없이 한 사람과 충돌하는 알고리즘을 요구하지 않을까요」라는 예상을 내놓는다.

계속해서 주행 중의 문제이다. 전방 끝에 도로가 함몰되어 있다는 것이 파악되었다고 가정하자. 당장에 브레이크를 밟아도 추락을 피할 수는 없다. 다만 그 직전의 옆길로 조향핸들을 돌리면 추락은 면할 수 있다. 그 대신에 옆길 쪽에 있는 한 사람의 보행차를 치게 된다고 가정해 보자. 앞서의 공리주의를 바탕으로 판단하면, 차 안에 두 사람 이상이 타고 있다면 한 사람의 보행자와 충돌해도 위법은 아닌 것이 되고(정확하게는 위법이지만 어쩔 수 없기 때문에 처벌을 받지 않는다), 반대로 차 안에는 운전자 혼자고 샛길에는 두 사람 이상이 있을 경우 그들을 치어서 사망에 이르게 했다면 처벌을 받을 가능성이 있다. 형법의 기본원리는 매우 무미건조해서, 발생한 손해가 피하려고 했던 손해의 정도를 넘지 않는 경우 죄를 묻지 않는 것이다.

이 사례를 자율주행과 관련지어 생각하면, 인간 같은 경우는 긴급사태에 당황해서 조향핸들을 틀었을 때 그 방향에 몇 사람이 있는지 등을 순간적으로 생각할 여유가 없다. 하지만 고성능 AI나 카메라를 갖춘 자율주행 자동차는 그런 판단을 내릴 수 있을 가능성이 있다. 마찬가지로 전방에 있는 차량들 중에 어느 쪽이든 충돌을 피할 수 없는 경우, 자율주행 자동차라면 순간적으로 손해배상액이 낮은 차량을 선택해 충돌하게 되는 이기적인 행동을 선택할 수 있을지도 모른다. 만약 어린이와 노인 어느 한쪽과 부딪쳐야 한다면?, 멋진 신사와 그렇지 않은 사람과 부딪쳐야 한다면?, 인간은 항상 합리적인 행동을 한다고는 할 수 없지만, 자율주행 자동차라면 그것이 가능할지도 모른다. 가능하다고 해서 그런 알고리즘을 주저 없이 적용해야 할까. 확실한 대답은 없다.

2016년 9월에 미국정부는 자율주행 개발에 관한 15가지 항목의 가이드 라인을 발표한 바 있는데, 그 중에 한 항목에서 자동차 메이커가 트롤리 딜레마 같은 윤리적 문제를 어떻게 생각하고 있는지를 정부에 설명하도록 요구하고 있다.

테슬라는 2016년 10월 19일 「앞으로 판매할 차량에 미래의 완전 자율주행기능에 대응할 수 있는 하드웨어(카메라 8개, 초음파센서 12개, 기본보다 40배 처리능력이 좋아진 컴퓨터 등)을 탑재해 확신한 검증을 끝마친 후, 무선 업데이트를 통해 유효화함으로써 완전 자율주행을 가능하게 할 것」이라고 발표. 실제로 현재 판매 중인 차량에는 이런 하드웨어가 적용되고 있다. 즉 현시점에서는 레벨2이지만, 동일차량이 앞으로 3, 4로 레벨을 높여갈 가능성이 있다는 뜻이다. 탑재되는 AI도 심층학습을 통해 차량 독자적으로 진화할 가능성이 있다. 그렇다면 똑같은 차량이 사고를 일으킬 경우라도 중간에 책임소재가 바뀌게 될지 모른다는 의미인가.

이마이 : 그렇습니다. 먼저 레벨3 같은 경우, AI가 자율운전을 계속할 수 없다고 판단했을 때 운전자에게 운전 책임을 건네기 때문에 사고 책임을 지는 것은 운전자입니다. 따라서 현행법으로 대응할 수 있죠. 다만 AI가 자율운전을 계속할 수 없다고 판단했다는 의미는, 대부분 기능적 한계, 즉 위험한 상황에 처했다는 것을 의미합니다. 그런데 그런 상황에서 급하게 운전을 건네주었다고 했을 때 운전자가 다 대응할 것으로 보기는 힘들겠죠. 그렇기 때문에 레벨3이 널리 실용화되기 전에, 특구 등과 같이 지역을 한정해 적용함으로써 미래의 레벨4 이상을 실현하기 위한 데이터 수집 등에 활용해야 한다는 것이 저의 생각입니다. 레벨4 이상에서는 자동차에 타고 있는 사람은 전원이 승객(Passenger)이기 때문에, 사고가 발생했을 때 그 책임을 지는 것은 만든 사람이나 판매한 사람, 개발·설계한 사람, 소유한 사람, 또는 그 차량을 인정한 회사의 누군가가 져야 하겠죠.

시미즈 : 그래서 그 전 단계에서 AI에 책임을 묻는 새로운 법률을 만들어야 한다는 주장이신 거군요.

이마이 : 그렇습니다. 민사상 문제에 대해서는 책임소재를 특정할 수 없더라도 (새로운 제도에서의) 보험 등으로 당분간은 피해자를 구제할 수 있습니다. 하지만 형사상 문제에 대해서는 현행법에서 사람이나 법인 외에 책임을 묻는다는 것이 난센스라는 생각이 압도적입니다. 하지만 AI는 스스로 판단해 행동할 수 있습니다. 또한 그 행동에는 결과와 책임이 동반되기 때문에 AI에게 책임을 물을 수 있다고 생각합니다. 다만 전제로 해야 할 것은, AI에 책임을 물어 처벌했을 때는 처벌 전보다도 더 진화된 판단을 내릴 가능성이 있는 AI가 아니면 안 된다는 것이죠. 처벌의 고통을 거치면서 학습되지 않으면 처벌하는 의미가 없을 테니까요.

시미즈 : 도요타에서 자율주행을 연구하는 길 플랫씨 팀에서는, 학습하는 AI가 자동차마다 다른 행동을 하는 것을 막기 위해 AI의 규범 같은 것을 만들고, 그 규범 내에서만 진화하도록 하는 것도 검토하고 있다고 하던데요.

이마이 : 그 점은 찬성입니다. AI가 특수한 환경에 놓여 특수한 학습을 받았을 경우 독자적인 발전을 이루기는 하겠지만, 거기까지 도요타가 돌볼 수는 없으니까요.

시미즈 : 해외에서는 이마이 선생이 주장하는 정도의 진전된 논의가 아직 활성화되어 있지 않은 것 같습니다. 그런 속에서 저는 영국정부와 자동차 산업계가 자율주행 분야에서 세계를 선도하겠다는 강한 의사가 있는 것으로 느꼈습니다. 규격이나 법률, 보험제도 등 주도권 싸움에 이겨서 다시 한번 세계의 중심이 되겠다는 생각이 강하지 않은가 하고요.

이마이 : 저도 그렇게 생각합니다. 영국에는 윔블던 현상이라는 말이 있습니다. 금융 빅뱅을 실시한 결과 자국의 금융기관이 해외세력에 매수되어 도태된 현상을, 윔블던 테니스에서 해외선수들이 주로 우승하는 것에 빗대어 만들어진 말입니다. 현재의 영국은 자율주행과 관련해서 국내에서의 실험이나 연구를 해외기업들이 하는 것을 환영하고 있습니다. 그러면서 좋은 시스템이 있으면 자국에 적용하고 세계로 넓혀가려는 움직임을 볼 수 있죠.

시미즈 : EU탈퇴를 진행하고 있으니까요. 마지막으로 한번 더 확인하고 싶은 것은, 이것은 형사상 책임에 대한 이야기이고, 민사상은 자율주행 자동차에 의한 교통사고 피해자는 구제받을 필요가 있다는 것이죠.

이마이 : 물론입니다. 민간이 하든 행정이 하든 간에 미리 기금 같은 것을 만들어 피해자 구제를 위한 대비가 필요합니다. 보험의 역할도 큽니다. 자율주행 사회를 만들어가려면 법적 정비와 함께 보험제도도 정비할 필요가 있는 것이죠.

시미즈 : 16년 말에 도쿄 해상일동(海上日動)화재가 계약한 차량에 예기치 않는 동작이 발생해 피보험자에게 법률상 손해배상책임이 없다고 인정될 경우, 피해자에게 생긴 손해를 피보험자가 부담하기 위해 지출해야 하는 비용을 보험사가 대신 보상하는 「피해자 구제비용 등 보상특약」(※)을 개발한 바 있습니다.

이마이 : 어려운 판단이라고 생각합니다. 왜냐면 사고원인이 해명되지 않은 상태에서 위로금 형태로 보상한다는 것인데, 과연 그렇게 하고도 다른 보험계약자와의 평등성을 유지할 수 있을지는 의문입니다.

시미즈 : 그렇군요. 오늘 말씀 감사했습니다.

※ 피해자구제비용 등 보상특약 : 60~62쪽 참조

법률 정비와 함께 요구되는 **자율주행시대의 보험제도 개정**

안심하고 레벨3 이상을 도입하기 위해

교통사고 감소는 자율주행을 도입하는 큰 목적 중에 하나이기는 하지만,
레벨3 이상의 차량이 도로를 달린다 하더라도 사고가 제로까지 떨어질 것으로는 생각하기 어렵다.
특히 자율주행 자동차와 기존의 자동차가 혼재되는 과도기에는 예기치 않은 사고의 발생도 예상된다.
이때 책임 추구는 매우 중요한 일인 동시에, 피해자가 확실히 구제받기 위해서는 손해보험을 정비할 필요가 있다.

본문 : 시오미 사토시 그림 : 손보자팬 일본흥아

어디까지나 피해자 구제가 목적

앞 기사에서 지적했듯이 자율주행 사회가 서서히 다가오고 있음에도 불구하고 자율주행 자동차와 관련된 교통사고에 있어서 법률이 모든 사례를 커버하고 있다고는 할 수 없다. 물론 테크놀로지의 진화는 경쟁원리에도 힘입어 예전에는 하지 못했던 것을 가능하게 한다. 언제, 어떤 나라(처음에는 지역적으로 한정될 가능성도 있다)가 레벨3의 자율주행 자동차, 즉 승객의 감시의무가 없어서 자기 일을 할 수 있는 자동차의 주행을 허가할지는 아직 알 수 없지만, 그런 날이 다가오고 있는 것만은 확실하다.

그렇다고 한다면, 만약 사고가 일어났을 때 사고의 책임을 차량의 승객이나 소유자에게 둘지, 메이커·서플라이어, 개발자 또는 판매점에 둘지, 그것도 아니면 사람이 아니라 세상에 나오고 나서 독자적으로 진화한 AI에 책임을 둬야 할지에 대한 논의의 결론이 나오기 전에, 사고 피해자에 대한 민사적 구제방법은 미리 정해 놓아야 할 것이다.

물론 각 손해보험회사는 일찍부터 이 문제에 대비해 오고 있다. 그리고 16년 11월, 대형 보험회사인 도쿄해상일동(海上日動) 화재보험이 자동차보험「피해자구제비용 등에 관한 보상특약」을 새롭게 개발했다고 발표했다. 보도자료 내용은 다음과 같다(발췌).

각종 자율주행 시스템을 장착한 자동차 관련

사고가 발생했을 경우, 책임 관계가 복잡해질 가능성이 있습니다. 사고 발생 시「원인이 명확하지 않다」거나「누가 책임을 져야 할지 확정하기 어렵다」등과 같은 경우로 인해, 사고

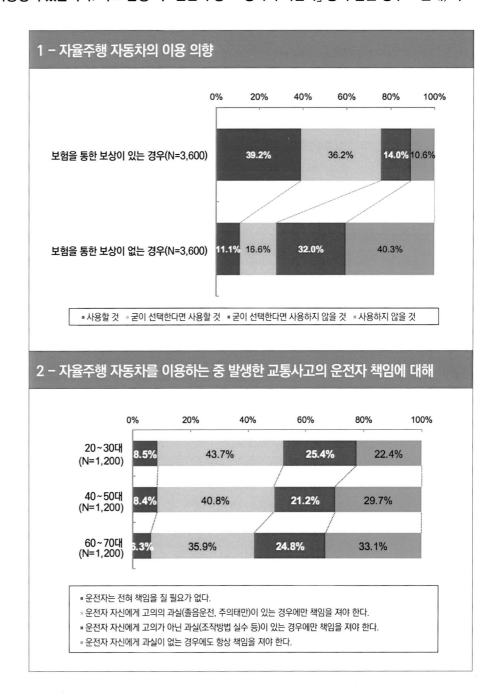

1 – 자율주행 자동차의 이용 의향

보험을 통한 보상이 있는 경우(N=3,600) 39.2% 36.2% 14.0% 10.6%

보험을 통한 보상이 없는 경우(N=3,600) 11.1% 16.6% 32.0% 40.3%

■ 사용할 것   ■ 굳이 선택한다면 사용할 것   ■ 굳이 선택한다면 사용하지 않을 것   ■ 사용하지 않을 것

2 – 자율주행 자동차를 이용하는 중 발생한 교통사고의 운전자 책임에 대해

20~30대
(N=1,200) 8.5% 43.7% 25.4% 22.4%

40~50대
(N=1,200) 8.4% 40.8% 21.2% 29.7%

60~70대
(N=1,200) 6.3% 35.9% 24.8% 33.1%

■ 운전자는 전혀 책임을 질 필요가 없다.
■ 운전자 자신에게 고의의 과실(졸음운전, 주의태만)이 있는 경우에만 책임을 져야 한다.
■ 운전자 자신에게 고의가 아닌 과실(조작방법 실수 등)이 있는 경우에만 책임을 져야 한다.
■ 운전자 자신에게 과실이 없는 경우에도 항상 책임을 져야 한다.

원인 규명이나 각 관계자의 책임 유무 및 비율의 확정 등에 일정한 시간이 소요될 가능성도 예상됩니다. 당사로서는 각종 자동주행 시스템이 진화하는 상황에서도 피해자 구제에 대한 중요성은 똑같다고 생각하고 있습니다. 따라서 이런 환경하에서 사고가 발생했더라도 마찬가지로 신속하게 피해자를 구제할 수 있도록, 이번에 「피해자구제비용 등에 관한 보상특약」을 개발하게 되었습니다.

이 특약에서는 계약 차량에 상정하지 않는 동작에 의해 사고가 발생함으로써 피보험자에게 법률상 손해배상책임이 없다고 인정되었을 경우, 피해자에게 발생한 손해를 피보험자가 부담하기 위해 지출하는 비용을 도쿄해상일동 화재보험이 보상한다. 17년 4월 이후의 보험계약에 대해 추가비용 없이 설정된다.

트러블에는 사이버 공격도 포함

약 3개월 후인 17년 2월, 또 다른 대형보험회사인 손보자팬 일본흥아(興亞)에서도 자율주행 자동차와 관련된 사고를 상정한 「피해자 구제비용 특약」을 신설했다. 이 보험도 발표내용에서 발췌해 소개하겠다.

현재 실용화되고 있는 자율주행기술은 운전자 자신이 운전하는 것을 전제로 한 「운전지원기술」이기 때문에, 사고가 발생한 경우에는 원칙적으로 운전자가 책임을 지게 됩니다. 그러나 작금의 기술발전 속도와 사이버 공격의 증가 등을 배경으로 위험성이 다양화되고 있는 관계상, 운전자의 손해배상책임 유무가 분명하지 않을 뿐만 아니라 확정되기까지 시간이 필요한 경우가 예상됩니다. 자율주행기술을 탑재한 자동차나 커넥티드 카를 이용하는 운전자가 변함없이 안심하고 운전할 수 있도록 「신속한 피해자 구제」 「사고의 빠르고 원만한 해결」을 도모하기 위해, 계약 자동차의 결함·부정한 접근 등에 의해 사고가 발생했을 경우 또는 운전자에게 손해배상책임이 없는 경우라도 보험금을 지불하는 「피해자 구제비용 특약」을 신설했습니다.

도쿄해상일동 화재보험의 특약이나 손보자팬 일본흥아의 특약 모두 내용은 별 차이가 없다. 요점은 지금은 아직 운전자에게 항상 감시의무가 있는 레벨2 자동차만 일반도로를 달리기 때문에 책임소재가 명확하게 드러나지만, 레벨3으로 넘어가면 손해배상 책임이 누구(무엇)에게 있는지를 확정하기 곤란하던가, 확정하기까지 시간이 걸려서 피해자 구제가 늦어질 수 있으므로 보상하겠다는 이야기이다. 다만 손보자팬 일본흥아의 설명에는 「사이버 공격」 「커넥티드 카」 「부정한 접근」 같은 말이 포함되어 있어서, 이 특약이 차량 단독의 문제에 한정되지 않고 인터넷을 경유해서 엮이는 트러블에도 적용된다는 점을

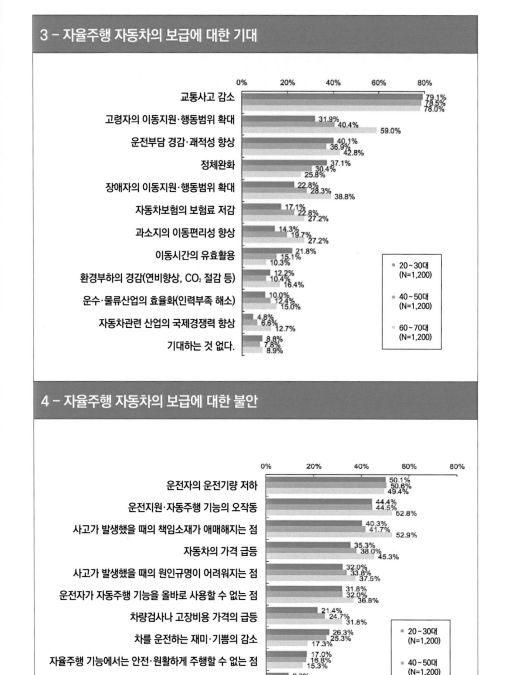

강조하고 있다. 이 특약은 17년 7월 이후의 보험계약부터 추가비용 없이 적용된다.

과실이 없어도 책임을 져야 하나?

새로운 특약의 개발을 계기로 손보자팬 일본흥아는 17년 2월에 20대부터 70대의 남녀 총 3,600명(운전자 이외도 포함)을 대상으로 자율주행 자동차에 관한 의식조사를 실시했다. 먼저 자율주행 자동차를 이용할 의향에 있어서, 자율주행과 운전자 사이에 운전전환 중(레벨3의 자율주행 자동차로 간주)에 사고가 일어났을 때, 운전자에게 책임이 미칠 가능성이 있다는 전제하에 보험을 통한 보상이

있다면 「이용할 것」이라고 대답한 사람이 약 75%였다. 보험을 통한 보상이 없는 경우에 「이용할 것」이라고 대답한 사람은 약 28%로 줄었다. 이런 비율이야 예상이 가는 내용이다.

마찬가지로 자율주행과 운전자 사이에 운전전환 중에 사고가 일어났을 때, 운전자에게 과실이 없는 경우라도 운전자가 책임을 져야 할까? 라는 조사에 있어서는, 약 30%가 「과실이 없어도 항상 책임을 져야 한다」고 대답했다. 나이가 많을수록 그런 경향이 강한 것으로 나타났다. "과실이 없다"는데도 불구하고 책임을 져야 한다고 생각하는 사람이 많은 것은 말의 의미만을 생각하면 이상하기 짝이

없지만, 아직 그런 상황을 구체적으로 상상하지 못하고 지금까지의 인식에만 의존해 자동차 운전자(운전석에 앉아 있던 사람) 또는 소유자인 이상 그 차량이 일으킨 사고에 책임을 느끼는 것인지도 모른다. 이 질문에 각 연령대 모두 가장 많았던 것은 「운전자에게 고의의 과실(졸음운전이나 주의태만)이 있는 경우에 책임을 져야 한다」에 대답한 약 40%이다. 이 밖에 자율주행의 보급에 대한 기대와 불안에 대한 조사에서도 흥미로운 결과가 나오기도 했다. 상세한 것은 도표를 참조해 주기 바란다.

독자적으로 개발한 자율주행 자동차를 사용해 이시카와현 스즈시(市)의 공공도로에서 핸드프리 상태로 주행실험을 하는 가타자와대학의 자율주행 시스템 연구팀(연구실). 리더인 스가누마 나오키 교수는 과소지의 공공교통기관 부족 문제를 자율주행 자동차를 활용해 해결하려고 한다. 상세한 것은 86쪽 참조. (촬영 : 시오미 사토시)

자율주행시대의 도로교통법은 **어떤 형태이어야 할까.**

기술의 진화에 따라 법률에도 요구되는 진화

자율주행은 기술적 진화만으로는 실용화할 수 없다. 진술진화와 보조를 맞출 수 있도록 다양한 법률 정비가 필요하다.
예를 들면 도로교통법. 인간 외에 기계가 운전(인진·판단·조작)을 하는,
과거에는 없었던 상황에 직면해 현재의 도로교통법으로는 대응할 수 없는 많은 부분이 있다.
또한 도로교통법은 「도로교통에 관한 조약(통상 제네바조약)」에 기초하고 있어서 일본만 적극적으로 법을 개정할 수만도 없고,
또 언제까지나 법 개정을 미루면서 다른 나라의 발목을 잡는 것도 바람직하지 않다.
자율주행에 대한 경찰청의 움직임 등에 밝은 저널리스트 이와사다 루미코가 최신 동향을 소개한다.

본문 : 이와사다 루미코   그림 : 자율주행의 단계적 실현을 향한 조사검토위원회

사실은 자율주행에 대해 유연하게 대응하고 있는 일본의 경찰

도로에서 자동차를 운전할 때 적용받는 것이 도로교통법이다. 이 법은 자동차를 운전하는 사람의 행위를 규정하는 법률로서, 어떻게 안전하게 자동차를 운전하느냐에 관한 기준이다. 자율주행을 실용화하는 과정에서 도로교통법이 자율주행개발을 방해하지 않도록 경찰청

도 최선의 대응을 추진하고 있다. 일본은 경찰청의 엄격한 기준 때문에 공공도로에서 실험하기가 어렵다는 소리가 자주 들리지만, 사실은 세계적으로 봐도 상당히 유연하게 대응하고 있다고 생각한다. 예를 들면 조향핸들의 유지에 관해 살펴보겠다. 유럽에서는 조향핸들을 잡고 있게 되어 있지만, 일본에서는 반드시 계속 잡고 있을 필요는 없다. 도로교통법 70조에는 「확실하게 조작할 것」으로만 나와 있는데, 과거에는 이것을 조향핸들을 유지하는 조건으로 보고 잡고 있지 않으면 처벌을 했지만, 지금은 운전자가 주위를 감시해 확실한 대응을 할 수만 있으면 된다고 보고 유지에 대한 유무는 따지지 않는다.

경찰청에서는 2015년도부터 법적 정비를 추진하기 위해 자율주행에 대해 조사·연구해 왔다. 첫 해에는 자동차 메이커, 부품 메이커, 농기구 메이커, 연구기관, 손해보험 관계, ITS 관계 등을 꼼꼼히 청취하는 동시에 사용자 설문을 조사하기도 했다. 나아가 16년도에는 물류 서비스 등, 실제로 사용하는 쪽의 의견을 청취하기도 했다. 또한 자율주행이 먼저 고속도로부터 도입된다는 점을 감안해 자동차공업회는 도로교통법 개정을 요구하고 있다. 현재의 도로교통법상으로는 고속도로의 본선 도로에 합류할 때, 합류하는 차량은 본선에서 주행 중인 차량의 주행을 방해해서는 안 된다고 명시되어 있다. 하지만 본선이 정체되어 있을 때 이것을 자율주행 자동차에 적용하면 합류하기가 거의 불가능하기 때문이다. 또한 본선의 제한속도는 80~100km/h가 많은데 유입도로의 가속차선 제한속도는 시속 60km/h에 불과하므로 이 속도로 본선에 합류하면 본선에서 오는 차량이 브레이크를 밟아야 하기 때문에, 이 점은 자율주행 자동차가 아니더라도 시급히 개선해야 할 부분이라고 할 수 있다.(66~67쪽의 ①~⑤참조)

공공도로에서 실증실험할 때 필요한 가이드 라인도 제시할 예정이다. 16년도에는 운전자가 차 안에 없는 원격조작 차량을 운행하기 위한 조건도 검토되었다. 다만 최종적으로 일반도로에서 운행하게 할지 또는 전용도로에서 운행하게 할지에 따라 도로교통법은 물론이고 국토교통성이 정하는 차량 기준도 달라지기 때문에, 기술개발과 함께 도로 쪽 대응과 동시에 생각할 필요가 있다.

경찰청에서는 앞으로 자율형, 트럭의 대열주행, 운전면허제도 등에 관한 검토를 진행할 예정인 동시에, 잘못된 사용법을 막기 위한 사회적 이해의 증진도 과제로 삼고 있다. 도로교통법은 어디까지나 일본이 가입한 UN결의의 제네바조약에 기초하고 있기 때문에 일본만 엄격한 것이 아닐뿐더러 또한 자율주행을 할 수 있도록 변경해서도 안 된다. 이런 개정은 WP1(UN 도로교통 안전작업부문)에서 협의되어야 하기 때문에 세계적인 움직임을 감안해 시차 없이 대응해 나갈 필요가 있다.

자율주행 자동차의 사고 책임 소재를 사회 전체가 생각할 필요가 있다.

도로교통법과 더불어 운전자가 걱정하는 점은 사고 발생 시 책임 소재와 벌칙이다. 일부 법률가 사이에서는 사고 발생 시 원인해명에 시간이 걸리는 만큼, 피해자가 구제를 받을 수 있도록 전용 보험시스템을 만들어 돈을 바로 지불해야 한다는 의견이 있다. 치료비나 수리비, 생활비를 생각하면 고마운 의견이기는 하지만, 보험으로만 처리하게 되어서는 안전운전이나 정비에 대한 의무를 통해 사고를 억제하려는 방향에는 바람직하지 않다. 그렇다면 지금까지처럼 형사죄로 실형 판

17년도 1월에 라스베이거스에서 열린 국제가전 전시회 「CES」에서 프랑스의 발레오가 출자한 스타트업 「나비야(Navya)」가 개발한 자율주행 버스는 15인승에, 최고속도 45km/h의 EV. 자율주행 레벨5. 이런 무인자동차가 일본의 공공도로를 달리는데 필요한 조건도 검토되고 있다.(촬영 : 시오미 사토시)

원격형 자율주행 시스템의 공공도로 실증실험을 둘러싼 동향

일본

→ 현행 도로교통법은 차 안에 운전자가 있다는 것을 전제로 하고 있다. 차 안에는 운전자가 없지만 차 밖(원격)에서 운전자에 상당하는 사람이 있어서 그 사람의 감시 등에 기초한, 자율주행 시스템과 관련된 법령상 취급의 검토가 필요하다.

「관민 ITS구상·로드맵 2016」
2017년을 기준으로 특구 등에서 무인자율 주행에 따른 이동서비스 관련 공공도로 실증을 실현하기 위해, 차 안에 운전자가 없더라도 원격장치를 통한 감시 등으로 공공도로에서의 실증실험이 가능하게 되었다.

국제적 논의

도로교통과 관련된 조약(제네바조약)에 대해 UN유럽경제위원회(UNECE) 도로교통 안전작업부문(WP1) 제72회 회의(2016년 3월)에서, WP1 산하에 설치된 「자율주행에 관한 비공식 작업그룹」의 협의결과가 다음과 같이 보고되면서 WP1의 양해가 이루어졌다.

「자율주행 자동차의 실험에 대해, 차량을 제어할 수 있는 능력을 확보하고 그것이 가능한 상태에 있는 사람이 있다면 그 사람이 차 안에 있는지 여부를 불문하고 현행 조약하에서 실험이 가능하다.」

원격형 자율주행 시스템(자동차로부터 떨어진 곳에 존재하는 운전자가 전기통신기술을 이용해 해당 자동차의 운전조작을 할 수 있는 자율주행기술)을 이용해 공도에서 자동차를 달리게 하는 실증실험에 대해, 도로교통법 제77조의 도로사용허가를 받아 실시할 수 있는 허가대상 행위로 규정함으로써, 전국에서 실험하려는 주체의 기술 레벨에 맞는 실험을 할 수 있게 되었다.

결을 내리고 교도소에서 복역하게 하면 되지 않느냐고 말할 수도 있지만, 만약 시스템 쪽에 책임이 있을 때는 개발담당자가 처벌을 받게 된다. 이래서는 안심하고 개발에 매진하기는 커녕, 있는 개발자도 없어질 수 있다. 어떤 법률을 만들어나가면 안전하고 안심하게 개발부터 사용에 이르게 될지가 현재의 과제이다. 이 문제는 자동차의 자율주행뿐만 아니라 앞으로 보급되어 나갈 AI를 탑재한 케어 로봇이나 가사 로봇에서도 똑같은 상황이 발생할 수 있어서 법무성의 움직임이 주목된다.

자율주행은 공공교통기관 차원에서 빠르게 시장에 투입될 것이라는 의견이 압도적으로 많다. 그렇게 되면 그와 관련된 법률 정비도 동시에 진행할 필요가 있다. 예를 들면 노선버스는 미리 허가를 받은 운행경로만 달려야 하기 때문에, 자율주행 자동차를 온디맨드(On Demand) 방식으로 경로를 변경하고 싶어도 할 수 없다. 또한 요금수수에 있어서도 셀프 지불을 악용해 지불하지 않고 이용하는 사람도 있

을 수 있으므로 이에 대한 대응을 어떻게 할 것인지 등등, 앞으로 제공할 서비스를 감안하면 많은 장벽이 도사리고 있는 상황이다.

자율주행은 사회적 혁명을 일으킬 것으로 예상되므로 법률도 기존의 것을 응용하는 정도로는 대응하지 못하는 부분이 많이 있다. 법률이나 책임에 대해서 새로운 관점에서 설계해 나갈 필요가 있다.

이와사다 루미코

모터 저널리스트 / 논픽션 작가. 내각부 SIP자동주행 시스템 추진위원, 경찰청 자율주행의 단계적 실현을 위한 조사연구위원, 국제교통안전학회 회원, 인정NPO 법인 긴급 헬리콥터 병원 네트워크 이사 외. 저서 : 「미래의 자동차가 나타나기까지 - 세계 최초의 수소로 달리는 연료전지 자동차 미라이(MIRAI)」 「도쿄소방청 시바소방서 24시」 「구명구급 플라이트 닥터」 「꼬리를 잃어버린 돌고래」 「하치 개 이야기」 「만약 병원에 개가 있다면」(모두 구담사 간행) 외 다수.

법률 전문가는 트롤리 딜레마를 어떻게 해결할 수 있을까?!

 본선 도로의 차량 속도에 대해

지적개요·대응방침

◇ 본선 도로에서 최고속도 규제를 지키지 않는 차량이 있을 경우, 자율주행 자동차가 속도규제를 지키게 되면 속도규제를 넘어서 달리는 다른 차량과 속도차이가 발생함으로써 추돌사고나 정체를 일으키는 원인으로 작용할 가능성.

· 도로이용자는 속도규제를 준수해야 한다.
· 2010년 이후 속도규제 개정을 수시로 실시.

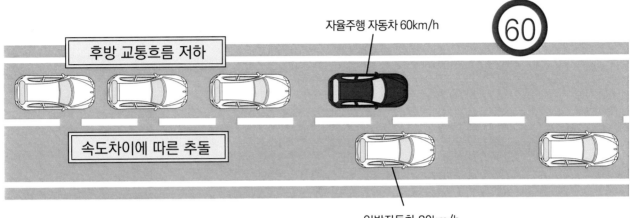

후방 교통흐름 저하

자율주행 자동차 60km/h

60

속도차이에 따른 추돌

일반자동차 80km/h

 본선 도로로 합류하는 방법 등에 대해

지적개요·대응방침

◇ 가속차선(규제속도 60km/h로 해석)에서 본선 도로를 주행하고 있는 차량 속도 정도로 올리고 나서 합류하는 방법이 일반적이지만, 해당 운전이 법령을 위반하는 것인지가 불명확하다.
◇ 법령 위반이라면 자율주행 자동차가 규제속도를 준수했을 때, 규제속도보다 빠르게 달리는 다른 차량과의 속도차이로 인해 추돌사고의 원인이 될 가능성이 있다.

본선 도로에 합류하는 방법 등에 있어서 관계 법령상 자리매김을 포함해 가급적 빨리 검토할 필요가 있다.

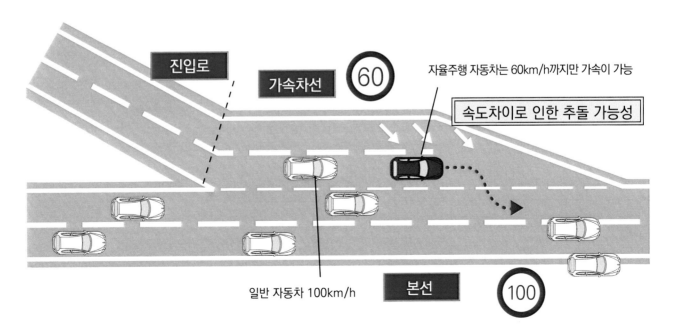

진입로

가속차선 60

자율주행 자동차는 60km/h까지만 가속이 가능

속도차이로 인한 추돌 가능성

일반 자동차 100km/h

본선 100

3 정체 시 본선 도로에 합류하는 방법에 대해

지적개요·대응방침

◇ 본선 도로가 정체되어 있을 때 자율주행 자동차가 본선 도로에 합류하기 위해 정체 중인 차량의 앞쪽으로 프런트 부분을 밀어 넣는 주행방법이 금지 행위에 해당하는 진행방해에 해당하는 것인지가 명확하지 않다.
◇ 금지행위에 해당한다면 법령을 준수하는 자율주행 자동차가 정체 시 본선 도로에 합류하는 일은 매우 힘들어진다.

⬇

정체 시 본선 도로에 합류하는 방법에 대해,
관계 법령상의 명확한 자리매김을 포함해 검토할 필요가 있다.

 4 분기점의 정체 시 노변 측 통행·정차에 대해

지적개요·대응방침

◇ 본선 도로에서 나가려는 차들로 인해 출구 도로부터 갓길까지 정체되어 있을 때, 정체 줄을 따라 갓길에 정차하는 행위가 통행구분 원칙을 위반하는 것인지, 갓길 정차 등이 인정되는 경우에 해당하는지 여부가 명확하지 않다.
◇ 해당 행위가 법령에 위반된다거나 정차 등이 인정되는 경우에 해당하지 않는다면, 법령을 준수해 주행하는 자율주행 자동차는 본선 도로에서 빠져 나가기 위해 감속 차선 또는 정체된 줄을 따라 갓길에 들어갈 수밖에 없다.

⬇

본선 도로에서 빠져나가는 차들로 인해 갓길 통행·정차에 관해
관계 법령상 자리매김을 포함해 검토할 필요가 있다.

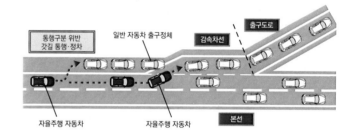

 5 긴급할 때의 갓길 통행·정차에 대해

지적개요·대응방침

◇ 긴급상황 발생 시 자율주행 자동차가 갓길에 정차하는 행위가 통행구 분 원칙을 위반하는 것인지, 정차 등이 인정되는 경우에 해당하는지 여부 가 명확하지 않다.
◇ 해당 행위가 법령을 위반한다거나 또는 정차 등이 인정되는 경우에 해당 하지 않는다면, 해당 행위를 하는 기능을 자율주행 자동차에 적용할 수 없게 된다. 이런 경우, 예를 들어 자율주행 시스템의 고장으로 인해 자율주행을 계 속할 수 없게 되었을 때는 본선 도로상에서 운전자에게 조작을 넘겨야 하는 상황이 되므로 위험이 따른다.

⬇

긴급상황이 종료된 후 본선 도로에 합류하는 방법에 있어서
관계 법령상 자리매김을 포함해 검토할 필요가 있다.

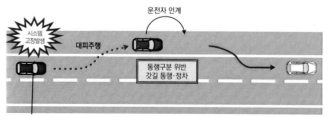

일본 최초, 세계 최대의 자율주행기술 평가시설의 운용을 시작

J타운에서 기술과 신뢰성을 향상

일본 자동차 연구소가 개설한, 일본 최초의 자율주행 평가 거점인「J 타운」의 운용을 시작.

여기서는 산학관 제휴를 통한 자율주행기술에 대해 모든 각도에서 개발 및 평가하기 위해

시가지를 모방한 코스 외에 다양한 날씨를 재현하는 특이환경시험장 등도 설치했다.

세계적으로 자랑할만한 규모와 설비를 갖춤으로써 자율주행기술 개발을 위한 거점으로 기대를 모으고 있다.

본문 : 이와사다 루미코 사진 : 일본 자동차연구소(JARI) / 이와사다 루미코

자율주행기술 개발에 필수인 중요 시설

2017년 4월 1일, 일본 자동차연구소(이하 JARI)가 일본 최초로 자율주행평가거점인 J타운(Jtown) 운용을 시작했다. 북미의 미시건대학에는 M시티(M-City), 스웨덴의 예테보리에는 아스타제로(AstaZero), 한국 화성에는 시티(K-City) 같은 자율주행용 시험장이 있다. M시티는 13헥타르나 되는 광대한 토지에 모의 시가지를 만들어, 영화 세트 같은 표면적인 건물(조립을 자유롭게 할 수 있다), 아스팔트 외

세계 최대규모의 자율주행시험 시설인 J타운

일본 자동차연구소 내의 부지약 16만 평방 미터에 3종류의 시험장을 갖춘 J타운.「특이환경시험장」에서는 비나 안개, 햇빛 등과 같은 환경을 재현해 각종 카메라나 센서의 작동을 확인할 수 있다. 이밖에 시가지를 모방한「J2X 시가지」, 모의 건물이나 도로 표지 등을 사용해 교차로를 재현할 수 있는「다목적 시가지」까지 3가지 주요 시설을 갖추고 있다.

V2X 시가지

자율주행 자동차가 표지나 횡단보도, 그곳을 건너는 보행자 등을 올바로 인식할
수 있는지 등, 시가지를 모방한 코스에서 실험할 수 있다. 도로와 자동차 사이의
통신을 위한 광 비콘이나 전파 비콘 등과 같은 장치도 갖추고 있다.

다목적 시가지

사방 100m 광장에서 흰 선의 이동설치나 시설이나 교차로 등을 자유롭게 재현
할 수 있는 다목적 시가지. 영화의 야외세트장 처럼 건물을 자유롭게 이동할 수
있기 때문에, 전망이 나쁜 교차로를 만든다거나 건물의 그늘진 곳에서 보행자가
갑자기 나타나는 장면을 재현할 수도 있다.

에 자갈과 금속 메쉬(미국의 교량에서 이음새 등에 이용된다), 블록
등과 같은 노면을 재현하거나, 표지나 맨홀, 다양한 조명을 설치해 그
야말로 도시를 재현해 놓았다. 이에 반해 J타운은 주로 3가지 시설
을 특화한 설비로 만들어졌다. M시티는 IT와 자동차가 함께 어우러
져 데이터를 어떻게 수집하느냐가 주 목적이지만, J타운은 자동주행
시스템의 평가거점에서 요구되는 우선적 기능을 정리해 설비한 형태
를 취하고 있다.

기존의 JARA 시험장에다 새롭게 신설한 J타운의 핵심 시설 중에 하
나가 특이환경시험장이다. 전장 200m, 폭16.5m의 건물에서는 비,
안개, 역광, 밤부터 황혼까지 다양한 기상조건을 재현할 수 있다. 비만
하더라도 30, 50, 80mm/h로 제어할 수 있을뿐만 아니라, 100리터
탱크에서 수돗물을 여과, 순환시키면 50mm/h 비 같은 경우 30분간
계속해서 내리게 할 수도 있다.

자율주행을 위해 탑재하는 카메라가 인식하기 어려운 것 중에 하나가
석양이나 역광이다. 신호기나 표지로부터 70m 떨어진 위치로부터 2
만~3.5만 룩스나 되는, 인간이 직접 보면 위험할 정도의 강렬한 빛을
비춤으로써 재현이 가능하다. 일본에서는 자동차 메이커를 비롯해 기
업마다 다양한 시험시설이 있기는 하지만, 역광과 안개를 재현할 수
있는 시설은 없기 때문에 같은 조건의 환경을 반복적으로 실험할 수
있는 이 시설의 역할이 기대된다.

두 번째는 기존의 시험시설을 확충한 V2X 시가지. 전장 400m, 편도
2차선 시가지에 4개의 신호등을 설치한 뒤, 760MHz 및 광 비콘 등
과 같은 통신시설을 갖추어 보행자나 차량을 감지하면 차량에 전달하
거나, 청신호 타이밍에 맞춰 차량속도를 제어해 에너지 손실을 줄이
는 그린 웨이브(Green Wave)에 대응시키고 있다.

세 번째 다목적 시가지도 기존 설비에 만들어졌다. 여기서는 갑자기

특이환경시험장

전장 200m, 3차선을 갖춘 실내시험장. 여기서는 비, 안개, 역광 같은 실제 교통 환경을 쉽게 재현할 수 있다. 악조건하에서 자율주행 자동차가 표지나 신호기, 보행자나 자전거 등을 인식할 수 있는지 등을 시험할 수 있다.

약조건하에서의 성능평가

특이환경시험장에서는 센서에 친화적이지 않은 조건을 인공적으로 연출해 자연 세계에서는 재현하기 어려운 동일 평가를 할 수게 되어 있다. 햇빛 등과 같은 역광도 2만~3.5만 룩스의 빛으로 재현이 가능하다.

나타나는 보행자에 대응하는 실험을 할 수 있는 외에, 시가지 중심부에 사방 100m의 자유 공간을 만들었다. 이 켄버스 같은 지면에는 흰 선을 자유롭게 그을 수 있다. 자유롭게 그을 수 있는 이유는 테이프 형태의 흰 선을 이용해 안쪽에 접착성 테이프를 붙이는 식의 간편한 방법을 사용하고 있기 때문이다. 아날로그 방식이기는 하지만 이런 구조로 간편하게 차선폭을 바꾸는 것은 물론이고, R8 및 R15, R30 같은 로터리(Roundabout)를 만들 수 있는 곡선 형태의 테이프도 있어서 그야말로 간편하게 재현할 수 있다.

M시티가 설비투자에 참여한 메이커 등에 우선적인 사용순위를 주는 데 반해, J타운은 중소 서플라이어나 대학의 연구기관 등에게도 폭넓게, 평등하게 사용할 수 있게 하고 있다. 개발촉진에 이바지하는 한편, 일본에서는 약점으로 지적받는 산학연대 측면에서도 대학의 활동 영역을 넓힘으로써 인재를 육성하는 역할도 맡고 있다. J타운은 어떤

기업에도 치우치지 않는 중립기관으로서, 앞으로 시험방법의 확립을 선도함으로써 기준을 확립하는 일에 이바지하겠다는 방침이다. 17년 이후 내각부의 SIP-adus 같은 대규모 실증실험을 비롯해 지방마다 공공도로 실험이 활발히 펼쳐지고 있다. 경찰청에서는 가이드 라인을 만들어 사전에 연습장 같은 장소에서 안전성을 확인하도록 요구하고 있지만, 안전성에 대한 대처는 자동차 메이커와 IT업계, 대학 등의 연구기관마다 큰 차이가 있다.

해외의 이런 연구개발시설에 밝은 모터 저널리스트 시미즈 가즈오씨는 「공공도로에서 발생하는 사고, 특히 인적 피해가 일어나지 않도록 어느 일정한 기준에 도달했다는 것을 제3자의 눈으로 확인할 필요가 있다. J타운이 그런 수요에도 대응해 나가길 바란다」는 바램을 밝히기도 했다.

[The Way to The Goal] **목적과 목표는 삼사삼색(三社三色)**

자율주행의 체커깃발은 어디에?

자동차 메이커는 자율주행이나 ADAS 기초기술, 소스와 관련해 일부 제휴를 공표하고는 있지만,
자체 연구와 서플라이어를 이용해 신기술을 개발할 때까지 기본노선 대부분을 자체적으로 꾸려가고 있다.
그렇다면 각사는 현재 무엇을 목표로 자율주행기술을 개발하고 있고,
그것은 어느 정도까지 진행되었을까. 현재 상태를 분석해 보겠다.

→ AI를 연구하는 TRI

도요타는 AI연구를 목적으로 한 TRI(Toyota Research Institute)를 미국에 설립. 캘리포니아와 매사추세츠주에 거점을 두고 개발 중이다. 17년도 1월의 CES에서는 프레스 컨퍼런스에 도요타의 도요타 아키오 사장과 TRI의 길 플랫 CEO가 등장했다. 앞으로 TRI에서는 실험차의 주행시험에서 취득한 기술데이터를 축적해 「쇼퍼(완전 자율주행)」와 「가디언(고도운전지원)」에 대한 연구개발에 활용한다.

JAPANESE OEM 01

TOYOTA

시미즈 가즈오의 분석 : 도요타가 지향하는 목표와 수단

[자율주행을 실현하기 위해서는 AI가 필수라고 판단]

본문 : 시미즈 가즈오 사진 : 도요타

완전 자율주행은 최종목표. 하지만 도요타는 자율주행이 실용화되기를 기다릴 것 없이
AI를 수호신처럼 이용해 운전자를 지키는 수호천사를 먼저 실현하겠다는 생각이다.

애마로 불리는 자동차에는 사랑이 있다.

모든 영역의 기술과 관련해 자부담으로 진행해 온 도요타는 자율주행에서는 어떤 생각으로 임하고 있을까. 무슨 일에든 신중한 도요타는 예전에 전자 스로틀의 리콜이라는 뼈아픈 경험이 있어서인지 특히 자율주행에 신중한 모습이다. 그런데 일본 정부가 자동차공업협회와 손잡고 추진해온 ESV(고도안전지원기술)의 기술개발에는 적극적이었다.

돌이켜보면 2013년 무렵에 자율주행이 화제가 되었던 것은 구글이 무인으로 달리는 자율주행 데모 카를 발표하면서부터이다. 「IT기업이라면 이런 것도 할 수 있다」는 전략적 자기 PR이 구글의 목적이었지만, 이 무렵부터 IT기업 vs 자동차산업이라는 자율주행을 둘러싼 패권싸움을 미디어들이 부각하기 시작한다.

하지만 100년이나 지속된 자동차산업은 한 걸음씩 기술을 축적해 오면서 현재와 같은 안정된 자동차를 만들어 온 것이다. 도요타가 말하는 물건제조는 축적해 온 기술과 다양화하는 기술을 조화시킨 것이다. 이런 충실한 작업을 통해서만 신뢰성이 높은 자동차를 만들 수 있다는 것이 그들의 주장이다.

얼마 전까지 자동차를 좋아해 스피드를 즐겼던 도요타 아키오 사장은 자율주행에 약간 부정적이었던 때가 있었다. 자동차는 즐기는 것이기 때문에 「운전자 중심」이라는 생각이 뿌리박혀 있었다. 그런데 2년 전부터 생각이 바뀌어 「장애우도 자동차의 즐거움을 느끼길 바란다」면서, 비밀상자에 준비해 놓았던 비장의 무기 같은 발언을 하면서 화제가 되기도 한다. 이것을 계기로 도요타는 미국에 AI연구를 목적으로 한 TRI(Toyota Research Institute)를 설립한다. 미국 캘리포니아주의 팰로앨토 및 매사추세츠주의 캠브리지에 각각 거점을 둔 TRI의 대표는 길 플랫 박사(AI 전문가)로서, 05년의 DARPA챌린지(미국의 방위연구소가 주재한 자율주행 레이스)의 중심적인 멤버였다. 17년 1월에 라스베이거스에서 개최된 CES(Consumer Electronics Show)에서 무대에 오른 플랫 박사는 「콘셉트 아이(愛)i」를 소개했다. 「자동차는 "애마"로도 불린다」며 이야기를 시작해, "아이(愛)i"로 명명하기까지의 경위와 아키오 사장의 생각을 미디어에게 전했다. 이 「콘셉트 아이(愛)i」에는 최신 AI를 탑재해 운전자의 표정이나 동작, 깨어 있는 정도 등을 데이터화할 수 있다. 레벨3에는 필수적인 기술이다.

동시에 도요타가 사용하는 프로모션 영상도 매우 재미있다. 나이가 들어 운전을 못 하게 되는 고령자라도 자율주행이 가능해지면 이동하는 자유를 누리면서 인생이 더 즐거워질 것이라는 미래상을 보여준다. 이것이 플랫 박사가 주장하는 「쇼퍼 드리븐(Chauffeur Driven)」이다. 완전 자율주행이 실용화되기를 기다릴 것 없이 수호신처럼 운전자를 지키는 수호천사를 먼저 실현하겠다는 입장이다.

자동차선 변경은 충돌방지에 도움을 준다.

17년도 디트로이트 모터쇼의 볼거리는 렉서스 LS였다. 치프 엔지니어인 아사히씨로부터 자율주행시스템 이야기에 대해 들어보았다. 메르세데스와 마찬가지로 도요타도 자율주행이라는 말을 사용하는데 신중하지만, 신형 LS에 탑재된 고도운전지원은 렉서스(도요타)에게도 가장 선진적인 시스템이기 때문에 개발에 많은 공을 들였다고 한다.

신형 렉서스 LS에 탑재된 예방 안전기능은 기존의 프리 크래시 세이프티(미국에서는 Free Collision) 외에 자동적으로 차선을 변경할 수 있는 시스템도 탑재되었다. AEB(긴급 브레이크)분만 아니라 자기 차가 달리는 차선 내에 한해서는 조향핸들을 자동적으로 보정해, 브레이크만으로는 막을 수 없는 사고라도 어떻게든 충돌을 피할 수 있는 시스템이 탑재되어 있다.

예를 들면 카메라로 갑자기 나타난 보행자를 인식했을 경우, 일본전장이 개발한 24인치 컬러 헤드업 디스플레이(HUD)로 운전자에게 경고한다. 브레이크만으로는 피할 수 없을 경우, 자차의 차선 내에서 자동적으로 조향핸들을 보정하고, 자동조향을 실행해 충돌을 피한다.

또한 테슬라에서 화제가 된 자동차선변경에 관해서도 E클래스와 동등한 시스템을 실용화했다. 방향등을 켜면 자동적으로 차선이 변경되는데, 이때 옆 차선에 다른 자동차가 있는지 여부를 밀리파 레이더로 확인하는 것은 두 말할 필요도 없다. E클래스와 다른 점은 「차선을 변경하고 싶다」는 운전자의 의사를 확실하게 시스템에 이해시키는 것이라고 아사히씨는 말한다. 거기에는 어떤 기술이 적용된 것인지, 일반도로에서 시험해 보는 재미가 있을 것 같다.

TRI의 자율주행실험차량

TRI가 참여한 최초의 자율주행 실험차. 베이스는 렉서스 LS 600h로서, 운전자의 운전습관을 학습할 분만 아니라, 데이터 수집이나 코디네이트 기술의 발전에 맞춰 다른 차량으로부터 공유되는 정보를 활용해 자동차가 천천히 현명해진다고 한다. 정확도가 뛰어난 지도정보가 없는 지역에서의 자율주행을 상정해 지도에 의존하지 않는 시스템을 구축. 라이다(광검출·거리측정), 레이더, 카메라 등과 같은 센서를 탑재했다.

JAPANESE OEM 02

NISSAN

시미즈 가즈오의 분석 : 닛산이 지향하는 목표와 수단

[UN기준을 살피면서 북미를 주시]

본문 : 시미즈 가즈오 사진 : 닛산

> 닛산의 자율주행에 대한 생각은 명확하다. 2020년에 북미에서 많은 자율주행 자동차를 시판하겠다는 계획하에 움직이고 있다.
> 자율주행 구성부품 조달도 제휴에 구애받지 않겠다는 유연한 자세가 특징이다.

닛산의 생각은 명확하고도 구체적

NHK 스페셜로 유명해진 닛산자동차의 이지마 개발부장. 카를로스 곤 회장으로부터는 전동화와 전자두뇌화가 기술 닛산의 상징이기 때문에 절대로 지지 말라는 압박까지 받는 상황이었다. 닛산은 17년도 1월의 일본 내 판매에서 경차를 제외하면 1위가 닛산 노트(e Power가 견인), 2위가 세레나(프로파일럿 인기)가 차지해 30년 만에 도요타를 눌렀는데, 이것은 사용자가 자동차의 전동화와 전자 두뇌화에

큰 기대를 걸고 있다는 반증이라고 할 수 있었다. 거기에 1억 원이나 하는 고급차가 아니라, 세레나의 자율주행기능을 2천만 원대 자동차에서 실용화한 것이 평가받은 결과이다.

그러나 세레나에 적용된 단일차선 자율주행기술은 약간 과장된 측면이 있어서, 오해나 과신하는 사용자가 있지 않을까 우려스러운 면도 있다. 이에 관해서는 별도의 기사로 리포트하겠지만, 닛산의 자율주행에 대한 생각은 명확하다. 이지마 부장은 2020년 무렵에 미국에서는 계속해서 자율주행 자동차가 시판될 것으로 내다보고 있다.

일본과 유럽은 UN기준에 의해 자동차와 사람의 기준이 규정되어 있다(WP29와 WP1). 더구나 자동조향에 관해서는 R79라고 하는 법률에 세세히 규정되어 있기 때문에 자동조향을 가능하게 하는 새로운 기준을 주시하면서 실용화해야 하지만, 미국은 UN기준에 가입하

지 않고 있어서 일본이나 유럽과는 다른 시나리오로 개발을 진행하고 있다.

그런데 일본 메이커는 미국 시장에서 많은 이익을 거두고 있기 때문에 UN기준을 예의 주시하면서도 미국의 규칙을 따르는 개발에 힘을 쏟고 있다. 이지마 부장은 개인 의견이라면서 「자율주행의 정의는 이동의 권리」라고 말한다. 스웨덴에서는 복지가 정의이고, 미국은 치안유지와 고령자의 이동을 담보하는 것이 정의이지만 최종적으로는 무인운전이 될 것으로 생각하고 있다.

이지마 부장은 예전에 「운전자의 책임은 0이나 100%이지, 시스템과 사람이 같이 책임을 지는 일은 생각하기 어렵다」라는 말을 한 적이 있었다.

자동차에 100%의 책임을 지게 하는 것은 분명 불가능해 보인다. 만약 그렇게 하려면 완벽한 기술과 관리교통, 인프라를 통한 어시스트 등이 필요하다. 토론 차원에서는 이야기할 수 있지만 이것을 실현하려면 사회자본을 정비하는데도 막대한 세금이 사용된다.

바꿔 말하면 세금을 투입하기 위해서는 국민의 이해가 필요한데, 자율주행이 레벨2~레벨3에서 제대로 달려서 세상과 사람을 위해 좋은 역할을 할지 어떨지, 그리고 그것을 사용자가 향유할 수 있을지 어떨지가 포인트가 될 것이다.

하지만 IT 선진국이면서 복지가 잘 되어 있는 스웨덴에서는 다를 것이다. 두 나라 모두 조기 자동화를 요구하는 국민의 요구가 있기는 하지만, 스웨덴은 복지국가이고 이동의 자유를 실현하기 위한 세금투입이 원활한 환경이다. 노면에 자기(磁氣) 레일을 깔고 관제센터를 설치해 「여기부터 여기까지는 자율주행이 가능!」하다고 판단할 수 있는 상황

G7 이세시마 서밋에서 자율주행기술 「프로파일럿」을 선보인(좌측 사진) 닛산은 생산한 완성차를 전용부두까지 무인견인 차량으로 운송하는 시스템 「인텔리전트 비클 토잉(Intelligent Vehicle Towing)」을 옷파마공장에 도입해 가동 중이다. 이것은 자율주행기능을 갖춘 EV를 베이스로 한 견인차와 트레일러로 구성되어 있어서, 한 번에 최대 3대의 완성차를 무인으로 운송할 수 있다. 선행 차량이나 사람과 접근했을 때는 자동으로 정지했다가 일정 이상 거리가 확보되었다고 판단하면 스스로 재출발한다. 견인 차량끼리 진행방향이 겹칠 때는 관제센터에서 우선순위를 결정하며, 그 외 긴급할 때는 시스템을 원격으로 정지할 수도 있다. 마찬가지로 견인 차량의 위치, 속도, 작동상황이나 배터리 잔량 등은 관제센터에서 모니터링한다.

⬆ **프로파일럿 의자**

프로파일럿 의자는 선행하는 의자를 인식해 일정한 거리를 유지하면서 이동하는 외에도, 지정된 경로에 맞춰 자동으로 정지 & 이동을 하는 기능도 들어가 있다. 즉 행렬을 자동으로 움직이는 의자이다. 가장 앞쪽 의자에 앉았던 사람이 일어나 가게로 들어가면 빈 의자는 자동으로 가장 뒤쪽으로 이동하고, 동시에 2번째 있던 의자는 바로 앞쪽으로 이동한다. 이것은 세레나에 탑재되어 있는 프로파일럿을 응용한 기술이다. 이런 의자가 있으면 줄 서서 기다리는데 점포에 활용해도 재미있을 것 같다.

을 만들고 싶어한다고 생각하고 있다.

앞서의 세레나는 단안 카메라만으로 차선을 인식한 다음 전동 파워 조향핸들을 작동시킨다. 간편한 센서가 아닐 수 있다. 소프트웨어는 이스라엘의 모빌아이 제품을 사용한다. 카메라로 얻은 화상을 어떻게 처리하느냐가 과제로서, 앞으로는 AI나 빅 데이터도 필요하게 될 것이다.

기술과 가격으로 서플라이어를 선택

닛산의 자율주행과 관련해 주요 장치를 제공하는 모빌아이는 최근에 유럽의 지도회사인 히어(HERE)와 제휴했다. 모빌아이에서는 획득한 생생한 레이어 데이터를 지도상에 지형물로 업데이트한다. 이렇게 수집된 막대한 데이터는 클라우드를 매개로 외부 데이터처리 센터로 보내지는데, 거기서 활약하는 것이 인텔이다. 「히어·모빌아이·인텔」이

라는 레이어 인식이 강한 팀이 만들어진 것이다.

이지마 부장은, 현재 상태는 모빌아이를 사용하고 있지만, 이때 최고의 기술을 싸게 제공하는 서플라이어로부터 구입하겠다는 열린 입장을 취하고 있다. 이지마 부장에게 일본의 협조영역은 어디에 있느냐고 물었더니, 교차로에서 우회전할 때는 인프라 협조가 반드시 있어야 한다고 한다. 맞은편 차선의 우회전 길에 대형 버스가 막고 있으면 전방이 전혀 보이지 않기 때문이다.

또한 일본 내에서는 DeNA와 닛산자동차의 협업이 시작되었다. 두 회사는 완전 자율주행을 지향하면서 로봇 택시 개발과 운용에 힘을 쏟고 있다. 완전이라고 하면 사람 없이 달리는 것인가 하고 생각하기 쉽지만, 자동차는 약간의 실수로도 사람의 생명을 빼앗을 수 있는 물건이다. 안전성이나 내구 신뢰성에는 세심한 주의를 기울여 대처할 필요가 있는 것이다. 물론 차량을 개발하는 것은 자동차 메이커이므로 그런 점에서는 안심이 되긴 하지만.

HONDA

시미즈 가즈오의 분석 : 혼다가 지향하는 목표와 수단

[뒤처진 것을 만회하기 위한 AI분야의 활동에 기대]

본문 : 시미즈 가즈오 사진 : 혼다

로봇 아시모나 항공기를 직접 개발하는 등, 최첨단 기업으로서의 이미지가 강하지만,
자율주행과 관련해서는 존재감이 미약한 혼다. AI기술의 충실과 진행에 해결책이 있다.

왜 자율주행에서는 존재감이 약할까

로봇이라고 하면 혼다의 아시모를 떠올리게 된다. 혼다는 항공기를
직접 개발하거나 로봇기술에도 정통한 최첨단 메이커이다. 하지만 자
율주행 세계에서는 그 존재감이 미약하다. 기술은 뛰어나지만, 현실
사회에 어떻게 자율주행을 적용해 나갈 계획인지, R&D 이외에는 설
득력과 설명이 부족한 것이 사실이다.

그런 혼다도 자율주행을 막연한 기대가 아니라 정말로 원하는 혼다
유저가 있다는 확신을 가진 것 같다. 사회적 수용성이나 운전자에게
또는 시스템에 책임을 묻는 문제는 혼다만의 어려움이 아니다. 그 점
은 다른 메이커와 협조하면서 진행하면 될 일이고, 혼다가 행동해야
할 것은 AI세계에서 기술을 선도해 나가는 일이다.
혼다는 구글의 별도 회사가 된 웨이모(Waymo)와의 제휴를 발표했
다. 일본 내에서는 로봇기술 등과 관련된 노하우를 살려 혁신적인 기

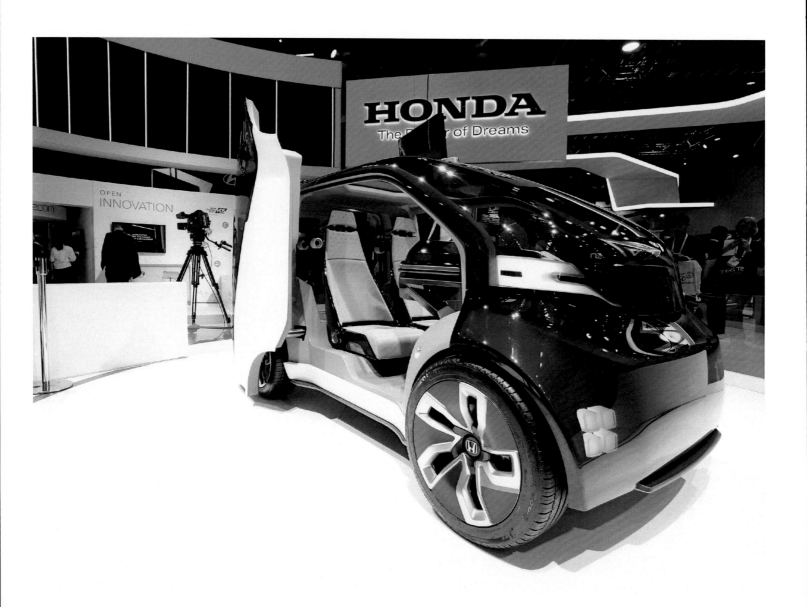

🔼 AI기술, 감정엔진을 탑재한 NeuV

NeuV는 자율주행기능 외에 AI기술을 통한 감정엔진을 탑재한 EV 코뮤터 콘셉트카이다. 운전자의 감정이나 목소리 상태로 스트레스 상황을 판단해 안전운전을 지원할 뿐만 아니라, 생활습관이나 기호를 학습해 선택안을 제안하는 등, 운전자와의 자연스러운 소통을 실현한다고 한다. 소유자가 사용하지 않는 동안에는 소유자의 허가를 얻어 자율주행으로 이동한다. 승차 공유로 가능하다.

🔽 혼다 센싱의 진화판

고속도로에서의 자율주행 테스트 차량. 고속도로 입구나 출구의 안전한 경로 계산, 인터체인지에서 자동으로 빠져나가는 일 외에, 속도유지나 차선 유지, 차선변경 등을 자율적으로 실행한다. 혼다의 자율주행은 장거리 이동에 대한 부담을 줄이는데 초점을 맞추고 있어서, 먼저 고속도로부터 시작될 전망이다.

⊙ R&D센터 X를 개설

로봇기술이나 모빌리티 시스템 등 자율적으로 작동
하는 기계나 시스템을 연구개발하는 R&D센터 X
는 AI를 기반기술로 자리매김한, 독특한 접근방식
의 조직이다. 어드바이저로 인공지능 관련 제1인자
인 스탠포드대학 명예교수이기도 한 에드워드 파이
겐바움 박사와, 일본의 기업재생·신규사업창출에
서 실적이 있는 주식회사 경영공창기반의 도야마
가즈히코 대표이사 CEO가 참여하고 있다.

술이나 서비스를 제공하는 「R&D센터 X(엑스)」를 도쿄 아카자카에
있는 「혼다 이노베이션 랩 도쿄」내에 두기로 했다. AI는 자율주행분
만 아니라 생산부터 설계, 조달, 품질관리까지 여러 방면에 걸쳐 이
용이 가능하다.

AI를 어떻게 사용할지에 대한 기초연구도 시작했다. 혼다기술연구소
의 마츠모토 사장은 2륜이나 4륜사업과는 별도로 자유롭게 연구하
고, 다양한 벤처나 아카데미와도 제휴할 수 있는 유연성을 갖게 할 계
획임을 내비쳤다.

그야말로 오픈 랩이다. 지금까지 뒤처진 것을 만회하기 위해서 17년
도부터 혼다는 이 분야에서도 정력적으로 움직이고 있다. 미국의 보
스턴대학과 AI에 대한 공동연구를 시작한 한편, 여기서는 보안 연구
도 집중시킬 계획이다.

AI에서는 어디와 제휴할지가 중요

한편 피트에서 시작된 혼다의 하이브리드 전략은 하드웨어와 소프트
웨어가 조화되지 않아 몇 번이나 리콜을 하게 되었다. 전동화와 전자
두뇌화는 컴퓨터가 자동차 대부분의 기능을 지배한다. 그러기 위해서
는 소프트웨어가 중요한데, 혼다에는 수족같이 움직일 수 있는, 예를
들면 도요타에게 있어서의 덴소 같은 지원군이 없다.

예전 2002년에 혼다는 NEC와 손잡고 합병회사를 설립한 적이 있는
데, 이 합병회사는 제대로 굴러가지 못했다. 그 이후 전자제어와 관련
해 구체적인 전략을 갖지 못한 트라우마가 있었을 것이다. 1모터짜리
하이브리드를 제어하는데 버그가 있어도 바로 고칠 수 없었던 문제가

실제로 일어났다. 자율주행에서는 더 많은 데이터를 다루기 때문에
전자제어 분야를 강화하는 일은 중요한 과제였다. 특히 이쪽 분야에
AI 지식이 없으면 전문적인 서플라이어도 제대로 활용하지 못 한다.

현재의 자율주행기술 개발은 레전드가 가장 진화된 레벨2를 실용한
상태로서, 카메라로 제한속도를 HUD(Head Up Display)에 비추거
나 운전자 시선에서 시스템을 구축하였다는 것을 알 수 있다. 또한
SH-AWD를 갖춘 레전드를 운전해 보고는, 자동으로 차선을 안내하
는 자동 조향은 베이스가 되는 섀시 성능의 완성도가 정말로 중요하
다고 생각했다. 운전지원에 불과하기는 하지만, 시스템이 조향핸들을
조작하는 순간에는 부드러운 조향 조작이 필요할 뿐만 아니라 섀시
성능(하드웨어)의 깊은 맛도 요구된다.

레전드가 실제 도로를 끝까지 달려 AI를 단련할 수 있다면 세계의 톱
수준에서 경쟁하는 존재가 될지도 모른다. 예전 혼다 소이치로는 살
아생전에 「F1은 달리는 실험실」이라는 명언을 남기기도 했지만, 현
장·현물을 우선시하는 혼다에게 있어서 중요한 것은 정밀한 시뮬레
이션과 실제 차량의 테스트가 아닐까.

메르세데스 벤츠는 이미 실차를 사용한 인도어 시뮬레이터를 완성했
다. 물론 실제 세계에서 어떤 일이 일어날지를 상정해 확인하고 검증
하는 일도 중요하기는 하지만, 컴퓨터가 운전에 관여하는 순간에는,
나는 문제집이 많으면 많을수록 좋다고 생각한다. 시뮬레이터도 충분
한 도움을 준다. 만약 앞으로의 개발진이 창업자 소이치로를 떠올리
고 존경한다면, 혼다가 해야 할 일은 시뮬레이션의 확립과 동시에 실
제 세계에서 마지막까지 달리는 일이 아닐까.

시미즈 가즈오의 분석 : 독일이 지향하는 목표와 수단

[협조영역과 경쟁영역을 명확히 구분하는 강점]

본문 : 시미즈 가즈오 사진 : 다이믈러

디지털 맵이나 센서 등의 자국 내 분야에서는 협조하면서도 브랜드의 개성을 표현하는 독일 메이커.
그 바탕에는 자율주행을 통한 안전한 자동차 사회의 구축이 있다.

디지털 맵에서 메이커가 협조

현재 독일에서는 「제4의 산업혁명」이 진행 중이다. 자동차 메이커 공장에서는 이미 디지털화가 진행 중으로, 지금까지의 제조방법을 근본적으로 바꾸어 고품질에 가격까지 낮출 수 있게 되었다. 이 프로젝트를 「인더스트리 4.0」이라고 한다. 열쇠를 쥐고 있는 것은 철저한 「산학연대」로서, 독일 정부도 이 메가 프로젝트를 지원하고 있다.

자율주행은 자동차의 지능화를 의미하지만 인더스트리 4.0은 생산공장과 설계의 지능화를 의미한다. AI나 빅 데이터를 활용해 설계·조달·제조까지 일괄적으로 업무를 일원화할 수 있다. 일본에서도 모빌리티 2.0이나 소사이어티 5.0 등 슬로건 풍의 아이디어를 내세우

고 있지만, 독일의 인더스트리 4.0은 그야말로 실천적이고 이미 실용화되고 있다.

자율주행에서 우려스러운 점은 독일 메이커가 어디까지 서로 협력해 연구개발에 나서느냐는 점이다. 독일에서는 산학연대가 매우 강하기 때문에 독일 메이커끼리도 서로의 사정을 너무 잘 알고 있다. 여기서 주목할 것은 어떤 영역에서 경쟁하느냐는 것이다. 독일 메이커의 엔지니어에게 물어보면, 자동화 기술은 비슷하게 나갈 것이라는 대답이 돌아온다. 특히 안전에 관한 부분은 자동차 메이커의 공통된 바램이기도 하기 때문이다. 독일 메이커는 특히 그런 생각이 강하다.

이런 생각이 있는 한편으로, 일본과 마찬가지로 독일도 EU규칙을 따라야 하므로 보안기준(안전성과 관련된 영역)을 자국에서만 실행할 수는 없다.

그런 와중에 가장 명확하게 메이커 간 협조를 알린 것이 유럽을 축으로 한 지도 메이커 히어(HERE)를 노키아로부터 독일 메이커가 공동으로 매수한 일이다. 16년도까지 메르세데스의 기술부문 톱이었던 웨버 박사는 「가까운 장래에는 디지털 맵이 있으면 안전한 장소까지 자동으로 유도할 수 있을 것」이라고 말한 바 있다. 상하이 모터쇼에서 발표한 2018년식 S클래스는 고도의 레벨2 자율주행이 적용되었는데, 히어의 지도를 사용해 자동적으로 속도를 조정하는 기능이 실용화되기도 했다.

물론 자동차선변경 기능이나 자동브레이크도 진화하고 있지만, 현재 상태에서는 「세련된 레벨2」정도라 굳이 「자율주행」이라는 말은 사용하지 않았다. 자율주행 기술을 향상시키는 것은 운전자에게 있어서 편리할 뿐만 아니라 자동차 사회 자체를 더욱 좋게 할 수 있다. 독일 메이커의 엔지니어들은 이구동성으로 「자율주행 시대에 자사 브랜드의 개성을 어떻게 살려야 할까」를 말하면서, 이점이 경쟁이라고 생각하고 있다.

메이커가 개성을 끌어내는 일에 부심하는 한편으로, 독일 서플라이어들도 자율주행에 큰 투자를 하고 있다. 독일의 특징은 콘티넨탈이나 ZF, 보쉬 등과 같은 거대 서플라이어가 자율주행 기술을 시스템화하고 있다는 점이다. 일본처럼 단품으로 따로따로 파는 것이 아니라 시스템으로 구축하고 있다는 점이 독일의 강점이라 할 수 있다.

⬆ **디지털 맵 회사인 히어(HERE)를 3사 합동으로 매수**

아우디, BMW 그리고 다이믈러는 노키아 산하에 있던 지도 메이커 히어를 매수. 자동차 메이커 3사의 합동이라는 드문 경우이지만 관계 당국의 승인을 모두 얻었기 때문에, 3사는 자율주행 자동차 개발에 탄력을 받는다. 말할 필요도 없이 지도정확도나 신뢰성은 자율주행에 대한 안전성이나 품질을 좌우한다. 아우디 이사회의 루퍼트 슈타들러 회장은 「세계적으로 6,500명을 보유한 히어가 가장 뛰어난 디지털 지도 서비스라고 생각한다. 히어가 더욱 뛰어난 가치를 창조해 계속해서 업계를 리드해 나갈 것」이라며 매수성과를 강조했다.

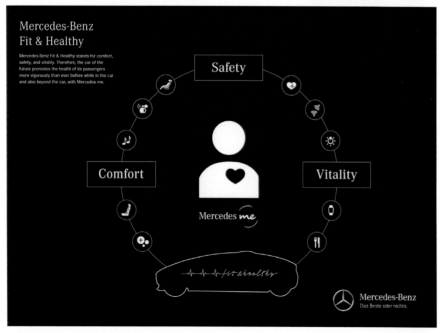

자율주행에 대한 부가가치 중에 하나로, 자동차가 운전자를 모니터링한다는 점을 들 수 있다. 자동차가 운전자의 피로나 건강상태를 체크·관리하면서 만약의 경우에는 통신으로 긴급 호출을 발신할 수도 있다. 쾌적성이나 안전성뿐만 아니라 이런 운전자 지원도 미래의 테크놀로지가 실현하게 된다.

시미즈 가즈오의 분석 : 영국이 지향하는 목표와 수단

UK OEM

[관학이 중심이 되어 시스템과 제도를 구축]

본문 : 시미즈 가즈오 사진 : GM / FCA

브랜드가 남아 있기는 하지만 사실 예전의 영국 메이커는 모두 외국자본 산하로 들어갔다.
하지만 보험제도와 자율주행 자동차의 책임 법제화는 자동차 메이커의 안색을 살피지 않아도 되는 영국이 앞서 나갈 기세이다.

자동차 메이커에 구애받지 않는 환경

전 세계 자동차산업으로부터 떨어져 존재감이 엷어진 영국의 자동차산업. 영국병에 걸린 이후 자국의 자동차산업이 쇠퇴하면서 결국 민족자본 메이커는 남아나질 않았다. 미니와 로이스는 BMW 그룹으로, 벤틀리는 VW 그룹으로, 랜드로버와 재규어는 합쳐져서 인도의 타타 그룹으로 들어갔다.

그런데 최근에 영국이 부활할 수 있는 마지막 기회가 찾아왔다. 파워트레인이 전동화되고, 나아가 자율주행이나 커넥트(연결)가 시대의 흐름으로 자리 잡고 있기 때문이다. 자동차가 소유에서 이용으로 바뀌는 등, 산업혁명에 버금갈 만큼의 변화가 밀려오는 중이다. 이 변화의 파도를 잘 타고넘으면 영국은 새롭게 부활할 수 있을지 모른다.

영국은 이미 EU탈퇴(브렉시트)라고 하는 소용돌이에 빠져 있지만, 거대한 자동차산업을 가진 독일이나 일본이 허둥지둥하는 사이에 미래를 내다본 혁신으로 나라를 부흥시키려고 하는 것 같다.

영국의 전략은 하드웨어에서는 독일이나 일본의 상대가 안 되기 때문에, 예를 들면 자율주행과 관련해 새로운 법을 제정하려고 연구하는 팀이 있는 등, 소프트웨어에 초점을 맞추고 있다. 각국의 법률가가 「AI에 책임을 둬야 하나」라는 문제로 고민하는 동안, 「자율주행 법률」정비에 나섰다. 영국에서는 2016년 5월에 여왕이 「교통사회가 더 안전하게 진화하도록」하라고 연설한 바 있다. 국가와 사회 전체에서 자율주행을 촉진한다는 국가방침을 정하고 있다.

CHANGE IN TERRAIN AHEAD

↑ 노면상황에 맞추는 자율주행

소프트웨어 분야에서 앞서 나가고 있는 영국에서, 랜드로버는 4륜 메이커라는 관점에서 독특한 자율주행기술을 개발 중이다. 그것이 모든 지형(All Terrain) 자율주행기술이다. 초음파센서가 차량 5m 앞이 잔디나 자갈, 모래, 눈길인지 여부를 식별하고, 전방에 요철이나 물웅덩이를 감지하면 자동으로 감속한다. 모든 지형이나 노면 상황에 대응하여 거기에 적합한 자율주행이 이루어진다. A지점부터 B지점까지 안전하게 주행할 뿐만 아니라, 노면 상황까지 인식해 주행 프로그램을 활용한 주행을 실현할 수 있다.

100년 이상 전인 가솔린 차량의 초기 보급단계부터 신속하게 자동차 보험을 제도화한 영국은, 어쩌면 자율주행시대의 도래를 마치 가솔린 자동차 보급시대를 맞은 것처럼 반갑게 생각하고 있는 것은 아닐까. 보험제도와 자율주행 자동차의 책임 법제화는 영국이 앞서 있는 것 같다. 현재 추진 중인 국가사업으로서 영국정부의 혁신진흥부처에서는 자율주행이나 전기자동차에 관해 정부차원의 지원을 하고 있다. 또한 유로NCAP을 실시하는 TRL(교통연구소)에서는 자율주행의 사회적 실험(GATEway)을 그리니치 중심으로 추진하고 있다.

현재의 영국은 기본적으로 자동차 메이커가 전부 외국자본이기 때문에 정부와 연구기관, 대학이 중심이 되어 자율주행 시스템 구축이나 제도·사회적 수용성을 연구하고 있다. 그렇다면 이기적인 자동차 메이커의 상황에 구애받지 않는다는 의미에서 독일·일본·미국보다도 선진적인 자율주행 분야에서의 사회실험을 추진할 수 있을 것 같다.

커넥티드 기술도 실증실험 중

재규어·랜드로버는 포드와 타타 모터스와 공동으로 최신 커넥티드 자율주행 차량(CAV : Connected and Autonomous Vehicle)을 개발 중이다. 차량 간 및 차량과 신호기를 비롯해 도로 인프라와의 통신을 가능하게 하는 커넥티드 기술을 테스트한다. 이것은 영국 최초의 테스트이다.

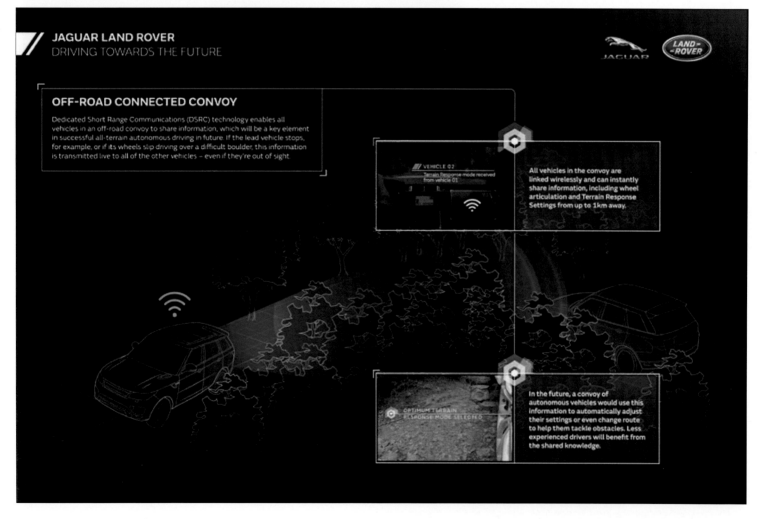

USA OEM

시미즈 가즈오의 분석

새로운 얼굴이 새로운 바람을 일으키는 미국의 개발경쟁]

본문 : 시미즈 가즈오 사진 : 도요타

자동차와 관련해서는 결국 디트로이트 vs 실리콘밸리라는 구도를 상상하게 되지만, 사물의 진화는 그렇게 단순하지 않다.
자동차와 하이테크 산업에 강하고, 독자적인 법 제도가 자율주행을 가속시키고 있다.

🔺 **웨이모의 자율주행 프로그램을 탑재**

FCA는 웨이모의 자율주행 프로그램을 탑재한 하이브리드 미니밴인 크라이슬러 퍼시피로 실증실험을 하고 있다. 2016년에는 100대 만으로 테스트가 이루어졌지만, 17년도에는 500대를 추가해 총 600대의 테스트 차량으로 테스트를 실시해, 양사의 높은 기대를 엿볼 수 있다.

독자적인 법 제도를 바탕으로 빠르게 실용화

앞서 칼럼에서도 밝혔지만, GM은 1939년도 박람회에서 미래의 모빌리티사회를 제안했다. 도로와 교차로, 사람들이 조화롭게 어우러지는 미래상을 제시한 것으로, 그 비전대로 전후(戰後) 사회는 GM의 비전이 실현되는 과정이었다. 아직 유일하게 달성되지 않은 것이 자율주행이다.

광대한 토지를 이동하려면 자동차와 항공기가 매우 편리하기는 하지만, 미국에서는 고령자의 이동확보를 중시하기 때문에 완벽한 자율주행까지는 아니더라도 않더라도 빠르고 안락하게 이동할 수 있는 요구는 충분하다.

자율주행에 관해서는 동부의 디트로이트를 중심으로 하는 자동차 메

GM은 자율주행 자동차의 라이드 쉐어링(합승) 서비스의 실현과 보급을 목표로, 리프트(Lyft)사에 4억 달러를 투자하기로 결정했다. 이 전략적 제휴는 온디맨드 자율주행 자동차의 통합 네크워크를 구축하기 위한 것이다. 사진은 리프트사 공동창업자인 존 짐머(우)와 로건 그린(좌), GM의 댄 아만(중앙).

이커들과 이에 맞서 서부 실리콘밸리를 중심으로 활약하는 IT기업 양강 구도가 형성되었다. 상징적으로만 말하면「 GM vs 구글」이 되지만, 실상은 그렇게 간단하지 않다. 구글은「웨이모(Waymo)」라는 사업회사를 독립시켜 자동차 메이커와의 협업을 시작했다. 하드웨어와 관련해서는 오랜 노하우를 가진 자동차 메이커라도, AI나 컴퓨터 칩 기술은 아웃소싱을 하는 편이 빠르고 좋은 것을 만들 수 있다고 판단하고 있다. 그런 의미에서 미국에서는 서플라이어와 자동차 메이커가 수평통합을 시작하고 있다.

미국에서는 FCA(Fiat Chrysler Automobiles)가 미니밴 퍼시피 차량으로 구글의 웨이모를 탑재해 자율주행에 대한 실증실험을 진행 중이다. 당시까지 구글은 무인 로봇택시의 개발을 염두에 두고 있다가, 자율주행 부문을 본사로부터 분리하고는 자동차 메이커와의 협업을 통해 자율주행을 실현하겠다는 전략으로 전환한 것이다.

구글은 더 나아가 혼다와도 기술적인 협업을 진행 중이다. 구글의 노선변경은 기존 자동차산업에 큰 영향을 주고 있다. 미국에서 자율주행에 대한 요구는 높은 편이어서, 2020년까지 그런 시장의 목소리에 응답하지 못한다면 미국시장에서는 판매에도 영향을 끼치기 때문에 자동차 메이커도 적극적으로 나서고 있다.

또 하나의 흐름은 합승과 로봇택시이다. 합승에서 일약 세계적으로 유명해진 우버(UBER)는 동부 카네기 멜런 대학과 손잡고 미래의 보롯택시를 연구하고 있다. 구글은 웨이모가 독립하기는 했지만, 스탠퍼드 대학과 공동으로 로봇택시를 개발 중이다.

나아가 컴퓨터 칩 세계에서는 그래픽 분야가 전문인 엔비디아(NVIDIA)사가 도요타와 제휴하고 있다. 엔비디아의 칩은 차량탑재용이다. 카메라 인식에서는 고속 대용량의 레이어 처리기술이 수반되어야 하므로, 도요타는 엔비디아의 칩이 사용하기 쉽다고 판단했을 것이다. 한편 인텔은 클라우드 쪽에 위치하는 심층학습에서 사용하는, 초(超)고속 팁 세계를 지배하려 하고 있다. 같은 CPU라도 각각 역할이 다르기 때문에 어떤 칩 메이커가 자율주행 분야의 기술표준을 갖느냐는 예상이나, 그런 시점에서 생각하는 것은 올바르지 않을 것이다.

어떤 식이든 미국시장은 독자적인 법 제도(자기인증제도)를 갖고 있어서, 2020년 무렵의 실용화 단계에서는 주도권을 잡을 것으로 예상된다.

가나자와대학이 연구 중인, 자율주행을 사용한 인구과소지역에서의 공공교통기관 확보 대처방법

지향점은 레벨4의 노선버스

인가와 떨어진 노토(能登)반도 끝에 이시카와현 스즈시(珠州市)라는 마을이 있다.

이미 고령자 비율이 46%를 넘는 인구과소지역으로 변해가고 있다.

여기서는 일본에서 가장 진화된 자율주행 실험차가 마을을 달린다.

자율주행 기술을 자신들의 이용수단으로 개발해 온 것은 가나자와대학의 스가누마 나오키 교수이다

(신학술창조 연구기구 미래사회창조 코어 자율주행 유닛 리더).

나리타에서 1시간이 조금 안 되는 비행으로 와지마(輪島)시에 있는 노토공항에 도착할 수 있지만,

거기서부터 스즈시까지의 교통편은 매우 드물다.

고령화로 인해 버스 운전사가 없는 것이 원인이다.

라스트 원 마일의 이동수단에 황색 신호가 켜진 것이다. 자율주행이 인구과소지 이동수단의 구세주가 될 수 있을까.

인터뷰 : 시미즈 가즈오

시미즈 가즈오(이하 시미즈) : 스즈시에 거점을 두고 연구를 하게 된 경위를 알려 주시겠습니까?

스가누마 나오키(이하 스가누마) : 네, 1998년에 자율주행에 대한 연구를 시작했습니다. 불과 10년 전만 해도 자율주행이 사회에 왜 필요한가를 이해받지 못해 비판을 많이 받던 연구였습니다. 그래서 필요성을 쉽게 이해할 수 있는 곳이, 인구밀도가 낮아 고령자에게 도움을 줄 수 있는 곳이라고 생각해 여기서 연구를 시작했던 겁니다. 스즈시는 고령자 비율이 46%를 넘었습니다. 공공교통이 거의 없는 상태이죠. 철도는 10년도 전에 없어졌고, 버스나 택시도 부족한 상황입니다. 일본 지방도시의 20~30년 후 모습과 같은 마을이라 할 수 있죠. 주민들뿐만 아니라 시내 직원들도 위기감을 느끼고 있습니다. 예를 들면 지자체가 노선버스를 운행하려고 계획해 지역에서 운전사를 확보하려고 하면 고령 운전사를 재고용, 재재고용해야만 하는 상황인 겁니다. 스즈시와 양해각서를 맺고 2020년까지 여기서 연구를 하기로 했습니다.

← 스가누마 교수가 도로를 주행해 취득한 스즈시의 지도 데이터 일부. 차량은 기본적으로 노란선을 따라 주행하지만, 주위를 센싱하다가 장애물이 있으면 피하거나 정지하는 식으로 충돌을 피한다.

↑ 가나자와대학의 자율주행 유닛이 개발한 도요타 프리우스(ZVW30형) 베이스의 자율주행 자동차. 루프 캐리어에 장착된 것이 벨로다인사(社)의 라이다로서, 주위를 3차원으로 센싱한다. 부분적으로 잘려나간 범퍼에도 소형 라이다가 장착되어 있다. 이밖에 앞/뒤 범퍼 안에 총 9개의 밀리파 레이더가 들어가 있다. 실내에는 신호기 등을 인식하기 위한 카메라도 있다.

시미즈 : 구체적으로 스즈시에서 지향하는 것은 뭔가요?

스가누마 : 2020년 무렵을 목표로 자율주행 버스, 택시를 운행하겠다는 것으로 생각합니다. 다만 운전자 없이는 아닙니다. 과소지에서 버스와 택시 운전사를 확보하기는 어렵지만 건강한 노인분들은 많이 있습니다. 아직 일하고 싶어하는 노인분들이 자율주행 버스, 택시의 운행 요원으로써 탑승하면 좋을거라 생각합니다. 완전수동으로 운전하기는 어렵더라도 자율주행 자동차의 운행 요원으로 노인분들도 충분히 일하실 수 있을테니까요. 다음은 차량 메인터넌스 부문에 고용창출이 가능하지 않을까 생각합니다. 20년 정도까지는 훈련을 받은 운전자에게 자율주행 자동차의 탑승 요원으로서 타게 할 필요가 있겠지만, 그 이후는 지역의 노인분들을 탑승 요원으로서 고용하는 것이 이상적입니다. 그것이 가능할 정도로 완성도 높은 자율주행 기술을 구현해 낼 필요가 있다는 것이죠. 또한 여기에는 법 개정 등도 필요한데, 앞으로는 2종면허가 없어도 승무할 수 있도록 추진할 계획입니다. 자율주행이 과소지에 도움이 되도록 하고 싶습니다.

시미즈 : 긴급할 때는 고령 운전자가 정지 버튼을 누르면 되겠군요. 이런 것이 가능하려면 레벨4가 돼야 합니까?

스가누마 : 그렇습니다. 차량에는 레벨4 기능을 적용하려고 합니다. 레벨3 차량은 운전자가 갑자기 운전을 맡아야 하는 경우가 있으므로, 그래서는 고령 운전자에게 부담을 주게 되므로 기본적으로는 레벨4

의 완전 자율주행을 지향하고 있는 것이죠. 다만 실제 운용은 레벨3이 될지도 모릅니다. 왜냐면 도로의 긴급공사 등이 있을 수 있기 때문에 그런 경우는 공사장소 직전에서 정지하도록 하고, 거기서 공사현장을 부분적으로 수동운전으로 피하고 나서 다시 자율주행으로 돌아가는 식으로 하면 좋을 거라 생각합니다.

시미즈 : 센서는 완전히 자율형입니까?

스가누마 : 지도 데이터는 사용합니다. 다만 보시는 것처럼 정보로는 도로 폭과 중심이 반영된 정도의 매우 단순한 데이터로, 도로 옆의 지물정보 등은 들어가 있지 않습니다. 다이내믹 맵에 비하면 아주 단순한 것이죠. 3차원 점들 등을 정보로써 지도에 반영하는 것은 비현실적이기 때문에 하지 않을 생각입니다. 신호기 데이터는 들어가 있습니다. 그리고 제한속도 데이터도 들어가 있습니다. 밀리파 레이더와 라이다로 차선이나 주위 차량을 인지하면서 주행하게 되고요. 더불어 과거의 주행에서 얻은 정보와 현재 달리면서 인식하는 정보를 조회해가면서 주행하게 됩니다.

시미즈 : 시내의 지도 데이터 취득 진척상황은 어떻습니까?

스가누마 : 현재는 스즈시의 주요 도로 데이터를 다 취득한 상태라 주행하는데는 문제가 없습니다.

시미즈 : 과소지 도로 같은 경우는 흰선이 사라진 곳도 많을 것 같은데, 스즈시에서 연구개발하실 때 흰선을 다시 그리고 하지는 않았습

니까?

스가누마 : 아니요, 전혀 그런 작업은 하지 않았습니다. 통신을 포함해 인프라에 의존하는 일은 불가능하다고 전제하고 진행해 왔습니다. 왜냐면 과소지의 지자체에 인프라 투자를 요구하는 것은 재정적으로 어렵기 때문입니다. 인프라 투자가 안 되는 대신에 지도 데이터라는 소프트웨어 프로그램을 충실히 해야 한다는 생각입니다. 이번에 우리가 사용하는 간소한 지도 데이터 같은 경우는 스즈시의 전장 약 6km 정도는 몇 일만에 데이터를 취득할 수 있습니다.

시미즈 : 눈이 와서 흰선을 인식하지 못할 때는 어떻게 됩니까?

스가누마 : 현재 상태에서는 주행이 불가능합니다. 대책을 연구하고는 있는데, 한 가지 구체적인 아이디어는 있습니다. 다만 실용화 단계는 아니라 어디에도 공표하지는 않았죠. 같은 적설지라도 북해도 같은 경우는 운전자 머리 위로 도로 폭을 알 수 있는 표시가 확실하게 정비되어 있지만, 이 근처는 도로 옆에 장대가 있는 정도입니다. 그것도 구부러져 있거나 해서 사용하기가 어렵습니다.

시미즈 : 여기 올 때까지 레벨4는 아직 멀었다고 생각했는데, 실제로 시승해 보니까 충분히 가능하다는 생각이 들었습니다. 오늘 매우 귀중한 체험을 해 보았습니다. 감사합니다.

↑ 가나자와대학에서 자율주행 유닛의 리더로 활동하는 스가누마 나오키 교수(좌)와 시미즈 가즈오.

↑ 입력된 목적지를 향해 도로교통법을 지키면서 완전자율로 주행하는 프리우스. 운전석에 앉아 양손을 무릎 위에 놓고 주위나 모니터를 감시하는 스가누마 교수.

Illustration Feature
AUTONOMOUS DRIVING
TECHNOLOGY DETAILS
자율주행의 모든 것

CHAPTER 7

[Key Players：OEM, Mega Supplier, Startup]

자율주행의
키 – 플레이어들의 의도

자율주행을 실현하려면 폭넓은 분야의 기술을 집적해야 한다. 자동차 메이커가 커버할 수 없는 분야가 많아서, 거기에 사업기회를 찾으려는 키 플레이어(Key player)들의 의도가 꿈틀거린다.

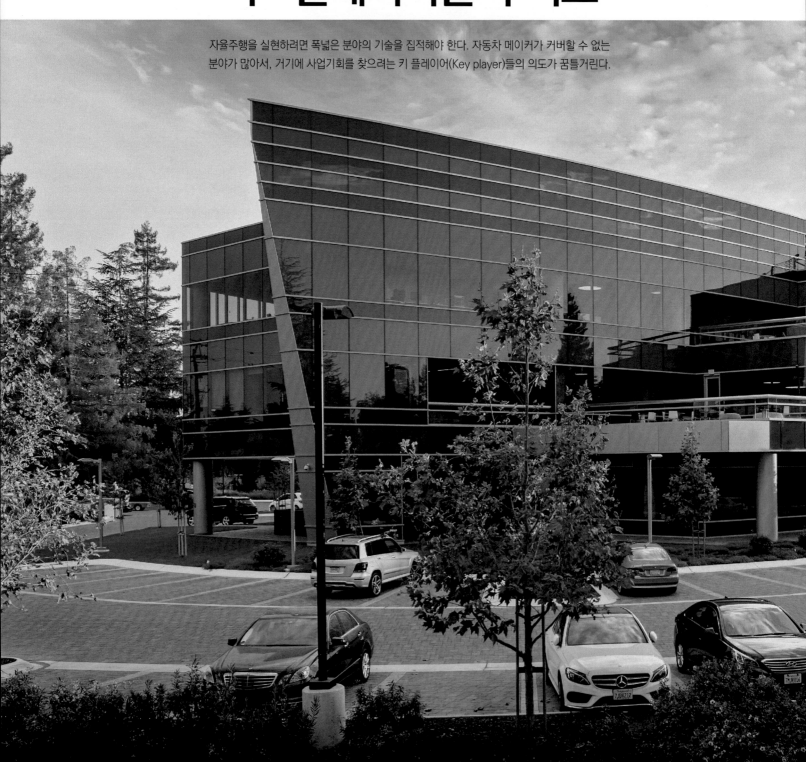

지금 실리콘밸리에서는 어떤 일이 일어나고 있는 것일까? 이 의문에 완벽하게 대답할 수 있는 사람은 결코 없을 것이다. 왜냐면 여기서는 매일같이 새로운 혁신이 일어나고 있기 때문이다. 더 말하면 그 변화의 속도가 너무 빠를 뿐만 아니라 플레이어 규모도 매우 다양하다. 그 중에 만에 하나 성공을 거두게 되면 대형 M&A의 표적이 된다거나, 페이스북처럼 플랫폼으로 대박을 치게 된다. 그래서 실리콘밸리에서 스타트업은 태어났다가 사라지는가 하면, 사라졌다가 태어나고 한다. 같은 사람이 어제와는 다른 경쟁사에서 근무하거나, 또는 혁신의 이야기를 하는 경우가 흔하게 일어난다.

이곳 실리콘밸리에 모이는 사람은 몇 종류의 인간이 있다. 먼저 스타트업이라고 하는 기업가들이다. "벤처기업"이라는 말도 쓰기는 하지만, VC(Venture Capital)로부터 투자를 받은 중소기업이라는 의미로 사용하는 경우가 많아서 실제 스타트업과는 약간의 의미 차이가 있다. 오해가 없도록 해설하자면, 「이노베이션을 통해 사람들의 삶이나 세계를 바꾸겠다」는 이념을 갖고 회사를 차리는 것이 스타트업이다. 바꿔 말하면 혁신과 변혁을 일으키는 것이 스타트업의 존재 의의라고 할 수 있다. 그래서 그들을 "파괴자(=Disrupter)"라고 하고, 기존의 기준에서 벗어나 새로운 가치나 제품, 사업모델을 만들어내는

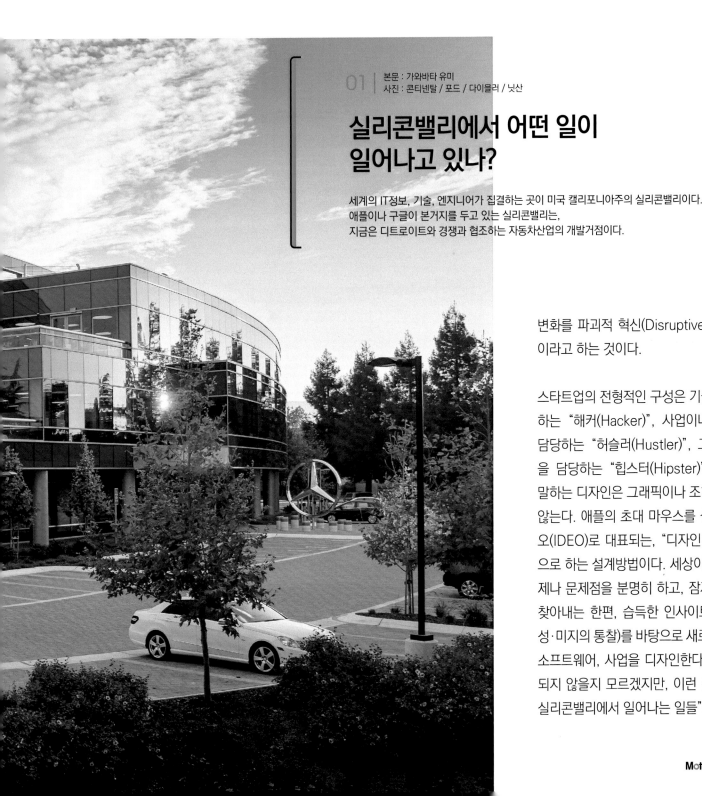

01 | 본문 : 가와바타 유미
사진 : 콘티넨탈 / 포드 / 다이믈러 / 닛산

실리콘밸리에서 어떤 일이 일어나고 있나?

세계의 IT정보, 기술, 엔지니어가 집결하는 곳이 미국 캘리포니아주의 실리콘밸리이다.
애플이나 구글이 본거지를 두고 있는 실리콘밸리는,
지금은 디트로이트와 경쟁과 협조하는 자동차산업의 개발거점이다.

변화를 파괴적 혁신(Disruptive Innovation)이라고 하는 것이다.

스타트업의 전형적인 구성은 기술개발을 담당하는 "해커(Hacker)", 사업이나 자금조달을 담당하는 "허슬러(Hustler)", 그리고 디자인을 담당하는 "힙스터(Hipster)"이다. 여기서 말하는 디자인은 그래픽이나 조형에 한정되지 않는다. 애플의 초대 마우스를 설계한 아이데오(IDEO)로 대표되는, "디자인 사고"를 바탕으로 하는 설계방법이다. 세상이 안고 있는 과제나 문제점을 분명히 하고, 잠재적인 욕구를 찾아내는 한편, 습득한 인사이트(=새로운 각성·미지의 통찰)를 바탕으로 새로운 하드웨어, 소프트웨어, 사업을 디자인한다. 바로 이해가 되지 않을지 모르겠지만, 이런 것들이 바로 "실리콘밸리에서 일어나는 일들"이다.

나아가 스타트업에서 상장기업으로 성장한 기업도 많다. 마운틴뷰에는 구글이나 바이두 같은 검색 엔진을 전문으로 하는 기업들이 자리하고 있다. 원래 주택가였던 쿠퍼티노에 애플이 본거지를 두면서 새롭게 다운타운이 개발될 정도로 발전 중이다. 애플과 아주 가까운 동네에는 게임용 CPU 메이커에서 AI 컴퓨팅 기업으로 변신한 엔비디아(NVIDIA)가 새로운 사옥을 짓고 있다. 전통적인 실리콘밸리 반도체 메이커인 인텔도 아주 가까운 위치에 본사가 있다.

잊어서는 안 될 것이 벤처 캐피털(VC)이다. 사실상 미국의 벤처 투자금 총액 60조 원 중에 반 정도가 실리콘밸리에 집중되어 있다. 투자에 있어서 높은 위험부담을 마다하지 않는 투자펀드로서, 대기업이 아닌 미상장기업에 자본을 투입하고 경영 컨설팅까지 돌보아 준다. 최근에는 대기업이 VC기능을 갖고서 사외 벤처기업에 투자하는 CVC(Corporate Venture Capital)가 늘고 있다. 대기업이 여기에 모이는 가장 큰 이유는 새로운 기술이나 아이디어가 탄생하는 장소이기 때문이다.

일례를 들면, GM은 2010년 단계에서 GM벤처스라고 하는 CVC를 만들어 폭넓은 분야에 투자해오고 있다. 현재 캐딜락에 탑재되고 있는 스마프폰의 비접촉식 충전장치는 CVC가 투자한 스타트업으로부터 제공받은 기술이다. 혼다도 일찍부터 CVC기능을 갖고 있었다. 사실 이 무렵부터 자동차 메이커에 의한 실리콘밸리 진출이 시작되었다.

여기에 일찍부터 거점을 마련한 것은 독일 메이커이다. 메르세데스 벤츠는 초창기부터 실리콘밸리에 거점을 마련해 자율주행이나 커넥티비티에 관한 연구개발을 진행해 왔다. 14년에는 서니베일에 300명 규모의 거대한 북미 R&D 센터를 개설했다. 다이믈러는 15년 2월에 주요 모델인 「E클래스」에 "세미 자율주행" 기능을 탑재해 판매하고 있다. 테슬라「모델S」와 똑같은 레벨2의 자율주행 기능이지만, 전 세계 거의 모든 나라에서 판매하는 자동차에 탑재했다는 것이 중요한 점이다.

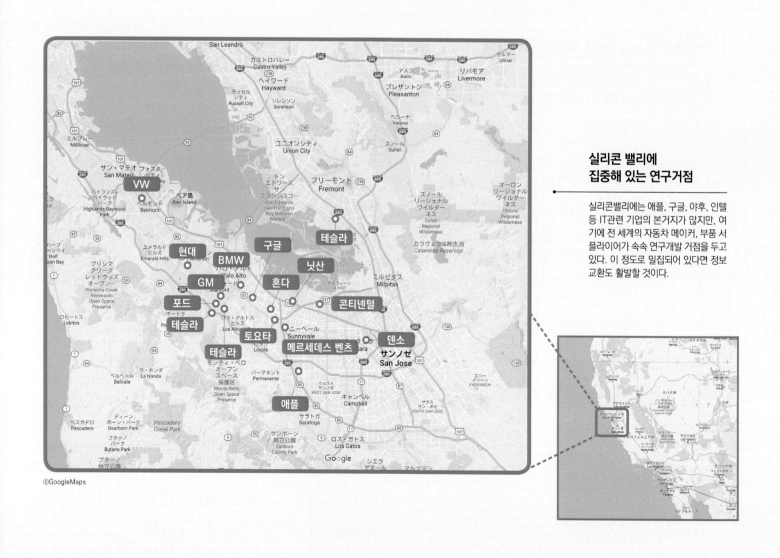

**실리콘 밸리에
집중해 있는 연구거점**

실리콘밸리에는 애플, 구글, 야후, 인텔 등 IT관련 기업의 본거지가 많지만, 여기에 전 세계의 자동차 메이커, 부품 서플라이어가 속속 연구개발 거점을 두고 있다. 이 정도로 밀집되어 있다면 정보 교환도 활발할 것이다.

FORD

팰로앨토에 있는 포드 리서치&이노베이션 센터. 이곳도 규모를 확장 중이다.
2021년에 완전 자율주행 자동차를 실용화하겠다고 선언했다.

실리콘밸리에 있는 자동차 메이커의 거점이라고 했을 때 결국은 자율주행에 초점이 맞춰지기 쉽지만, 사실은 커넥티비티에 대한 연구개발이 중요한 위치를 차지한다. 메르세데스 me 같은 포괄적인 인터넷 서비스도 이곳 서니베일에서 개발한 것이다. 그때 주역은 어디까지나 운전자로서, 자율주행이나 커넥티비티 같은 기능이 아니라 서비스를 선택하는 것은 어디까지나 고객이라고 생각했다. 예를 들면 운전을 즐기는 운전자라도 자율주행 기능이 있으면 통근이나 장거리 운전을 할 때는 사용하고 싶을 것이다. 만약 자율주행이 100% 안전하다고 어필하더라도 자동차를 신뢰하지 못하면 사용자는 그 기능을 사용하지 않는다. 외부에서 보았을 때 안전하게 생각되는지도 그 브랜드의 평판으로 돌아온다. 커넥티비티에 대해서도 같은 관점에서 운전자가 운전하는 중에 또는 자동으로 운전하는 중에도, 더 나아가서는 차에서 내린 뒤에도 끊김 없는 서비스를 제공하기 위해 메르세데스 me를 개발한 것이다.

메르세데스 벤츠의 북미 연구개발 센터에서 부사장을 맡고 있는 칼 모스는 다음과 같이 말한다. 「지금 현재 손에 쥘 수 있는 최선의 선택. 그것이 다임러가 지향하는 겁니다.」

폭스바겐 그룹도 연구개발 거점을 샌프란시스코에 두고 있다. 그룹 안에서도 아우디 브랜드는 자율주행을, 폭스바겐 브랜드는 자동주차를 담당한다. 아우디는 11년이라는 빠른 시기부터 엔비디아와 공동으로 개발한 자율주행 자동차를 발표해 화제를 모았다. 이것을 계기로 자율주행이 갑자기 주목을 받았다고 해도 과언이 아니다. 엔비디아는 원래 게임 분야에서 그래픽 보드를 제조하는 기업으로 많이 알려져 있었다. 상세한 것은 뒤에서 언급하겠지만, 엔비디아가 그래픽용으로 개발한 GPU는 병렬처리를 기본으로 하기 때문에 사실상 AI 개발에 적합했다. 그러다가 빠르게 AI 컴퓨팅 기업으로 변모했다. 현재 샌프란시스코에 거대한 신사옥을 마련했다.

서플라이어도 실리콘밸리에 거대한 투자를 하고 있다. 콘티넨탈은 17년도 4월에 산호세에 있던 R&D센터를 약 6,000m²로 확장한다고 발표한 바 있다. 약 300명을 증원할 예정이다. 투자액은 공개하지 않았지만 11년도에 개설할 때 20명에 불과했다는 점을 감안하면 급속한 추세로 투자가 이루어진 것이다.

자동차 부문에 힘을 쏟고 있는 파나소닉도 실리콘밸리에서 적극적으로 투자하고 있다. 테슬라에 투자한 것 외에, 테슬라의 CEO인 일론 머스크가 이끄는 기가 팩토리에도 거대한 자금을 투자했다. 17년도 3월에 스마트폰용 내비 어플로 인기를 끌던 스타트업, 드라이브모드

(Drivemode)가 시리즈 A라운드로 총액 650억 달러를 조달해 화제를 모았는데, 이 투자를 주도한 것이 파나소닉이었다.

현재 자율주행 분야에서 가장 앞서 있는 회사는 구글일 것이다. 구글로부터 독립한 웨이모에서 CEO를 맡고 있는 존 그라프칙은 「우리는 자동차를 만들고 싶은 것이 아니다. 자동차를 달리게 하고 싶은 것이다.」라고 한다. 실제로 구글은 시뮬레이션 상으로는 미국의 도로 전체 길이를 넘는 막대한 양의 주행 데이터를 축적하고 있다. 한편으로 피아트 500을 베이스로 한 자율주행 자동차를 일반도로에서 주행시키고 있는데, 그 목적은 시뮬레이션에서는 얻을 수 없는 생생한 도로의 주행 데이터 수집에 있다. 실리콘밸리에서 자동차를 운전하다 보면 구글은 물론이고 자동차 메이커나 서플라이어가 테스트하는 자율주행 자동차를 자주 볼 수 있다.

이곳 실리콘밸리에서는 자율주행이 언젠가 오는 미래가 아니다. 지금 여기에 있는 현실이다. 더불어 다가올 자율주행과 커넥티비티를 기반으로 한 모빌리티의 에코 시스템 속에서 어떻게 자신들의 사업을 접목하느냐가 중요한 포인트이다. 왜냐면 변혁기에 있는 지금이 미래의 열쇠를 쥐는 기업이 되느냐 마느냐에 있어서 중요한 것은, 기업 규모의 크기와는 관계가 없기 때문이다. 서플라이어가 기술을 갖고 대기업에 찾아가는 시대는 끝나고 있다. 때문에 실리콘밸리라고 하는 변화의 한 중심에 몸을 던져, 스스로 파괴적인 혁신을 주도하는 플레이어가 되는 것이 중요한 것이다.

NISSAN

2013년 2월에 오픈한 닛산의 연구거점, NRC-SV(Nissan Research Center Silicon Valley). 자율주행, 커넥티드 카 & 서비스, HMI가 개발영역이다.

CONTINENTAL

콘티넨탈이 실리콘밸리에 진출한 것은 2014년. 앞으로 엔지니어를 300명까지 늘려 개발을 추진한다.

02 | 본문 : 가와바타 유미

일본계 서플라이어의 전략은?

—— 비트밸리, 오다이바

전 세계적으로 개발경쟁이 치열해지고 있는 자율주행 기술.
일본 기업들도 팔짱만 끼고 있는 것은 아니다.
IT, AI, 커넥티드 같은 분야에서도 활발하게 움직이고 있다.

Hitachi Group | 2017년 CES에 히타치 그룹이 출품한, 스마트폰을 사용한 원격주차 시스템.
클라리온, 히타치 오토모티브 시스템즈가 각각의 기술을 연계해 개발했다.

10년도 채 되지 않은 기간에 AI 개발이 빠르게 진행되고, 이동 중 자동차에서도 안정된 통화품질을 확보할 수 있게 되면서 자율주행과 커넥티비티가 차량에 탑재될 날이 점점 다가오고 있다. 이 때문에 실리콘밸리로 대표되는 IT산업에서 일어나는 일이 자동차 세계에 강력한 영향을 끼치고 있다.

이런 움직임에 대처하기 위해 일본 기업도 IT나 AI에 관한 연구개발에 적극적으로 나서고 있다. 일본계 메가 서플라이어 중에서도 덴소는 일찍부터 AI 컴퓨팅 연구개발을 진행해 왔다. 그룹의 AI 연구거점으로 시부야에 약 30명의 사원 대부분이 연구자로 구성된 IT랩을 개설한다. 왜 시부야인가 하면 1990년대 후반에 "비트·밸리"(「쓴=Bitter」와 「컴퓨터의 기본단위=bit」+「계곡=Valley」를 조합한 조어)라고 불리던 시절부터 이 주변으로 스타트업이 집중적으로 들어서면서 정보나 인재가 풍부한 장점이 있었기 때문이다. AI 중에서도 화상인식에 빼놓을 수 없는 머신러닝(기계학습)과 심층학습(딥러닝) 연구개발에 주력하게 되는데, 안심·안전으로 이어지는 기술개발에 응용하겠다는 계획이 깔려 있었다.

Denso

덴소가 도쿄 시부야(비트 밸리)에 개설한 덴소 IT랩. IT에 관한 최첨단 정보나 인재가 모여 있는 지역인만큼, 입지를 최대한 활용하기 위해서 오픈 커뮤니케이션을 중시하고 있다.

AI는 전지와 같은 것이어서, 이것을 탑재하는 기기에 따라 눈부신 시계가 되는가 하면 스피커도 된다. 덴소에서는 당연히 AI를 자동차에 적용할 경우 어떤 응용이 가능할지에 중점을 두고 있다. 주요 연구분야는 「레이어 인식」, 「자연언어처리」, 「인지화학·유저 인터페이스」, 「신호처리·제어처리·시계열 해석」이지만 이렇게 나열만 해서는 잘 이해가 안 갈지도 모른다. 기계 측면에서 크게 구분하자면, 운전자의 의도를 이해하는 「의도추정」, 자동차 주위의 환경을 파악하는 「주변상황 인식」, 이것들을 통합해 운전자의 피로나 정체예측 등을 하는 「정보해석·생성」, 이들 최신 테크놀로지를 누구나 쉽게 사용할 수 있도록 설계하는 「유저 인터페이스」로 나누어진다.

더 나아가 덴소는 AI와 로보틱스 연구분야에서 제1인자인 카네기 멜런 대학의 가나데 다케오 교수와 기술고문 협약을 맺었다. 미국 대륙횡단 자율주행 자동차 개발, 전미(全美)가 주목하는 아메리칸 풋볼 결승전인 「슈퍼볼」의 재연 영상 「아이 비전(Eye Vision)」개발 등, 폭넓은 분야에서 실적을 쌓은 인물이다. 덴소의 AI연구를 주도한다기보다 감정하는 위치에서 연구의 폭을 넓히는 역할을 한다. 덴소와 마찬가지로 도요타 그룹에 속하는 아이신정밀기기는 17년 4월에 첨단기술개발 및 정보수집과 섭외 활동을 위한 거점 차원에서 다이바(台場) 개발센터를 열었다. 원래 반도체의 요소기술에 방점을 둔 연구개발거점이 도쿄도 내에 있었지만, 다이바 개발센터로 이전한 것을 계기로 AI를 기반기술로 인식해 「제로 이미션」, 「자율주행」, 「커넥티드」 같은 차세대 개발에 활용하기로 계획한다. 더불어 공장이나 간접부문의 운용개혁으로 이어지는 AI 등도 개발할 방침이다. 처음에 약 50명으로 시작했지만 앞으로 100명으로 확장할 예정이다.

독립계열 서플라이어에서는 히다치가 히다치제작소, 히다치 오토모티브 시스템즈, 클라리온 같은 그룹차원에서 대형을 갖춰 자율주행기술 개발에 적극적인 움직임을 보이고 있다. 16년도에 홋카이도의 테스트 코스에서 자율주행 데모주행을 했던 일 외에, JARI에 있는 모의 시가지에서는 실증실험을 실시했다. 이보다 앞서서는 미국 미시간대학과의 프로젝트에도 참가하고 있다. 커넥티비티나 자율주행의 실증을 위한 산학연대 추진을 목적으로, 미시간대학 중심의 「M시티」프로젝트에서 시가지를 상정한 주행실험을 시작한 것이다. 히다치제작소가 센터나 클라우드를 중심으로 한 인프라에 해당하는 외부 시스템을 담당하고, 히다치 오토모티브 시스템즈가 차량탑재 쪽 시스템이나 소프트웨어를 담당한다. 거기에 클라리온이 무선통신이나 인포테인먼트 시스템을 축으로 한 HMI를 담당한다. 더불어 커넥티비티가 실용화될 시대의 보안까지 담보할 수 있다. 기존에 조직별로 쪼개져 있었던 기술을 그룹 내에서 전문분야를 균형적으로 통합해 새로운 혁신으로 이어나갈 방침이다.

자동차 분야에 힘을 쏟겠다고 선언한 파나소닉은 AI 개발에도 도전하고 있다. 17년 4월, AI연구자를 현재의 100명에서 1,000명 규모로 증원하겠다고 발표. 자율주행 기능에 있어서 기계학습이나 심층학습이 필요하다고 예측하고는, 2021년까지 「사용할 때마다 운전이 능숙해지는 시스템」을 개발하겠다고 한다. IBM의 AI 개발을 담당하는 왓슨(Watson)과 제휴해 인포테인먼트 시스템의 예견에 AI를 활용함으로써, 개인에게 최적화된 차량탑재 인포테인먼트나 서비스 제공에도 AI를 활용하겠다는 방침이다.

실제로 새로운 테크놀로지가 보급되는 속도가 빨라지고 있는 것은 사실이다. 1억 명이 전화를 사용하기에 이르기까지는 70년 이상의 시간이 필요했지만, 페이스북은 4년, 인스타그램은 1년, 포켓몬GO는 1주일 만에 1억 명의 사용자를 모았다. 20년 단계에서는 본업에 대한 투자 대비 혁신에 대한 투자가 7배가 필요할 것이라는 예측마저 있을 정도이다. 테크놀로지의 보급속도가 빨라서 혁신이 일어나고 있다. AI 연구개발을 기반으로 한 자동차 응용이 진행되면서 자율주행이나 커넥티비티 분야가 가속화될 것은 분명하다. 때문에 일본계 서플라이어도 무관심하게는 있을 수 없다. 그 정도가 아니라 빠른 추세로 혁신을 일으킬 체제를 갖추고 인재를 확보하는데 힘쓰고 있다.

Aisin Seiki | 17년도 4월에 아이신정밀기기가 개설한 「다이바 개발센터」는 인공지능의 기반기술을 개발하는 거점이다. 인공지능을 통한 알고리즘 개발과 그것을 실현하는 하드웨어 개발에 주력할 방침이다.

물과 몇 년 전까지만 해도 「엔비디아(NVIDIA)」라는 회사이름에서 떠올랐던 것은 지포스(GeForce)로 대표되는 게임용 그래픽보드 세계였다. 그런데 얼마 전에 도요타와 제휴를 맺으면서 일약 자율주행에 관한 AI를 개발하는데 있어서 빼놓을 수 없는 기업으로 널리 알려졌다.

애초에 엔비디아가 AI개발자 사이에서 널리 알려지게 된 것은 2012년에 구글이 고양이 화상을 인식하는 심층학습을 발표한 이후이다.

이때 구글은 2,000개나 되는 CPU를 사용해 신경 회로망(Neural Network)을 구성했지만 스탠포드대학의 앤드류 엔씨는 같은 실험을 불과 12개의 엔비디아 제품 GPU로 재현했던 것이다. 이 일을 계기로 AI개발자에게 GPU는 빼놓을 수 없는 것이 되었다.

사실 AI 연구에는 많은 컴퓨터가 필요할 뿐만 아니라 아무리 해도 넘을 수 없는 과제가 있어서, AI 연구자들은 오랫동안 보이지 않는 터널 안을 달리는 기분이었다. 1947년에 영국의 수학자이자 논리

03 | 본문 : 가와바타 유미

엔비디아에서 보는 자율주행

단순한 게임용 그래픽보드 메이커로 여겨졌던 엔비디아.
그것이 지금 모빌아이처럼 자율주행 분야에서 주목받는 기업으로 바뀌고 있다.
왜 엔비디아를 주목하는가?
주목받을 만한 소질은 어디에 있을까?

CTCJapna 2016에서 발표 중인 젠슨 황. 1993년에 엔비디아를 공동설립한 이래, 사장과 CEO, 임원을 맡아 왔다. 오레곤 주립대에서 전기공학 학사를, 스탠포드대학에서 전기공학 석사를 취득.

학자인 앨런 튜링이 인공지능 개념을 발표한 이후, 50년에 제1차 AI 붐이, 80년대에 제2차 AI 붐이 일어났다. 동시에 프레임 문제나 심볼 그라운딩 문제(Symbol Grounding Problem) 등이 이런 열기에 찬물을 끼얹었다. 현재는 제3차 AI 붐에 해당하는데, 다행히 이번에는 일과성으로 끝나지 않을 예감이다. 웹상에 있는 빅 데이터를 활용한 심층학습 연구가 진행되면서 "특징으로부터 개념을 뽑아내는" 것이 가능해져 심볼 그라운딩 문제가 해소되었다. 나아가 예외적으로 대처가 가능해져 프레임 문제도 해소되었다. 그리고 최후의 결정적 계기가 된 것이 엔비디아 제품의 GPU로서, AI 연구개발을 손쉽게 할 수 있

Drive PX2. 볼보는 자율주행 자동차의 실증 프로그램인 「Drive Me」에 사용하는 100대의 XC90 테스트 차량에 심층학습을 베이스로 한 Drive PX2를 탑재했다.

게 된 것이다.

하지만 GPU만 만들어서는 단순한 GPU 메이커일 뿐이지 지금의 엔비디아같이 "AI 컴퓨팅 기업"으로 부르지는 않는다. 가령 AMD가 엔비디아 GPU「파스칼」에 대항해「베가」를 발표하는 등, GPU 메이커는 더 있다. 또는 인텔의 매니 코어 프로세서를 사용한「제온 파이(Xeon Phi)」는 심층학습에 최적화해 개발되었다. 이들 반도체 성능에 대해서는 찬반양론이 있기는 하지만, 단순한 AI 개발에 최적인 반도체 메이커라면 이 정도로 특수한 위치를 구축하지 못 했을 것이다. 구글이 개발한 심층학습에 적합한 TCU(Telematics Communication Unit)가 소비전력도 낮고 해서 엔비디아의 지위를 위협할 것이라는 보도도 있었지만, 경우가 다르다. TCU가 특화형인데 반해 엔비디아의 GPU는 범용성이 뛰어나다는 점이 다르다. 현재 상태에서 AI연구는 아직 변화의 한 중심에 있어서 날마다 새로운 알고리즘이 만들어지고 있다. 현 단

엔비디아의 역사 (엔비디아 홈페이지 참조)

– 1993년	젠슨 황, 크리스 말라초우스키, 커티스 프림에 의해 설립.
– 1994년	SGC – THOMPSON과 최초의 전략적 파트너십을 구축.
– 1995년	엔비디아가 최초의 제품 NV1 발매를 시작.
– 1996년	최초의 마이크로소프트웨어 다이렉트X가 공표된다.
– 1997년	RIVA128 발매, 최초 4개월 동안 100만 대 판매.
– 1998년	TMSC와의 파너트십 체결.
– 1999년	엔비디아가 GPU를 발명.
– 2000년	엔비디아가 그래픽스 파이오니아 3DFX를 매수.
– 2001년	엔비디아가 NFORCE를 손에 넣어 통합 그래픽스 시장에 진출.
– 2002년	엔비이다가 미국의 급성장 기업으로 선출.
– 2003년	엔비디아가 MEDIAQ를 매수.
– 2004년	SLI 발매 시작, 1대의 PC 그래픽스 성능을 획기적으로 향상.
– 2005년	엔비디아가 소니 플레이 스테이션 3용 프로세서를 개발.
– 2006년	CUDA 아키텍처를 발표.
– 2007년	포브스에 컴퍼니 오브 더 이어로 선정.
– 2008년	TERGA MOBILE PROCESSOR 발매를 시작.
– 2009년	제1회 GPU TECH 컨퍼런스에서 FERMI 아키텍처를 발표.
– 2010년	엔비디아가 세계에서 가장 빠른 슈퍼 컴퓨터를 가동한다.
– 2012년	엔비디아가 KEPLER 아키텍처를 베이스로 한 GPU를 발표.
– 2013년	TERGA 4 패밀리인 모바일 프로세서가 등장.
– 2015년	엔비디아가 TERGA X1과 엔비디아 드라이브를 발표. 심층학습의 실용화에 나선다.

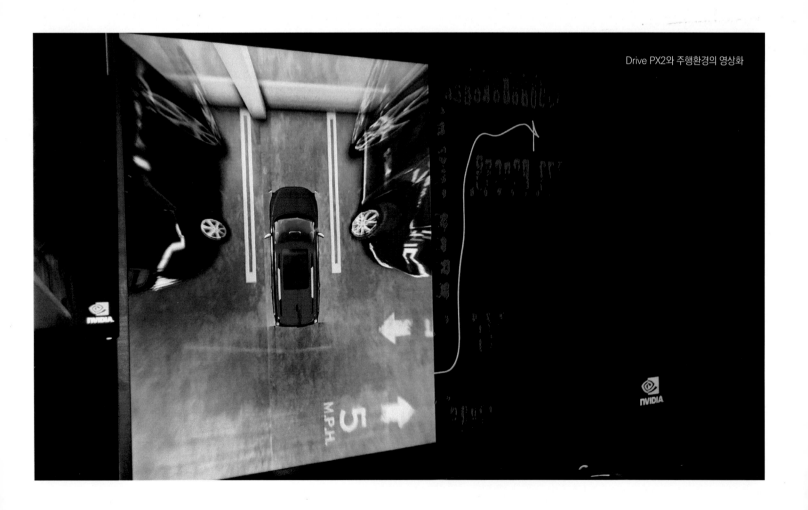

Drive PX2와 주행환경의 영상화

독일 ZF와 자동차, 트럭 외에 공장과 농업, 광업용 상용차량을 위해 엔비디아 Drive PX2의 차량탑재용 AI 컴퓨터에 기초하는 ZF ProAI 자율주행 시스템을 발표했다.

옆 : Drive PX2와 주행환경의 영상화

아래 : CES 2107에서 아우디와의 제휴를 발표.세계 최첨단 AI를 탑재하는 자동차를 개발하기 위한 제휴라고 발표. 2020년에 도로주행을 실현하겠다고 한다.

계에서 알고리즘의 성장에 맞춰 하드웨어를 다시 설계하는 일은 가격이 맞지 않는다.

가장 큰 차이는, 엔비디아는 AI의 연구개발 플랫폼을 제공한다는 점이다. 자사 GPU의 성능을 최대한으로 끌어낼 수 있는 개발환경으로, C언어 베이스의 「쿠다(CUDA)」를 독자적으로 개발해 오픈 소스화하고 있다. 물론 GPU에 탑재하는 오픈소스 언어로는 업계표준 체제(Frame Work)인 「오픈CL(OpenCL)」, UC 버클리의 「카페(Caffe)」, 페이스북의 「터치(Touch)」, 일본 프리퍼드 네트웍스(Preferred Networks)의 「샹이에(Chanier)」등이 있기는 하지만, 엔비디아는 이들 AI의 개발환경 체제 개발자와 긴밀하게 제휴하면서 「GPU를 간단하게 사용하는」환경을 정비하고 있다.

자율주행에 관해서 말하자면, 11년에 CES가 큰 전환점이 되었다. 아우디가 처음으로 엔비디아의 기조연설을 맡아 엔비디아의 창업자인 젠슨 황과 함께 자율주행에 있어서의 AI개발에 관해 발표했다. 그 후 자율주행이 급속히 화제가 되었다고 해도 과언이 아니다. 17년 1월의 CES에서 젠슨 황은 기조연설을 통해 아우디와의 10년에 걸친 파트너십을 본격화해, 2020년을 목표에 도로주행을 실현할 수 있도록 차량탑재 AI를 공동으로 개발하겠다고 발표했다. 같은 CES 전시회에서 보쉬, ZF 같은 메가 서플라이어와도 제휴를 발표했다. 또한 지도 분야에서는 바이두, 톰톰(TomTom) 외에 이번에는 히어(HRER)

지도 분야에서는 바이두(百度), 톰톰(TomTom) 외에 HERE(히어)와 젠린(ZENRIN)과 제휴하고 있다.

와 젠린(ZENRIN)과도 제휴한다고 발표했다.

시간을 약간 거슬러 가보면, 15년에 자율주행 자동차용 AI 플랫폼인 「DRIVE PX2」를 발표했다. 이때 200W나 되는 소비전력은 차량탑재에 적합하지 않다는 비판의 목소리도 있었지만, 어디까지나 차량탑재용 AI의 개발을 지원하기 위해 개발된 플랫폼이지 시판차량 탑재를 전제로 한 것은 아니었다. 복수의 카메라, 라이다, 레이더, 초음파센서로부터의 데이터를 융합하는 센서 퓨전이 가능하다. 구체적으로는 360도로 자동차 주위를 파악해 신뢰성이 뛰어난 표현을 하는 알고리즘을 가능하게 한다. 이것을 심층학습을 통한 화상인식·감지에 사용함으로써 데이터 정확성이 크게 향상되었다고 한다. 나아가 고도로 세밀한 지도작성 시스템이나 「드라이브웍스(DriveWorks)」같은 개발 키트를 오픈소스로 제공한다. 자동차 메이커 서플라이어의 소프트웨어 개발자가 더 간편하게 자율주행 자동차의 어플리케이션을 구축할 수 있는 구조이다. 또한 16년에는 소비전력을 20W까지 낮춘 차량탑재용 SoC로서 「Xavier(엑사비아)」를 발표했다. 데이터센터와 연계되고, 클라우드와 연계되면서 차량탑재 플랫폼상에서 하는 계산을 최소한으로 줄일 수 있다. 만약에 5W 이하까지 소비전력을 낮출 수 있다면 자율주행 개발자에게 있어서는 매우 사용하기 편리한 소스가 될 것이다.

17년 5월에 산호세에서 열린 개발자 컨퍼런스인 GTC 회의장에서 엔비디아는 획기적인 아키텍처를 가진 GPU「볼타(volta)」를 발표하면서, 그 뛰어난 계산능력에 호응하듯이 AI학습에 최적화된 클라우드 데이터센터용 GPU「GV100」을 베이스로 한 수식연산 액셀러레이터 「테슬라(Tesla) V100」까지 같이 발표했다. 이렇게 적어놓으면 무슨 말인가 하고 생각할지 모르겠다. 요는 심층학습 개발에 최적인 GPU의 연산속도를 높였을 뿐만 아니라, 최적화된 클라우드 데이터센터에서 심층학습 연습도 빠르게 하겠다는 것을 의미한다. 이로 인해 심층학습의 학습속도가 단번에 빨라지게 되었다.

도대체 얼마만큼의 자동차 메이커나 서플라이어가 엔비디아와 제휴하고 있느냐면, 도요타와의 제휴를 발표한 시점에서는 자동차 메이커나 서플라이어 중에서 엔비디아와 손잡지 않은 회사를 열거하는 것이 빠를 정도이다. 그 중에서도 대표적인 파트너를 들자면, 앞서의 아우디와는 자율주행 기능뿐만 아니라 HMI를 포함해 깊은 제휴관계를 맺고 있다. 바이두와는 자동차 메이커로서는 세계 최초의 AI를 활용한 자율주행 플랫폼을 공동으로 개발 중이다. 고도로 세밀한 지도나 레벨3의 자율주행/자동주차에 대응할 수 있다. 볼보와는 자율주행 자동차 실증 프로그램인 「드라이브 미(Drive Me)」에 사용하는 100대의 「XC90」테스트 차량에 심층학습을 베이스로 하는 Drive PX2를 탑재한다. 이밖에 테슬라와는 17인치 터치스크린이나 디지털 계기에서, 메르세데스 벤츠와는 히어(HERE)를 포함해 디지털 운전석에서, BMW와는 차량탑재 내비와 인포테인먼트 시스템을 통합한 iDrive에서 각각 손을 잡고 있다.

앞서 언급했듯이 AI 컴퓨팅 플랫폼을 제공하는 기업으로 도약한 엔비디아는 앞으로 더 나아가 자율주행 개발 외에, 커넥티비티나 인포테인먼트 시스템을 축으로 하는 HMI 분야에서도 빼놓을 수 없는 존재가 될 것이다.

04

「모빌아이」는 어떤 기업인가?

이스라엘의 한 벤처기업으로 생각되었던 모빌아이를 (Mobileye) IT의 거인인 인텔이 매수했다. 매수금액은 17조 5천억 원. 자율주행 개발 스토리에서 단골이 되어버린 모빌아이는 과연 어떤 회사일까?

150억 달러(약 17조 5천억 원) 규모의 거대 M&A로 화제를 모았던 인텔의 모빌아이 매수는 아직도 기억에 새롭다. 2015년의 알테라 (Altera) 매수에 이어 인텔 역사상 가장 컸던 매수 건이었다. 알테라는 FPGA라고 하는, 설계자에 의한 하드웨어 구성이 가능한 회로, 즉 프로그램화할 수 있는 제품을 만드는 메이커이다.

이야기를 M&A 전인 17년도 1월로 되돌려 보자.

「이 사람은 천재다!」하고, 처음 만났을 때부터 느껴졌다. 모빌아이의 설립자인 암논 샤슈아한테서 받은 느낌이다. 그의 존재를 들은 것은 BMW 연구개발 담당인 클라우스 프렐리히 이사로부터이다.

「이스라엘 헤브라이대학의 현역 교수인데, 컴퓨터 과학의 복잡한 수식이 가득한 문서를 쓰고 있다. 샤슈아 교수와의 토론은 언제나 자극적으로, 컴퓨터 과학의 천재이다. 자율주행 개발에 관해서도 매우 유효한 제휴관계를 맺고 있다」고 프렐리히 이사가 말했다.

실제로 BMW는 16년 7월에 반도체 대기업인 인텔과 모빌아이와 공동으로 레벨3~5에 해당하는 완전 자율주행 자동차 개발에 들어가 21년까지 시판 차량으로 투입하겠다고 선언했다. 나아가 17년 1월의 CES에서는 BMW 프렐리히 이사, 인텔 CEO인 브라이언 크르자니크, 그리고 모빌아이의 설립자인 샤슈아가 함께 모여 2017년 후반기에 자율주행 자동차를 사용해 실증실험을 시작한다고 발표했다.

역할분담은, 모빌아이가 카메라와 컴퓨터 비전을 통한 물체·화상인식을 담당하고, 인텔이 기계학습/심층학습에 적합한 반도체를 개발하고, 이들 요소기술을 BMW가 차량에 탑재하는 식으로 정리되었다. 당연히 이 해의 CES 전시회에서 인텔이 독자적으로 개발한 「인텔Go」도 활용한다. 인텔Go란 자율주행 차량을 개발하기 위한 플랫폼과 클라우드를 포함한 기술개발과 5G 회선을 포함하는 포괄적 서비스를 말한다.

왜 모빌아이가 이 정도로 높이 평가되었던 것일까? 현재 시판 차량에 탑재되기 시작한 레벨2 자율주행에서는 단안 카메라와 밀리파 레이더의 조합이 주류였지만, 레벨3~5의 고도 자율주행 시대가 오면 스테레오 카메라나 레이저 레인지 파인더같이 더 뛰어난 센서가 필요할 것으로 예상된다.

사실 모빌아이의 강점은 단안 카메라 같은 하드웨어가 아니다. 고도의 자율주행 기술개발에 빼놓을 수 없는 화상처리기술이나 감지와 관련해 동종 업계에서 가장 뛰어난 노하우를 갖고 있다는 점이 모빌아이의 핵심 역량이다. 구체적으로는 ST 마이크로가 생산하는 화상처리 프로세서 「아이(Eye) Q」와 단안 카메라를 조합한 시스템을 유럽 자동차 메이커에 납품하고 있으며, 17년 후반부터는 제4세대로 진화시켰다. 또한 전방을 감지하는 3개의 단안 카메라에 5개의 카메라를 추가해 360도로 화상을 인식하는 통합 시스템도 양산하고 있다. GM, 폭스바겐, 닛산 같은 자동차 메이커 외에 델파이 등과 같은 서플라이어와도 제휴하고 있다. 이 중에서도 GM과는 도로체험관리라는 빅 데이터 해석을 통한 맵핑기술에서 제휴하고 있다. 단안 카메라로 수집한 화상 데이터를 클라우드 상에 올려 분석하는 동시에, 단안 카메라에서는 인식할 수 없는 먼 거리 정보나 차차간(車車間) 통신 데이터 등을 차량에 제공함으로써 자율주행 정확도를 높인다.

주행 중인 자동차에서 그렇게 쉽게 데이터를 수집할 수 있나? 하고 머리를 갸우뚱하는 사람도 많을 것이다. 독일 3사가 매수한 히어(HERE) 같은 지도 벤더가 제공하는 고정확도 맵을 활용하면 된다고 생각하는 사람도 있을 수 있다. 모빌아이가 제공하는 시스템의 강점은 화상 데이터가 가벼워 클라우드 상에 올리기가 쉽다는 점이다. 모빌아이는 단순한 단안 카메라 하드웨어 메이커가 아니다. 단안 카메라를 중심으로 한 기술개발 외에 AI를 활용해 화상인식과 감지기술을 추진한다. 나아가 차량으로부터 얻은 데이터를 클라우드에 모아 분석한 다음, 차량에 피드백함으로써 자율주행 정확도를 높이는

일까지, 자율주행과 관련된 연구개발을 포괄적으로 추진하는 역할을 맡고 있다.

그렇다고 해도 현재 모빌아이에 150억 달러의 가치가 있을까? 라고 묻는다면, 답은 모르겠다이다. 물론 인텔은 지금보다 앞으로를 내다본 결정이다. 자율주행에 관한 시장은 30년까지 최대 700억 달러까지 성장할 것으로 예측된다. 게다가 솔직히 말하면 인텔은 이 분야를 선도하고 있다기보다 약간 뒤처진 느낌마저 있었다. 이런 이유 등으로 모빌아이의 독특한 화상분석과 감지기술을 축으로 단숨에 자율주행 세계에서 앞서나간 인상이다. 매수 후에는 인텔에 모빌아이가 흡수되는 것이 아니라, 이스라엘에 있는 모빌아이의 연구개발 거점에 인텔의 자동차용 부분이 통합되었다. 경영도 현 CEO인 지브 아비람과 샤슈아가 맡는다. 그만큼 모빌아이의 화상인식·감기에 관한 기술과 지식의 축적은 자율주행 기술개발에서 빼놓을 수 없는 유일무이한 존재이다.

↓ 인텔과 모빌아이는 BMW와 함께 자율주행 자동차의 공동개발에 나서고 있다. 사진 왼쪽부터 인텔 CEO인 브라이언 크르자니크, BMW 회장인 하랄드 크루거, 모빌아이 회장 겸 CTO인 암논 샤슈아.

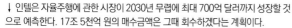

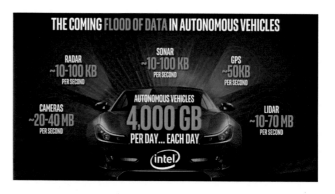

↑ 모빌아이의 설립자인 암논 샤슈아. 컴퓨터 과학의 천재로 불리고 있다.

↓ 인텔은 자율주행에 관한 시장이 2030년 무렵에 최대 700억 달러까지 성장할 것으로 예측한다. 17조 5천억 원의 매수금액은 그때 회수하겠다는 계획이다.

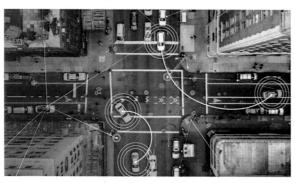

↑ 5G 회선이 실현되면 현재보다 훨씬 거대한 데이터 송수신이 가능해진다. 카메라의 화상 데이터는 20~40MB/초. 자율주행 자동차는 하루에 4,000GB나 되는 막대한 데이터양이 송수신될 것이라고 인텔은 말한다.

우리는 자동차를 운전할 때 주로 눈을 사용해 외부상황에 관한 정보를 취득한다. 물론 눈 말고도 귀를 통해 소리나 가속도(귀나 속귀의 반고리관을 사용) 같은 정보도 취득하기는 하지만, 인간의 능력은 이 눈을 통한 정보처리 능력이 매우 뛰어나다. 엔지니어들은 자율주행에도 인간과 똑같은 지각과 판단능력을 적용하기 위해 노력해 오기는 했지만, 아직도 자율주행을 실현하기에는 시각정보의 취득과 처리는 곤란한 기술과제이다. 근래에 자율주행이 현실화되기 시작한 것은 카메라(이미지 센서)를 이용한 화상처리 기술의 발달에 기인하는 바가 크다.

하지만 현재도 화상처리기술에는 많은 기술적 과제가 있다. 화상은 막대한 정보량을 내포하기 때문에 화상 중에서 필요한 정보를 추출하려면 뛰어난 처리능력이 필요할 뿐만 아니라, 제어에 필요한 거리정보를 높은 정확도로 취득하는 일에는 어려움이 따른다.

게다가 사람이라면 「이 정도, 이쯤」하는 "감각"으로 판단할 수 있는 일도, 자율주행의 두뇌인 컴퓨터는 "디지털" 즉 수치가 토대이기 때문에, 거리정보라고 하는 구체적인 수치를 요구한다. 외부의 대상물(장애물 등)과 자차 사이의 (수치로서의) 거리정보 취득, 심지어는 그로부터 도출되는 자차의 위치파악은 현단계의 자율주행 제어에서 중요한 의미를 갖는다.

그래서 현재 주목받는 것이 라이다(LIDAR)와 동시에 사용하는 것이다. 보행자나 자동차 같이 대상물의 형상이나 색을 정확하게 인식할 수 있는 카메라 외에, 주변 상황을 윤곽선 정도의 간략한 정보로 파악하는 동시에 정확한 거리정보를 취득할 수 있는 라이다를 동시에 사용함으로써, 카메라와 그 화상처리로부터 얻은 정보를 보완하겠다는 취지이다. 근래에 메이커에서 개발 중인 자율주행 실험차량 모습을 많이 볼 수 있는데, 이들 차량 대부분이 지붕 위에 빙글빙글 도는 원통형상의 센서 같은 것을 탑재하고 있다. 그것이 라이다이다.

05 | 본문 : 다카하시 잇페이 사진 : MFi / 발레오

자율주행을 가능하게 하는 센서기술 최후의 한 가지

지붕 위에서 빙글빙글 도는 원통형 라이다(LIDAR)를 장착하고 있는 자율주행 자동차. 근래에 메이커가 발표 등으로 볼 기회가 많아졌는데, 이 라이다가 드디어 양산 차량에도 탑재된다. 프랑스의 메가 서플라이어인 발레오가 개발했다.

레인지 로버 이보크를 베이스로 한 발레오의 실험개발용 차량. 프런트 범퍼와 리어 범퍼에 3개씩, 총 6개의 스칼라 레이저 스캐너를 탑재. 각 스캐너를 연결해 360도 전 방위를 커버하는 "레이저 코쿤" 시스템을 구축한다.

프런트 범퍼 양 끝에 장착된 스칼라 레이저 스캐너. 실증실험용 시작 시스템이기는 하지만 차량의 분위기를 크게 헤치지 않고 장착했다는 것을 느낄 수 있다. 차량기기에 요구되는 진동이나 열 등과 같은 내구성 조건들은 모두 통과했다.

이 차량은 미러를 대신해 후방을 볼 수 있도록 카메라 모니터링 시스템(CMS)을 장착했다. 이 시스템에는 사이드 미러를 없앤데 따른 공력적인 장점이나 화상조정 자유도에 따른 시인성 향상뿐만 아니라, 카메라라고 하는 요소를 추가함으로써 자율주행에서 화상 정보를 취득할 수 있는 등의 장점이 될 가능성도 있다.

프런트 범퍼 중앙에 매립한 스칼라 레이저 스캐너. 왼쪽으로 보이는 것이 비교검증용으로 장착한 플래시 라이다이다. 물체를 식별하는 능력 등은 주사형(走査型) 스칼라 레이저 스캐너보다 뛰어나지만, 시야각 등이 좁아서 모든 방위를 커버하려는 용도로는 적합하지 않다.

한눈에 봐도 실험차량 같은 라이다를 보고 「자율주행 자동차는 아직 멀었나」하고 생각했던 사람도 있지 않았을까. 그 라이다가 드디어 양산 차량에 탑재된다. 발레오의 스칼라(SCALA) 레이저 스캐너가 그것이다.

이 레이저 스캐너는 내부에 분당 750번을 회전하는 미러가 들어가 있어서 스캐너 정면으로 145도 각도로 레이저를 비춘다. 당연히 실험 차량에 탑재했던 실험개발 용도 계측기인 라이다와 비교하면 시야각이 한정적이기는 하지만 이것을 차량 전체에 배치하면 360도 전방위에 걸쳐 스캔할 수 있다.(이것을 발레오에서는 "레이저 코쿤(Cocoon)"이라고 한다.)

덧붙이자면 이 스칼라 레이저 스캐너는 개발용도의 레이저 스캐너를 만드는 독일 계측기 메이커 이베오(IBEO) 오토 모티브 시스템즈와 기술제휴를 맺어 개발되었다. 정확도 높은 정보취득을 가능하게 하는 이베오의 기술과 차량탑재용 민생기기를 양산하는 발레오의 기술이 융합되어 2017년부터 발매된 양산 차량(아우디)에 탑재되고 있다.

이번에는 레이저 코쿤 시스템에 6개의 스칼라 레이저 스캐너를 적용한 개발용 차량으로 시가지 주행을 체험했다. 시스템의 정보 모니터로는 주변 모습을 파악할 수 있는 화상이 마치 선을 그린 듯한 상태로 표시되었는데, 그것이 실시간으로 움직이는 것을 확인할 수 있었다. 자칫하면 모니터 화상만으로도 운전할 수 있지 않을까 할 정도로 정밀한 표시가 인상적이었다.

발레오는 오래전부터 초음파센서를 사용한 자동주차 시스템을 만들어 온 경험이 있다. 16년에는 원격조작의 자동주차 시스템「Park4U」를 메르세데스 벤츠의 E클래스에 적용(일본에서는 법규 관계상 사용할 수 없다)하는 등, 주차 시스템에서는 세계적인 수준에 있는 메이커이다. 자율주행에서도 적극적으로 연구개발을 진행해, 독자적인 자율주행 시스템「Cruise4U」를 탑재한 실험개발용 차량을 이용해 미국에서 이미 13,000마일을 주파하는 등, 세계 각지에서 실증실험을 거듭하고 있다.

흥미로운 점은 양산 차량의 부품을 만드는 서플라이어 메이커답게 언제라도 "제품화할 수 있는 기술"에 중점을 두고 있다는 것이다. 자율주행과 세트로 이야기되는 AI(인공지능)에 과도하게 기대하기보다는, 어쨌든 긴 거리를 달리면서 많은 상황과 만남으로써 시스템의 조건부 변화를 착실하게 쌓아나가고 있다고 한다. 말하자면 친절하게

발레오의 스칼라 레이저 스캐너는 수평 시야각이 넓고 레인지가 긴 것이 특징이다. 트럭, 승용차, 보행자를 감지하는 거리는 각각 200, 150, 50m인, 프런트 범퍼 중앙에 매립한 스칼라 레이저 스캐너. 왼쪽으로 보이는 것이 비교검증용으로 장착한 플래시 라이다이다. 물체를 식별하는 능력 등은 주사형(走査型) 스칼라 레이저 스캐너보다 뛰어나지만, 시야각 등이 좁아서 모든 방위를 커버하려는 용도로는 적합하지 않다. 대상물을 추적할 수 있으므로 자율주행용으로 적합하다. 2017년부터 아우디가 이 스캐너를 탑재한 차량을 판매 중이다.

레이저 코쿤 시스템을 탑재한 차량으로 시가지를 주행. 시스템의 정보표시용 모니터에 주변 정보가 윤곽 같은 상태로 그려지는 모습을 볼 수 있다. 색이 다른 것은 6개의 스캐너를 식별하기 위해서이다. 스캐너의 각도분해능은 0.25도로서, 리얼한 데이터는 점으로 뭉쳐 있지만 점을 선으로 연결함으로써 보기 쉽게 처리하고 있다. 어떻게 선으로 연결되는지는 대상이 되는 물체가 무엇이냐에 따라 달라지게 되어 있다. 단순히 모든 점을 선으로만 연결하는 방식이 아니라 물체인식 결과까지 반영하는 것이다.

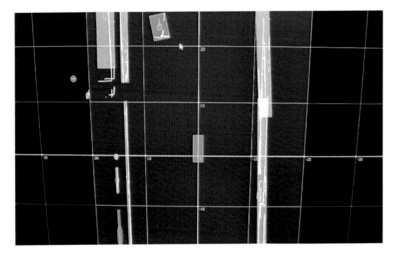

스캐너에 의한 물체인식 상태를 표시하는 화면. 중앙에 녹색의 사각물체가 자차이고, 왼쪽 위로 보이는 같은 녹색의 사각물체는 다른 주행 차량을 나타낸다. 그 중앙에서 위로 뻗은 흰선은 차량의 주행속도, 즉 벡터를 나타낸 것이다.

수작업으로 시스템에 운전을 가르치고 있는 것이다.

물론 우리가 취재하는 범위가 양산화에 가까운 기술로 한정된 면도 있겠지만, 실제로는 발레오에서도 앞서의 AI를 포함해 선진적인 시도도 진행하고 있을 것이다. 그러나 컴퓨터의 진화를 예측한 무어의 법칙(주※)에 편차가 발생하고 있다는 점 외에, AI의 핵심이라고도 할 수 있는 심층학습 기술이 아직도 갈 길이 멀다는 점을 감안하면, 레벨 4 이후의 자율주행이 실현될 날이 예상되는 것보다 멀지도 모른다. 이런 상황에서 지금 있는 기술로 최대한의 능력을 끌어내려는 발레오의 대처는 매우 현실적이라는 느낌이다.

이것은 결코 부정적인 이야기가 아니라, 지금이나 예전에도 양산 차량을 만드는 기술자들이 지향해 온 점이기도 하다. 그것은 지금까지 자동차가 거쳐 온 발전의 발자취를 돌아봐도 명백하게 알 수 있다. 그리고 그 덕을 보는 것은 우리 사용자들이다. 지금 보고 있는 것은 20년을 향한 자율주행 레벨3에 대한 대처이지만, 이 레벨3도 생각지도 않은 진보를 기대할 수 있지 않을까 하는 것이 필자의 생각이다.

(주※ 반도체의 집적도는 2년에 2배 속도로 발전한다고, 인텔 창업자 중에 한 명인 고든 무어가 1965년에 발표한 예측. 최근까지 정확하게 예상대로 진행되어 왔다.)

네트워크 접속에 대한 보완대책이 자동차에도 요구되는 시대.

자율주행 기술을 떠받치는 토대 중 하나라 할 수 있는, 정보 네트워크에 대한 접속성 확보는, 한편으로 그것을 이용한 공격의 통로가 될 수도 있다는 새로운 문제를 안고 있다. 이 문제는 앞으로의 이야기가 아니라 이미 시작된 문제이다.

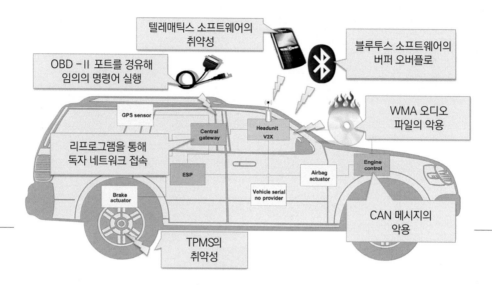

오늘날 차량탑재 시스템의 정보통신망을 도식적으로 나타낸 것이다. 엔진제어(ECU)나 ESP(차량안전제어 장치), 여기에 연결된 액추에이터 종류 등, 운전조작과 관련된 제어에는 CAN-bus(Control Area Network-bus)를 이용한다. 반면에 휴대전화망을 이용해 외부정보 네트워크와 접속하는 텔레매틱스 기능(본문 중에 미국에서의 사례로 Uconnect를 들고 있다)은 AV기능이나 내비기능, 메일, 웹 열람기능에 머물러 있는 데다가, CAN-bus와는 통신규격도 다르다. 그러나 OBD 정보 표시나 내비게이션 시스템에 대한 정보제공 등의 목적으로 이 두 가지는 센트럴 게이트웨이(Central Gateway)라는 부분을 매개로 접속되어 있기 때문에, 이 부분을 외부에서 공격해 이용(exploit악의적인 탈취행위)하는 것은 논리적으로 가능한 일이다. 이 두 가지의 통신규격은 다르지만 둘 다 컴퓨터가 베이스라는 점은 공통이기 때문에, 음악이나 메시지·데이터나 명령어가 모두 다 최종적으로는 2진수로 기술되기 때문에 구분이 안 된다. 두 가지를 차별화할 수 있는 것이 통신 프로토콜이라고 하는 통신규격이기는 하지만, 거기에 있는 취약성을 이용하면 메시지로 보이는 명령어를 보내 부정한 프로그램이 실행되게 할 수도 있다. 네트워크 접속뿐만 아니라 핸즈프리 용도의 블루투스나 타이어 공기압 센서 등과 같은 무선접속 요소는 물론이고, CD나 DVD 등이 창구가 될 수도 있다.

네트워크를 경유한 해커의 공격으로 인해 주행 중이던 자동차가 갑자기 제어 불능에 빠지면서 폭주…. 마치 영화의 한 장면 같이 들릴지 모르지만, 사실 이것은 현실에서 일어난 상황이다.

2016년 미국 보안 연구자 2명이 실증실험 차원에서 연출한 상황이라, 다행히 악의를 가진 제3자 관련 범죄사건은 아니다. 그러나 이 실험은 놀래기에 충분한 내용으로서, 에어컨이나 오디오 등과 같은 전기장치는 물론이고, 스로틀이나 조향핸들, 브레이크 등 차량을 제어하는 조작계통 제어까지 장악하는데 성공했다. 그 중에서도 주행 중인 차량을 갓길로 유도하는 충격적인 실험(이것은 OBD포트 경우를 경유하는 유선접속 실험이긴 했지만)은 전 세계의 주목을 모으기에 충분했다. 과장된 소설로만 생각되었던 영화 속 상황이 그야말로 현실이 된 것이다.

오늘날의 자동차는 스로틀부터 조향핸들, 브레이크에 이르기까지 모든 조작계통이 전동화·전자제어화되고 있다. 이것은 자율주행 자동차를 실현하기 위한 포석이라고도 할 수 있는 부분으로, 제어시스템을 통한 운전조작계통의 장악은 그런 목적 중 한 가지이기도 하다. 앞서의 실험은 그런 상황에 빠질 위험성을 시사하려는 목적으로 이루어진 것이기는 하지만, 가장 큰 문제는 운전조작계통의 제어시스템과 외부 인터넷 환경의 접속이 불가능할 것으로 생각했는데, 결국은 가능하다는 것이다. 이에 대해서는 전 세계의 많은 기술자조차도 예기치 못한 상황으로, 그만큼 이 실험이 업계 측면에서는 큰 충격이었다. 이는 차량탑재 시스템에도 강력한 보안대책이 필요하다는 인식이 확산되는 계기가 되었다.

이 차량탑재 시스템 관련 보안대책 분야에서 가장 적극적인 활동을 펼치고 있는 시스템 서플라이어 중 한 회사가 보쉬(BOSCH) 그룹의 ETAS(이타스)이다.

보안대책이라고 하면 이미 PC나 인터넷 세계를 통해서 "시스템 키" 나 "암호화", "침입감지" 등과 같은 용어들을 많이 들어봐서 친숙한 사람도 있을 것이다. 차량탑재 시스템의 보안대책도 기본적으로는 이 방법들과 똑같다. 그래서 현재 이 분야에는 PC 인터넷 관련 서비스를 하고 있는 시스템 업체도 많이 참여하고 있다.

그러나 대용량 데이터나 소프트웨어를 다루는 PC 인터넷 환경과, 한정된 하드웨어 능력이라는 제약하에서 "펌웨어"라고 하는 작은 내장용 소프트웨어가 바탕인 제어시스템 환경과는 약간 다른 사정이 있다. 원래 이타스는 차량탑재 시스템 개발용 툴로서 업계표준 같은 존재인 인카(INCA)를 다루는 등, 차량탑재 시스템에서 많은 노하우와 기술을 갖고 있는 메이커이다. 그런 이타스의 그룹회사에서 차량탑재용 보안 솔루션을 제공하는 곳이 에스크립트(ESCRYPT)이다. 에스크립트가 제공하는 보안 솔루션은 차량탑재용 시스템에 특화해 만들었다는 특징이 있다.

사실 모두의 실험이 업계에 충격을 던지게 된 배경에는 PC 인터넷 환경과 차량탑재용 시스템 환경이 각각 놓인 사정에 차이가 있기 때문이다.

원래 정보단말기로서의 측면을 갖는 PC는 인터넷 접속을 전제하는 반면에, 차량탑재용 시스템 환경은 PC와 달리 오랫동안 외부와 격리된 환경으로만 있었다. 그 때문에 인터넷상의 위협에 대한 "면역"이

없었던 것이다(보안대책이 전혀 없는 것은 아니고, 간이적이기는 하지만 오작동 방지 측면이 강하다).

이런 위협은 차량탑재 시스템에 한정되지 않고, 예를 들면 가전제품의 제어시스템에 내장되는, 요컨대 "내장형 시스템"이라고 하는 대부분의 펌웨어에도 적용되는 문제이기도 하다. 자동차에 탑재되는 차량탑재용 시스템은 "커넥티비티"라는 이름으로 데이터 통신망과 연결되면서, 이것이 앞서의 실험결과를 초래한 한 요인이었지만, 자동차 이외의 분야에서도 IoT(사물인터넷, Internet of Thing)화의 추진으로 인해 인터넷에 접속되는 방향으로 나아가고 있기 때문이다. 물론 넓은 시야로 보면 자동차의 커넥티비티도 IoT의 일환이다. 자율주행 자동차에서는 그런 (IoT요소의) 필요성도 더 높아지기 때문에 인터넷 접속에 대한 보안대응도 당연히 시야에 들어와 있기는 하지만, 앞서의 실험은 이런 외부로부터의 공격 가능성이 아직 문제 되지 않던 시기에, 말하자면 뜻밖의 돌발적 상황이었던 것이다.

덧붙이자면 연구자들은 "Uconnect(엔터테인먼트 시스템용 휴대전화망을 이용한 인터넷 접속 시스템)"를 이용해 차량제어 시스템의 CAN통신망에 침입하는데 성공했다. Uconnect와 CAN통신 사이에서 직접 통신하는 일은 기본적으로 불가능하지만, 센트럴 게이트웨이를 매개로 간접적이고 한정적인 통신을 하는 구조이다. 즉 물리적으로는 접속되어 있다. 그리고 이 센트럴 게이트웨이 내에 있는

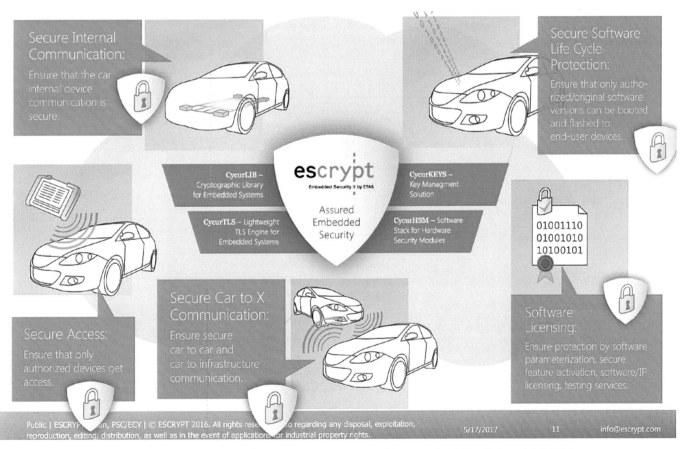

↑ 이타스가 다루고 있는 임베디드 시스템(Embedded system=내장형 시스템)용 보안제품을 개발하는 것이 에스크립트사(社)이다. 특징으로는 메모리 용량과 파워가 한정되는 내장제품 용도라는 점으로, 차량탑재 시스템에서 이용하는 모든 통신환경에 대응할 수 있다.

Uconnect와 CAN통신 각각을 담당하는 통신용 마이크로 컨트롤러(줄여서 마이콘)에 침입해 펌웨어를 왜곡하는 방식으로 연구자들은 외부로부터 CAN통신망에 접속했다.

상세한 방법까지 여기서 설명하는 것은 안 되겠지만, 앞에서 언급한 마이크로 컨트롤러는 그야말로 범용품이기 때문에 기술을 가진 사람이 그 사양을 파악하면 이런 상정 외의 작동을 끌어내는 것도 가능하다. 그리고 마이크로 컨트롤러는 파생된 아키텍처(명령형태 등과 같은 기본구조) 수가 그다지 많지 않아 100% 전용 아키텍처는 없다. 적용하는 펌웨어에 따라 여러 가지 기능을 부여하는 것이 마이크로 컨트롤러의 최대 장점이기는 하지만, 거기에는 동시에 반대급부가 있을 여지도 있다. 그것이 바로 PC 인터넷 세계에서도 알려진 "취약성"의 정체로서, 보안대책이 필요한 것은 이 때문이다.

보안대책이라고 해도 PC와 차량탑재용 제어시스템과는 메모리 용량이라는 큰 차이가 존재하다. 간단히 말하면 메모리 용량이 한정되는 제어시스템에는 PC용 보안 소프트웨어 등을 적용할 수 없다는 뜻이다. 이 적용상의 문제도 제어시스템이 오랫동안 간이적 보안대책에 머물렀던 이유 중앙에 하나이다. 이타스의 에스크립트에서는 제어시스템용 펌웨어에도 적용 가능한 용량의 보안제품을 준비하고 있다. 에너지 절약 용량, 에너지 절약 파워로 최대한의 효과를 내는 것도 속도가 요구되는 제어시스템에서는 중요한 요소이다.

앞서의 연구자들이 공격대상으로 삼았던 전동 파워 조향핸들이나 전동 브레이크 서보, 바이 와이어 방식 스로틀 등에 이용하는 제어시스템은, 앞으로의 자율주행 자동차에서도 사용될 것이기 때문에 전부 다 안전성과 직결되는 것들이다. 여러 의미에서 인터넷 환경과의 접속성이 중시되는 자율주행 시대를 목적에 둔 시점에서, 보안대책이라는 새로운 과제의 무게도 급속히 무거워질 것으로 보인다.

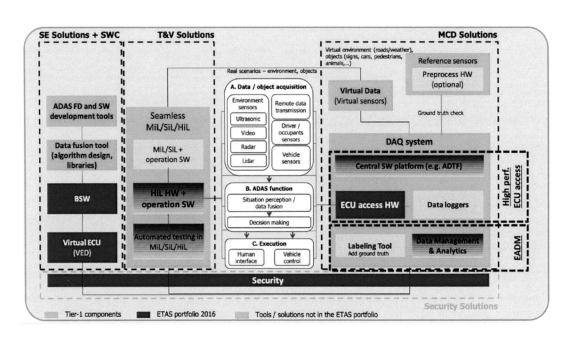

↑ 이미 보급 중인 자동브레이크나 자율주행에서는 카메라 등과 같은 이미지 계통 센서의 도입으로 인해, 거기서 다루어지는 데이터양이 미래의 차량탑재 시스템 용도와는 비교가 되지 않을 만큼 많다. 그래서 이타스에서는 이런 대용량 데이터에도 대응할 수 있는 통합계측 툴을 새롭게 만들고 있다. 이런 시스템 개발용 툴의 존재도 자율주행기술의 실현에는 빼놓을 수 없다.

이타스 주식회사
임베디드 보안
시니어 매니저

오카데니스 겐고
(공학박사)

이타스 주식회사
기술총괄부장/
RTA솔루션부장

다나카 도시

GT 레이싱 카인 포르쉐 911 RSR에 밀리파 레이더를 탑재. 그 의도는….

포르쉐의 야간주행 전술

야간주행을 하는 내구레이스에서 위험한 것은 자기 차보다 훨씬 빠른 자동차에 추돌되는 것이다.

눈부신 레이스용 헤드램프를 비추면서 맹렬한 속도로 쫓아오는 자동차가 안쪽에서 빠져나오려고 하는지,

아니면 바깥쪽인지를 순간적으로 판단하는 것은 매우 어렵다고 한다.

이와 관련해 포르쉐가 세운 대책은 무엇일까.

본문 : 시오미 사토시

「내구레이스의 야간주행에서 무서운 것은 카테고리가 달라서 속도 차이가 나는 자동차와 접촉하는 것이죠. 르망에서 비유하면 LMP-1과 GP클래스 차이라고 할까요. 자신이 느린 카테고리의 자동차를 타고 있을 때, 뒤에서 빠른 속도로 다가오는 자동차가 있다는 것을 알기는 하지만 어느 정도에서 추월당할지는 잘 모릅니다. 레이싱카의 헤

드라이트 밝기는 엄청나거든요. 때문에 빠른 차일수록 멀리서부터 알아차리지 못하면 위험한 것이죠.」이런 말을 해준 사람은 뉘르부르크링, 슈퍼, 데이토나, 르망, 도카츠 등, 풍부한 내구레이스 참전경험이 있는 시미즈 가즈오씨이다. 「뒤에 바로 붙었다고 생각해서 안쪽을 열어주려는데 아직 오지 않았다던가, 아직 멀었을 거라고 생각했지만

포르쉐 919 하이브리드를 비롯해, 몇 백 미터 앞까지 비추는 광량을 가진 LMP1 카테고리 머신의 헤드램프는 당연히 선행 차량의 드라이버를 눈부시게 한다. 비가 내리
는 야간 등과 같은 악조건하에서는 후속 차량과의 차간거리를 눈으로 추측하기가 어렵다. 밀리파 레이더는 범퍼 안 등에도 설치할 수 있기 때문에, 포르쉐 911 RSR

사실은 바로 뒤에 붙어 있다던가, 너무 배려한 나머지 빨리 진로를 양
보하게 되면 같은 카테고리의 자동차한테 추월당하기도 합니다.」라
는 어려움도 이야기한다.

르망 24시간 레이스를 비롯해 다른 카테고리의 자동차가 섞여서 달
리는 내구레이스에서는 이런 큰 속도 차이로 인한 접촉이 적지 않다.
접촉까지는 아니더라도 쉽게 추월하지 못했다거나 또는 길을 비켜주
지 않아서 순위가 낮아지는 경우도 자주 있다. 능숙하게 추월하고 또
진로를 내주는 것도 드라이버의 기량이라면 기량이기 때문에 이것도
레이스의 일부라고 할 수도 있다. F1처럼 같은 카테고리 내의 빠른 머

신과 느린 머신의 속도차이와 달리 내구레이스에서는 자동차의 성능이
나 드라이버의 기량에 차이 너무 나서 위험한 것도 사실이다.

이런 문제에 대해 오랫동안 다양한 카테고리의 레이스에 참여해 온
포르쉐가 대책을 마련했다. 2016년 LA모터쇼에서 발표한 GT 카테
고리용 신형 포르쉐 911 RSR에 충돌방지 시스템을 적용했다. 발표
자료에 따르면 「레이더 지원을 통한 추돌 경고장치로서, 고속의 LMP
프로토타입 자동차를 빨리 감지한다」고 나와 있다. 요컨대 시판 차량
에서 ACC(Adaptive Cruise Control)에서 선행 차량을 감지하는데
사용하는 밀리파 레이더를 뒤쪽에 설치함으로써, 고속으로 다가오는

뒤쪽 어딘가에 설치되어 있다는 것을 알아차리기는 어렵다. 시판 차량의 경우, 레이더가 선행 차량과의 차간격을 유지하면서 쫓아가는데 활용되지만,
911 RSR의 경우는 후속 차량의 접근을 어떤 형태로 드라이버에게 전달하는지가 궁금하다. - 포르쉐 911 하이브리드(LMP1)

자동차를 감지한다는 것이다. 레이더가 차량의 어떤 위치에 접지하는지, 차량 감지를 어떤 방법으로 드라이버에게 알려주는지, 정확도는 어느 정도인지, 또한 빠른 차만 골라서 감지할 수 있는지 등, 상세한 사항까지는 알려지지 않았다. 하지만 지금까지 헤드램프 빛을 미러 너머로 보고 확인할 수밖에 없었던 점을 생각하면 획기적인 시스템이라고 할 수 있을 것이다. 시미즈씨는 「다행이 저는 그런 접촉을 한 적이 없지만, 여러 번 무서운 생각이 들기는 했죠. 심한 충돌을 몇 번이고 봤으니까요. GT 카테고리의 드라이버에게는 이런 충돌을 안 당하는 것이 간절한 바람입니다.」라고 말한다. 포르쉐 입장에서는 911

RSR 드라이버들이 확실하게 후속 차량의 존재를 인식하는 것이 자신들의 LMP 프로토타입을 지키는 일로도 직결된다. 머지않아 이런 시스템은 다른 레이스용 차량에도 적용되지 않을까 생각한다.
경기이기 때문에 드라이버의 기량을 과도하게 보완하는 시스템에 대해서는 생각해 볼 일이지만, 안전을 위해서라면 굳이 ADAS(선진운전지원 시스템)을 활용하지 않을 이유는 없다. 사고를 줄이고 싶은 것은 일반도로가 그렇듯이 서킷도 마찬가지이기 때문이다.

What are you up to?

Illustration Feature
**AUTONOMOUS DRIVING
TECHNOLOGY DETAILS**
자율주행의 모든 것

CHAPTER

⑧

[Autonomous Driving × Logistic]

트럭 물류에서 큰 효과를 기대할 수 있는 자율주행

안전향상과 인력부족 해소를 위한 카드가 될 수 있을까.

자율주행이라고 하면 결국 승용차=개별적인 이동수단 방법이라고 생각하기 쉽다.
일본은 물론이고 전 세계 물류업계는 이 자율주행에 큰 기대를 걸고 있다.
메르세데스는 1980년대부터 화물을 운반하는 트럭의 자율주행에 대해 실증실험을 해오고 있다.
지금은 차량을 가상으로 연결한 일렬주행으로 합리화를 겨냥하고 있다.

본문 : 시미즈 가즈오　사진 : 다이믈러

전자적으로 연결된 트럭 수송대

자율주행을 이용하는 방법 중 하나로 트럭의 일렬주행(=종렬주행)이 활발히 계획되고 있다. 17년 2월에 개최된 미래투자 회의에서 아베 총리는 「2020년까지 운전자가 없는 무인자율주행을 통해 지역의 인력부족이나 이동약자와 같은 여러 문제를 해소하겠다고」고 언급했다. 이 회의에 이어 경제산업성에서는 예전부터 연구해 온 고속도로 트럭의 일렬주행(Convoy) 실용화에 힘을 쏟고 있다.

예전부터 연구·개발해 온 프로젝트는 NEDO 주도의 에너지 ITS로 불리는 시책의 트럭 일렬주행이다. 이미 실증실험을 끝내고 언론발표도 마친 상태로서, 그 내용은 4대의 트럭이 전자적으로 연결되어 차간거리 4~10m를 유지하면서 수송대(일렬주행)처럼 주행한다는 것이다. 장점으로는 「공기저항 감소(4대의 평균연비)·도로교통의 효율화·운전자의 부하저감·정체완화」를 들 수 있다. 기술적으로 2대째 이후부터는 무인주행도 가능하기 때문에, 이런 경우는 인력부족도 해결할 수 있을 것으로 트럭 관계자는 기대하고 있다.

연구·개발을 수탁받은 JARI의 계산에 따르면 시속 80km/h로 3대의 트럭이 일렬주행을 했을 때, 3대의 평균연비가 「차간거리 4m일 때 15%, 차간거리 10m일 때 8%」의 절감효과를 기대할 수 있다고 한다. CO_2 절감이라는 대의까지 얻을 수 있다는 이유로 이 프로젝트는 국가적 규모로 커진 상태에서 실증실험이 진행되고 있다.

사실 로지스틱 분야야말로
자율주행에 의한 혜택이 크다.

⬆ **일렬주행으로 효율과 연비를 향상**

2016년에 다이믈러는 독일 뒤셀도르프 근교를 지나가는 아우토반 A52도로에서, 와이파이 접속으로 연결된 트럭 3대의 자율주행 실증실험을 실시했다. 이런 일렬주행은 고속도로에서 차간거리가 50m에서 15m까지 접근하기 때문에 7%의 연비 절감이 가능하다. 다이믈러 트럭은 이 선진적인 시스템을「하이웨이 파일럿 커넥트」라고 한다.

➡ **혼자서 3대의 트럭을 운전하는 모양새**

브레이크에 대한 인간의 반응속도는 일반적으로 1.4초라고 알려져 있지만, 이 트럭은 자율주행을 통해 0.1초 이하로 브레이크를 작동시킬 수 있다. 정체를 줄이는데도 공헌할 뿐만 아니라,「하이웨이 파일럿 커넥트」는 안전측면에서도 뛰어나다고 다이믈러는 주장한다. 물론 운전자의 피로를 줄이는데도 효과가 클 것이다.

일렬주행 시스템은 새로운 것이 아니다. 자율주행이나 운전지원에서 개발해 온 기술을 응용한다. 예를 들면 차차간(車車間) 통신은 5.8GHz의 DSRC(협역통신 Dedicated Short Range Communications)와 광통신을 사용한다. 시간적인 지체가 없도록 실시간으로 통신한다. 여기에 차간거리를 측정하는 것은 밀리파 레이더나 레이저 레이더가 사용되며, 차선(Lane Marker)은 카메라가 인식한다. 이때 트럭끼리 연결하는 것은 통신이기 때문에 통신이 끊기지 않아야 하는 것이 조건이지만, 실제로 이것이 어려운 과제이다. 가령 통신이 끊겼을 때는 프리크래시 세이프티(Pre-Crash Safety)에서 사용되는 자율센서로 대응하는 수밖에 없다. 하지만 물류업계의 인력부족을

해소할 가능성이 크다.

2018년 초에 신도메이(新東名)고속도로에서 사람이 탄 상태의 일렬주행 실험이 끝났고, 19년에는 2대째 이후부터 무인으로 전환할 계획이다. 22년에는 도쿄-오카사 사이의 실용화를 목표로 하고 있다.

2대째 이후의 무인화 추진에 있어서 통신두절이 우려되는 한편으로, 실용측면에서는 어디서 연결하느냐는 장소 문제도 남아 있다. 2대째 이후가 유인이라면 기존 고속도로 휴게소에서 연결하면 되겠지만, 아니라면 기계식으로 연결되는 트럭도 방법이 되지 않을까 싶다.

화물차 일렬주행 계획이 자율주행의 원조

트럭의 일렬주행은 80년대에 다이믈러 벤츠가 연구했던「프로메테우스(PROMETHEUS)」계획이 유명하다.

사실 메르세데스 벤츠의 자율주행이나 고도운전지원 기술 대부분은 다이믈러 벤츠가 시작했던「유레카-프로메테우스(EUREKA- PRO- METHEUS=Program for European Traffic with Highest Efficiency and Unprece- dented Safety=최고의 효율과 공전의 안정성을 갖춘 유럽교통계획)」에서 비롯된 것이다. 이 프로젝트는 86년에 시작해, 94년에는 파리 교외의 다중차선 고속도로를 이용해 일반 차량 속에서 약 1,000km를 자율주행으로 달렸던 실적이 있다. 95년에는 뮌헨부터 코펜하겐까지의 주행에 성공하기도 한다.

프로메테우스 계획의 성과 중 하나가 98년 S 클래스에서 처음으로 실용화된 ACC(Adaptive Cruise Control=메르세데스 벤츠의 상품명은 디스트로닉)이다. 이 디스트로닉을 바탕으로 메르세데스 벤츠는 위험감지나 운전자에 대한 경고, 자동적으로 브레이크가 개입하는 운전지원 시스템을 개발했다.

메르세데스 벤츠의 자율주행 출발점은 사반세기 전인 프로메테우스 계획이었지만, 최근에는 컴퓨터나 소프트웨어의 눈부신 발전으로 더 고도의 자동화가 가능해지고 있다. 이런 흐름에 따라 네덜란드 정부의 주도로 실시된 트럭의 일렬주행 실증실험이「유럽 트럭 플래투닝 챌린지(European Truck Platooning Challenge)」이다. 이 실험에는 볼보와 다이믈러, 스캐니아 등 6개 자동차 메이커가 참가, 유럽내 각 지역에서 출발한 6개 메이커의 일렬주행 트럭들이 최종 목적지인 네덜란드 로테르담을 향했다. 실험에서는 각 트럭마다 운전자가 타고 있었지만, 정체되었을 때만 운전자 주행 이루어졌다.

트럭과 관련된 사고는 피해가 크기 때문에, 유럽 메이커들은 유인이든 무인이든 상관없이 자율주행에 대한 장점이 매우 크다고 인식하고 있다. 통신두절 등과 같은 어려운 과제가 있기는 하지만 물류업계에도 새로운 파도가 밀려오고 있다.

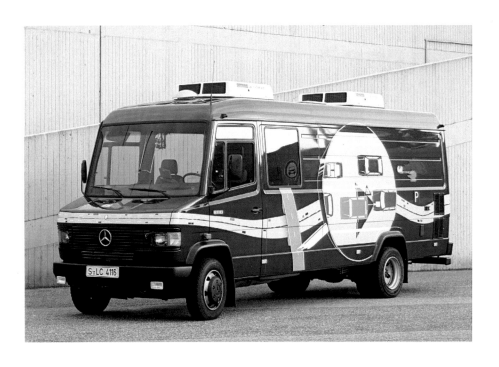

1986
[유레카 프로메테우스 계획]

1986년 10월 1일, 메르세데스는 유레카 프로메테우스 계획으로 명명된 자율주행 프로젝트를 시작했다. 이 프로젝트는 자율주행 및 관련 기술개발에 있어서 당시 역사상 최대의 연구개발 프로젝트로서, 여기에 들어가는 총비용 예산은 7억 4,900만 유로였다. 유레카 프로메테우스 계획에 사용된 메르세데스의 화물차량 옆에는 지금 봐도 바로 알기 쉬운, 자율주행 테스트 차량임을 알리는 디자인이 들어가 있다.

지금부터 30여 년도 전에 메르세데스는 이런 실증실험을 거쳐, 거기서 얻은 데이터나 기술을 바탕으로 현재의 시판 차량에 탑재되고 있는 ACC(Adaptive Cruise Control=메르세데스의 상품명은 디스트로닉)를 개발했다.

▼ 상용차의 진화와 혁신 ▼

2017
[라스트 원 마일을 제압하다]

고속도로를 사용한 대형수송 외에 메르세데스는 마지막 택배 배송의 로봇화에도 나서고 있다. 최종적으로 화물을 각 배달처의 고객에게 전달하는, 소위「라스트 원 마일」을 자동화하면 효율은 물론이고, 일본도 오랫동안 문제로 안고 있는 택배 관련 인력부족을 해소하는 데에도 도움이 될 것이다. 2017년도 CES에서 메르세데스의 밴 화물차량인 스프린트에 8대의 로봇을 탑재해 트랜스포트 허브로 기능하게 하는 콘셉트 모델이 발표되기도 했다.

[Are You Ready for Autonomous Driving?]

시미즈 가즈오가 인터뷰한, 자율주행의 국제적 기준을 마련하는 가와이 데루나오씨.

과신이 아니라
신뢰할 수 있느냐 여부가 관건

독립행정법인 자동차기술 종합기구의 교통안전 환경연구소에서 자동차연구부장으로 일하고 있는 가와이 데루나오 씨에게 최신 자율주행 관련 기술기준 등에 관해 들어보았다. 이 연구소는 국토교통성을 기술적으로 지원하는 기관으로서, 자동차 시험방법이나 평가방법을 검토하는 업무를 주로 한다. 신차인증 시 배기가스 시험이나 연비측정도 이 기관이 맡고 있다. 자율주행에 관해서 일본은 현재 가입된 UN의 자동차안전기준 국제조화포럼(WP29)에 주체적으로 참여하면서 다양한 국제기준을 만드는 일에도 중요한 역할을 담당하고 있다.

인터뷰 : 시미즈 가즈오

다른 레벨이 혼재해 있는 어려움 속에서의 도전

시미즈 가즈오(이하 시미즈) : 자율주행 보급 때문에 앞으로는 점점 바빠지시겠네요. 요즘 세간에 자율주행에 관한 관심이 큰데, 어떻게 보십니까?

가와이 데루나오(이하 가와이) : 두 가지 걱정 스러운 것이 있습니다. 하나는 자율주행이 금방이라도 시작될 것 같은 세상의 과도한 기대이고, 또 하나는 많은 사람이 AI(인공지능)가 절대적인 능력을 가질 것으로 기대한다는 점입니다. 「어쨌든 그렇게 되지 않을까요?」하

고 생각하는 사람이 많은 느낌입니다.

시미즈 : 세상이 자율주행에 기대가 너무 크다는 의미는?

가와이 : 매우 가능성이 있는 멋진 기술이라고 생각합니다만, 일반인들이 생각하는 것과 실제로 기술이 발전하고 보급될 때까지는 시

간 차이가 있다고 생각합니다. AI가 발달해 이제 곧 완전 자율주행이 실용화되리라 생각하는 사람도 있겠지만, 현실적으로는 완전 자율주행이 실현될지 어떨지도 알 수 없는 상태이고, 실용화된다고 하더라도 상당히 먼 이야기입니다. 이 차이가 무서운 것이죠. 자동차 메이커의 말도 그것을 조장하고 있다는 느낌이고요.

시미즈 : 얼마 전에 IT업계 사람과 이야기를 나눈 적이 있는데, 그들은 AI를 사용한 자율주행에 대해 상당히 적극적이더군요. 특히 미국은 WP29의 영향도 받지 않는다고 하면서요.

가와이 : 말씀하신 것처럼 IT업계와 자동차 업계의 인식 차이도 존재합니다. 어쩌면 우리를 포함한 자동차 업계가 구태의연해서 움직임이 느린 것인지도 모르겠지만, 우리 감각으로는 안전성을 생각하면 역시나 신중할 수밖에 없습니다. 그에 반해 IT업계는 실패하면 개량해서 발전시키면 된다는 자세이죠. 그들은 몇천 명을 구하는데 한, 두 사람의 희생은 감수할 수 있지 않냐는 생각으로 느껴집니다. 그것을 비난할 생각은 없지만, 우리는 적어도 초기 단계에서는 너무 신중하다고 할 만큼 신중해져야 한다고 생각합니다. 자율주행의 과신으로 인해 발생하는 사고 때문에 반대 목소리가 커지면, 모처럼의 소중한 기술이 헛되게 사라질 가능성도 있으니까요. 우리는 그것이 무서운 겁니다.

시미즈 : 현재 자율주행은 레벨1~5로 나누어져 있고, 당장은 레벨3의 실현에도 어려움을 겪고 있습니다. 개중에는 운전자에게 완전히 책임이 남는 레벨2 시기를 길게 가져가면서 기술을 진화시키고 숙성시킨 다음, 때가 오면 레벨3을 넘어 단숨에 레벨4를 실용화하자는 목소리도 있습니다. 포드가 그런 주장을 하고 있죠. 한 가지 묻고 싶은 점은, 앞으로 자율주행의 기능적 한계가 자동차마다 다를 것이라는 상황이 예상되는데 거기에 관해서는 어떻게 보십니까?

가와이 : 그것은 레벨3 단계에 들어갔을 때 문제가 될 가능성이 있습니다. 예를 들면 도로 위의 모든 자동차가 어느 순간부터 레벨4 또는 레벨5의 완전 자율주행 차량으로 바뀌면 이야기가 간단하겠지만, 그 직전인 레벨3에서는 보통은 AI가 운전하다가 AI가 대응할

수 없는 상황에 빠지면 운전자에게 운전을 넘긴다는 의미에서, 한 대의 자동차에 AI와 운전자 두 가지 운전 주체가 혼재하게 되는 겁니다. 또한 어떤 자동차는 완전 자율주행 차량이고 다른 차는 종래의 수동운전 차량인 식의 혼재도 생각할 수 있습니다. 이것도 어려운 상황이죠. 게다가 자동차마다 기능한계가 다르게 되면 상당히 어려운 상황이 될 것으로 생각합니다. 여러 가지 검토를 거듭하다 보면 인간이 관련된 지점에 레벨3 실현의 어려움이 있습니다. 우리 자동차 업계로서는 레벨2가 실현되면 레벨3에 도전하고 이어서 레벨4로 가는, 한 계단씩 나아가려고 하지만 어쩌면 레벨3은 건너뛰고 레벨2에서 두 걸음 나아가 레벨4를 지향하는 것이 좋을지도 모르겠습니다. 하지만 거기까지는 아직 누구도 판단을 내리지 못하는 상황이죠.

사람과 시스템이 신뢰 관계를 구축할 수 있을까.

시미즈 : 또 한 가지, 이것도 대답하기 어려운 문제일지 모르겠습니다만, 고도의 레벨2가 이루어지면 실제로는 거의 자율주행 상태라고 할 수 있지 않습니까. 손을 떼도 되고, 운전자는 평소에 감시만 하면 되니까요. 그렇게 되면 졸리는 상황도 생기겠죠. 그러면 고도의 레벨2 시점에서 다른 일(스마트폰 조작 등)을 허락해 졸음을 방지하는 것이 좋지 않냐는 의견도 있던데요? 원래의 우리 능력이 10이라고 치면, 깜빡깜빡 졸다가는 3 정도로 떨어지게 된다는 것이죠. 스마트폰을 볼 수 있다면 3을 잃더라도 아직 7이 남아 있는 셈이니까, 그쪽이 안전하게 아니냐는 것이죠. 어디까지나 생각 차원의 이야기일 뿐입니다만.

가와이 : 음, 확실히 하기 위해 말씀드리자

면 지금의 도로교통법에서는 다른 일(Sub-task)은 금지되어 있습니다. 시미즈씨가 지적하신 것도 있을 수 있다고 생각합니다. 다만 깜빡깜빡 조는 것이나 다른 일이 어느 정도로 위험한지를 외부에서 정량적으로 판단하는 방법이 없다는 것이죠.

시미즈 : 그건 그렇군요. 샹하이 모터쇼에서 메르세데스 벤츠의 개발을 총괄하고 있는 올라 칼레니우스와 이야기를 할 기회가 있었습니다. 지도에 도로의 규제속도가 들어가 있기 때문에, 예를 들면 로터리 직전에서 속도를 낮추었다가 그곳을 지나고 나서 속도를 다시 올리는 것이 레벨2 단계에서도 충분히 가능하다는 겁니다. 따라서 레벨2에서도 운전자가 졸릴만한 요소는 충분히 있다고 생각합니다.

가와이 : 액셀러레이터, 브레이크, 스티어링

모든 것이 자동화되어 자동차가 하는 일이 레벨4와 똑같다 하더라도 감시의무가 있는 한에는 레벨2이기 때문에, 레벨2에서도 그럴 가능성은 충분히 있겠죠. 자율주행 관련은 아니더라도 자동차가 자동화될수록 운전자가 졸려 할 요소는 늘어납니다. 지금까지의 여러 실험결과에서도 그 점은 분명합니다. 따라서 그것을 방지하기 위해 운전자에게 시각적인 자극이나 진동 자극을 주는 실험도 하고 있죠. 다만 기능의 자동화로 인해 졸리게 되는 정도는 컨디션에 따라서도 다르고 개인 차이도 있어서, 어느 정도의 자극을 주면 어느 정도로 잠을 억제할 수 있느냐는 것을 그림화하는 것이 매우 어렵습니다. 애초에 이 「졸음의 정량적인 그림」조차 존재하지 않습니다.

시미즈 : 스즈카 서킷과 도쿄를 왕래할 때 메르세데스 벤츠 S클래스나 BMW 7시리즈 등과 같이 선진적인 ADAS 기능이 적용된 자동차를 운전하면 졸릴 때가 있습니다. ACC와 조향핸들 어시스트(현재 상태에서는 손을 대지 않으면 취소된다)가 있기 때문이죠. 그런데 아무것도 없는 완전수동 자동차는 졸리지 않습니다.

가와이 : 고령자 사고가 늘어나면서 「고령자야말로 MT만 운전하게 하자」는 극단적인 의견도 있습니다. 손, 발을 계속 사용하게 되면 졸릴 틈도 없고, 클러치가 안전장치로서도 기능한다는 이유입니다. 즉 인간은 어떤 기능이 자동화되면 자동화되지 않는 부분까지 포함해 괜찮다고 과신하게 됩니다. 한편으로 아무리 자동화가 진행되어도 자동차를 신용해서는 안 된다고 한다면, 자율주행의 의미가 없어지는 것이죠.

시미즈 : 상품가치가 없는 것이겠죠.

가와이 : 운전자 쪽과 시스템 쪽의 신뢰 관계를 어떻게 구축하느냐가 관건이라고 생각합니다. 사람들이 과신하지 않도록 올바로 자율주행 기능을 전달해 이해할 수 있게 하려면 어떻게 설명해야 할지를 매일 생각하다가, 다음같이 생각하면 잘 전달되지 않을까 하는 생각이 들더군요. 자율주행 차량을 운전사가 딸린 자동차라고 생각해 달라는 겁니다. 다만 그 운전사는 운전면허를 막 딴 초보 운전사입니다. 임시면허라고 생각해도 좋습니다. 당신은 아무것도 할 일이 없지만 안심하고 조수석에 타고 있을 수 있느냐는 것이죠.

시미즈 : 앞으로 자율주행의 성능을 평가하는 평가책정 시기가 올 텐데요, 그렇게 되면 그야말로 가와이씨 같은 분들이 시험방법을 책정하게 되겠네요. 「이 자동차는 사람의 면허 취득 레벨, 이것은 초등학생 레벨」등으로 말이죠, 농담입니다만. 그렇다 치더라도 자동차 메이커는 편리하게 하기 위해서이든 안전하게 하기 위해서이든 자동화를 진행해 왔는데, 자동화를 하게 되면 될수록 인간은 자동차를 과신하게 되어 위험해진다는 것은 아이러니 하군요.

가와이 : 기술 완성도나 신뢰성이 상당한 수준으로 높아지면 인간이 전폭적으로 신뢰한다 하더라도 그것은 과신은 아닐 겁니다. 가령 예전의 AT와 지금의 AT는 같은 일을 하는 자동변속기이지만 그 완성도는 큰 차이가 있습니다. 지금의 AT는 변속에 있어서 전폭적으로 신뢰해도 문제가 없는 것이죠. 자율주행 기술도 충분히 완성도, 신뢰성을 높일 수 있다면 인간은 안심하고 존다거나 다른 일을 할 수 있을 거로 생각합니다.

시미즈 : 달리 표현하면 지금의 자율주행 기술은 완성되기까지는 아직 더 있어야 한다는 사실을 잘 인식하고 있어야 하다는 것이군요. 16년도에 닛산 세레나를 시승하던 고객이 영업사원의 지시대로 앞에 차가 접근했는데도 브레이크를 밟지 않아 추돌한 사고가 있었습니다. 그 사고는 영업사원이 기술을 과신했던 동시에 그 말을 믿은 고객도 영업사원을 과신했다는 뜻이 되겠네요.

가와이 : 그렇습니다. 과신이 아니라 정확하게 신뢰해야 한다는 것이죠.

시미즈 : 알겠습니다. 오늘 말씀 감사했습니다.

가와이 데루나오

독립행정법인 자동차 기술종합기구 교통안전 환경연구소 자동차 연구부장.

국토교통성 교토정책 심의회 임시위원, 경제산업성 종합자원에너지 조사회 임시위원, 내각부 SIP자율주행 시스템 추진위원회 구성원.

Epilogue...

모든 사람에게 이동의 자유를

독방의 가치에서 연결되는 가치로

최근에 자주 듣는 것이 모터리제이션 2.0 이라는 단어이다. 자동차 동력이 엔진에서 전기로 바뀌고, 핸들을 잡는 것도 AI(인공지능)로 바뀌면 우리 사회는 어떻게 변화될까. 내각부 SIP(전략적 혁신 프로그램)의 자율주행 추진위원을 맡고 나서 매일 같이 자율주행을 생각하고 있다. 내가 운전하는 것과 똑같이 될 수 있을까. 사람이 운전하는 자동차는 운전자 자체가 다양해서 초보가 있는가 하면 난폭한 운전자도 있다. 사람이 운전하는 자동차의 움직임을 예측하기가 쉽지 않다. 때문에 사고가 일어나게 된다.

IT전문가의 생각은 「교통사고의 90% 이상이 인간의 실수라면 사람은 컴퓨터 소프트웨어의 버그(벌레)와 똑같다. 버그를 없애는 일은 우리가 전문」이라는 것이다. 만약 AI가 운전한다면 자동차의 움직임을 예측하기가 쉽고 규칙과 도덕적으로 충실하게 운전한다. 사고를 없애거나 정체를 완화해 교통효율을 높이는데 있어서 자동화는 필수이다.

물론 자율주행 시대는 자동차 단독적인 성능만으로는 이야기할 수 없다. 어느 대학생과 자율주행에 관해 대화를 나누었을 때, 그는 「자동차에는 흥미가 없지만 자동차가 자동화되고, 전동화되면서 우리가 사는 사회가 어떻게 바뀌어 나갈 것인지, 그런 혁신에는 아주 흥미가 많습니다」라는 말을 했다. 자율주행이라는 수단이 실용화되었을 때 어떤 사회가 될지, 그 수용성이 중요하지 않을까. 필요성과 희망을 곰곰이 생각해 봐야 할 것이다.

대학생들에게 「라이드 쉐어」에 대한 의견을 물어본 적도 있다. 그랬더니 재미있는 대답이 돌아왔다. 몇몇 대학생은 아파트를 공유하고 있다고 한다. 경제적인 장점도 있겠지만, 밀레니엄 세대는 「친구와 연결」하는 것을 의식주에 이어 중시하는 것이다. 자동차를 운전하면서 싫었던 것은 "연결되지 않는다는 점"이라고 그들은 말한다. 베이비 붐 세대부터 베이비 붐 주니어 세대까지는 밀폐된 독방이라는 점에서 자동차의 매력을 느낀다. 즉 연결되지 않는 것이 자동차의 가치였지만, 밀레니엄 세대는 반대 의견을 갖고 있다. 유럽과 미국에서는 자율주행(오토파일럿)과 연결(커넥트)이라는 두 가지 가치를 제안하고 있다. 일본에서는

자율주행을 위해 연결되는 기술이 필요하다고 생각하기 쉽지만, 젊은 세대에게 있어서는 그것만이 아닌 것 같다.

자율주행에 관해서 사회적 수용성 조사가 활발하게 이루어지고 있는데, 결과들을 보면 자율주행은 젊은 세대일수록 쉽게 받아들인다. 그러다 최근에 파악된 것이 로봇청소기를 사용하는 주부가 애착을 갖고 말을 건네거나 한다는 것이다. 애완동물처럼 이름을 부르는 여성도 있다. 사실은 우리 집도 그렇다. 그런데 로봇청소기 이야기를 하는 아내에게 「전자동 세탁기도 이름을 불러?」라고 물었더니 대답은 NO이다. 청소기와 세탁기의 어떤 점이 다른 것일까. 대답은 단순했다. 움직이느냐 움직이지 않느냐.

로봇청소기는 자동으로 방안을 돌아다니기 때문에 사람 비슷하게 느껴지는 것 같다. 법률가는 사람을 "자연인", 사회를 "법인"으로 규정하지만, 과연 AI를 "AI인(人)"이라고 의인화할 수 있을까. 적어도 로봇청소기를 사용하는 주부는 움직이면서 일하는 로봇청소기에 애착을 느끼고 있다. 그래서 완전 자율주행 자동차가 실용화되어도 운전을 못 한다고 재미없다고 하지는 않을 것 같다. 무인으로 돌아다니는 모습에 애정을 느낄지도 모른다.

TEXT : 시미즈 카스오(Kazuo SHIMIZU)

AI를 설계하는 엔지니어가 사람으로부터 사랑받는 자율주행 자동차를 개발해 주었으면 하는 바램이다.

AI시대의 자동차가 해야 할 역할이란

최근에 자주 듣는 말 중에 또 한 가지가 소사이어티 5.0이다. 지금까지 인류가 걸어온 「수렵」「농경」「공업」「정보」에 이어 제5의 새로운 사회를 기술혁신(이노베이션)을 통해 만들어내는 대담한 발상이다. 혁신을 좋아하는 아베정권의 목적은 어디에 있는 것일까. 제5의 사회는 디지털 인프라와 IoT(Internet of Things)가 주체가 될 것이다.

일보에서 모터리제이션 2.0이나 소사이어티5.0이라는 개념이 등장한 것은, 독일이 내세우고 있는 제4차 산업혁명 「인더스트리 4.0」을 심각하게 인식했기 때문일 것이다. 독일에서는 인터넷이나 디지털기술, 또는 AI 등과 같은 로봇기술을 다양한 산업에 반영하고, 설계나 생산·판매 분야에서 인터넷을 적극적으로 이용하자는 장대한 프로젝트가 진행 중이다. IoT라는 말 자체는 일본에서도 사용하지만, 독일에서는

IoT를 전략적으로 이용하고 있다.

인더스트리 4.0에 관해 설명하자면 제1차 산업혁명은 영국에서 시작된 증기기관을 사용하는 기계화였다. 제2차 산업혁명은 20세기 초에 시작되었다. 전기를 사용한 벨트 컨베이어방식의 대량생산 체제가 그것으로, 헨리 포드가 개발한 시스템이기 때문에 노동집약형 대량생산방식을 포디즘이라고 한다. 세 번째 산업혁명은 생산공장의 자동화이다. 그리고 인더스트리 4.0이라고 하는 제4차 산업혁명은 「스마트 팩토리」이다. 인터넷을 적극적으로 이용한 생산현장을 가리킨다.

이 인더스트리 4.0을 실현하려면 튼튼한 산학관 연대가 필수이다. 일본이 약점으로 지적받는 산학연대가 독일에서는 강점이라는 점은 부정하기 어렵다. 즉 일본의 소사이어티 5.0이나 모터리제이션 2.0을 실천하려면 독일 같은 산학연대가 필요하다는 것을 많은 관계자가 인식하고는 있지만, 그 문제해결의 실마리는 보이지 않는다.

지금 눈앞에 있는 혁신은 사람과 시스템(기계)의 역할이 크게 바뀌려 하고 있다는 점이다. 사람이 하지 못하던 일을 기계가 한다. 기계는 생활 속 도구였지만 AI시대

가 되면 자동차는 더 큰 역할을 맡을 수 있을 것 같다. 말하자면 자율주행은 「모빌리티 서비스」이다. 바꿔 말하면 「많은 사람에게 평등하게 이동의 자유를 부여하는 것」이 자율주행의 사명이 아닐까.

모두에서도 언급했지만, 자동차기술은 사람이 운전한다는 전제로 발전해 왔다. 그러나 공장이나 집에서도 로봇기술은 이미 실용화되고 있다. 그렇게 보면 자동차의 자동화는 오히려 자연스러운 흐름이 아닐까. 자동주차 등은 식은 죽 먹기이고, 영화를 보면서 고속도로를 이동할 수도 있다. 자동화로 인해 자동차 사회가 단숨에 진화되면 우리 사회 전체가 크게 바뀌고, 사회가 바뀌면 분명 생활방식도 바뀔 것이다. 미래를 만드는 것은 젊은 세대이지만, 남녀노소를 불문하고 미래사회에 큰 꿈을 그려보고 싶은 것이다.

도해
특집 Automotive Safety

최첨단
안전기술

── 자동차가 사람을 지킨다 ──

예전에 MFi 특집으로 안전기술을 다룬 적이 있다. 벌써 12년이 지났다.

그동안 안전에 관한 기술은 눈부시게 진화해 오면서, 안전기능은 이제 차종을 불문하고 기본사양으로 탑재되고 있다.

자동차의 안전에 관한 요소기술도 상당히 잘 갖추어져 있다.

탑승자의 피로를 줄이거나 시야를 확보하기 위한 「0차 안전」,

사고 가능성을 대폭 줄이는 「1차 (예방안전)」, 사고발생 시 탑승자나 보행자를 보호하는 「2차 (충돌안전)」같은

카테고리로 나누어져 안전에 대한 자동차 메이커의 철학과 기술을 엿볼 수 있다.

전 세계 자동차 메이커가 공통적으로 내세우고 있는 「교통사고가 없는 사회」라는

궁극적인 목표를 향해 가는 도정에서 자동차는 어디까지 안전해졌을까?

본문 : 하야시 아키오 취재협력 : 노베 츠기오(나고야대학 객원 조교수) 사진 : 다이믈러

INTRODUCTION

자동차의 「안전성」 이란 무엇인가.

[운전자를 중심으로 생각했을 때…]

우리가 자동차를 사용하고, 사회가 자동차 교통을 필요로 하는 현재 상태에서는 「안전성」에 대한 5가지 단계가 존재한다고 생각한다.
그리고 모든 단계는 상호 관련되어 있어서 사고의 조사분석을 통해 비로소 연결된다.

본문 : 마키노 시게오 사진 : 볼보

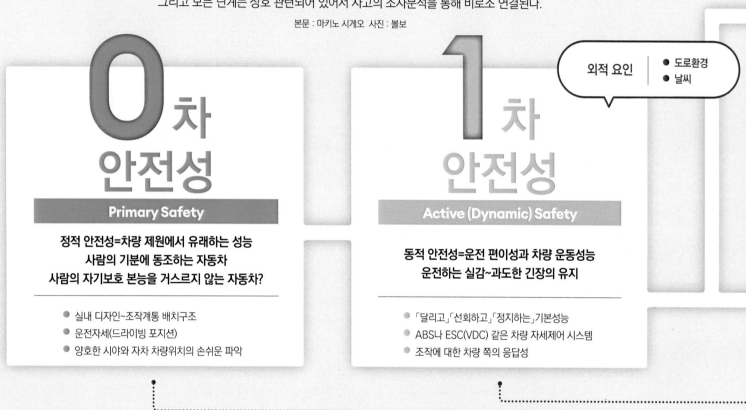

0차 안전성
Primary Safety

정적 안전성=차량 제원에서 유래하는 성능
사람의 기분에 동조하는 자동차
사람의 자기보호 본능을 거스르지 않는 자동차?

- 실내 디자인~조작계통 배치구조
- 운전자세(드라이빙 포지션)
- 양호한 시야와 자차 차량위치의 손쉬운 파악

1차 안전성
Active (Dynamic) Safety

외적 요인 | ● 도로환경
● 날씨

동적 안전성=운전 편이성과 차량 운동성능
운전하는 실감~과도한 긴장의 유지

- 「달리고」「선회하고」「정지하는」기본성능
- ABS나 ESC(VDC) 같은 차량 자세제어 시스템
- 조작에 대한 차량 쪽의 응답성

자동차의 안전성을 단계별로 나누었을 경우, 현재는 5가지 단계가 존재한다고 생각할 수 있다. 먼저 0차 단계. 이 단계는 운전자가 개입할 수 없는 차량의 제원이다. 차량 설계단계에서의 「달리기 전」에 결정된 안전성이다. 달리기 시작하면 단계는 1차 안전성으로 넘어간다. 이 단계는 운전자의 기량이나 경험이 개입되기도 하지만, 원래의 제원·제조에 의존하는 부분이 많고 자동차 메이커가 최종적으로 상품을 어떻게 만드느냐가 주요 포인트이다. 다음 단계는 1차 안전성 중에서도 위험영역에 근접하는 경우에 작동하는 차량 쪽 기능이다. 여기서는 「1플러스」, 액티브 세이프티 어드밴스라고 하자. 이 단계는 운전자

의 의사가 미치지 않는 단계로서, 가령 운전자에게 그런 의식이 없더라도 위험영역에 다가가지 못하도록 운전을 지원해 주는 기능이다. 근래에 이 단계가 놀랄 만큼 내실화되면서, 기대했던 만큼 실제로 효과를 내고 있다는 점에 주목할 필요가 있다.

그리고 만에 하나 충돌사고가 발생했을 때의 단계. 충돌사고를 막을 수 있다면 그보다 최선인 방법은 없겠지만, 충돌했을(당했거나) 때는 탑승객이 시트에서 안 떨어지게 하고, 실내변형을 억제해 생존율을 높이는 기능이다. 이것도 설계·제조에서 유래하는 부분이지만 시트벨트나 SRS 에어백 효과가 극대화되도록 착석하는 자세가 자동차 메이커가 상

정한 범위 내여야 한다는 것이 조건이다.

충돌 후에는 피해가 커지지 않도록 자차의 자세를 제어하는 것이 바람직하다. 하지만 그러기 위해서는 상당한 기량과 전문지식이 필요하다. 이 부분을 자동화해 피해확대를 최소한으로 하는 충격 제어가 3차 안전성이다. 사고 자동통보 기능이 그 중 하나이며, 운전기록도 넓은 의미의 피해경감 장비이다. 그리고 중요한 것은 모든 단계에서 안전성 수준을 높이기 위해 사고 조사·분석이 필요하다는 점이다. 현재의 안전성은 모두 과거의 경험으로부터 만들어진 것이다.

1⁺차 안전성

1⁺차
안전성
= 더 발전된 1차 안전성

Active (Dynamic) Safety Advance

프리크래시 세이프티 : Pre - Crash Safety
충돌을 피하기 위한 동적 안전성=사고회피능력
운전자가 인식하지 못한 위험상태에서의 이탈

- ADAS=첨단 운전자 지원시스템
- 충돌직전의 자동회피 기능

외적 요인 │ ● 노차(路車)간 인프라 이용
　　　　　　● 차차(車車) 통신

3차
안전성
= 피해확대 방지

Damage Control

사회적 피해확대방지

- 충돌 후에도 운전자가 차량을 조작할 수 있을까.
- 사고를 자동으로 알려 피해확대를 막는다.
- 화상(畵像)을 포함해 사고상황의 자동통보

외적 요인 │ ● 구급 의료체제
　　　　　　● 목격자의 의무

2차
안전성
= 수동적 안전성

Passive (Crash) Safety

충돌 시 탑승객을 보호하는 성능
충돌상대에 대한 충격을 경감시키는 성능

- 충돌안전 보디=탑승객의 생존공간을 확보
- 시트벨트의 위험성을 경감
- SRS 에어백=탑승자 또는 대 보행자・자전거

- 사고상황 조사
- 부상 치료과정 조사
- 차량성능 분석
- 의학적 견해

각 단계로
피드백

BASICS

안전최전선 2018

자동차의 안전성이 상품경쟁력으로 인식되기 시작한 것은 1990년대 전반이었다.
사반세기가 지난 현재, 안전성 향상은 다양한 각도로 검토되고 있으며 그 혜택은 전 세계가 받고 있다.

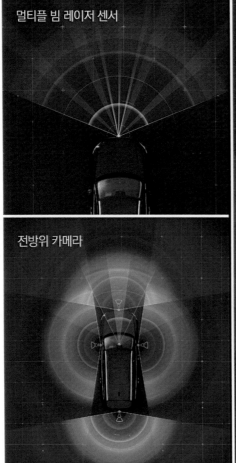

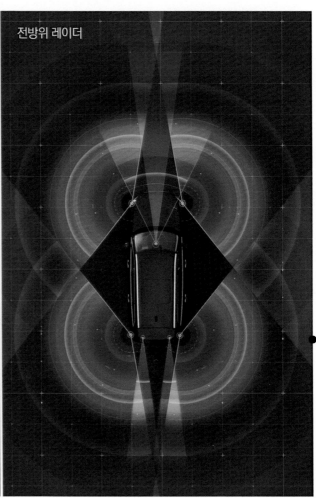

01 / [운전자를 중심으로 생각했을 때…]

멀티 센서가 만드는 전방위 「가상 방어」

센서를 사용해 전방 차량을 따라가는 형식(앞차 속도 자동추종 형식)인 크루즈 컨트롤로 시작해, 지금은 자차의 전방위를 감시하는 수준까지 발전했다. 완전 자율주행이라는 무경험의 세계가 펼쳐지고 있다.

본문 : 마키노 시게오 그림 : 볼보

위 CG는 볼보 카즈의 가상 방어(Virtual Shield) 예이다. 앞으로의 자율주행 시대를 예상한 콘셉트로써, 이미 실용영역에 들어와 있다. 전방 레이더 빔 폭은 가변이어서, 필요한 경우에는 빔 폭을 좁혀 감지정확도를 높이는 구조이다. 그 전제는 사방을 어떤 방법으로든 항상 감시할 필요가 있는데, 그것을 4개의 카메라 또는 레이더로 감시한다. 예를 들면 상대 자동차, 상대 보행자, 상대 경자동차 모든 것에 대해 「교차로 돌출사고」를 막기 위해서는 자차의 직진 방향에 대해 좌우 90도 이상의 감시 각도가 요구된다. 이것을 카메라로 하든가 레이더로 하든가 또는 같이 사용하든가는 자동차 메이커에 따라 방식이 다르다. 물론 도로 쪽에서 정보를 받는 방법도 있다.

자동차 교통의 「안전」을 담당하는 요소는 「사람」「도로」「자동차」 3가지이다. 어느 한 가지라도 부족하면 그 부족한 만큼을 다른 쪽에서 보완해야 한다. 자동차가 안 되면 인프라가 그것을 보완하지만, 운전자에게는 과도한 부담이 생긴다. 사회적 비용부담을 포함해 자동차의 혜택을 받기 위한 노력은 3요소 각각의 균형이 중요하다.

자동차 교통사고 대책에 대한 역사를 돌아보면, 초창기 때는 「질서를 만드는 것」이 최대 효과를 거두었다. 교통규칙을 만들어 준수하도록 하고, 억지책으로 단속을 펼쳤다. 만약 어기면 벌을 부과한다. 일본에서 교통전쟁이라 불렸던 1960년대 후반부터 70년대 전반만 해도 신호기 설치와 교통단속 강화가 효과를 거두었다. 그러면서 보행자와 자전거의 사망사고는 줄어들었다. 하지만 그 다음에는 관통형(棺桶型) 교통사고의 증가가 기다리고 있었다. 자동차 승차 중에 일어나는 사망사고이다.

이에 대한 대책으로 충돌안전성이 주목받으면서 시트벨트의 진보, 보디의 충격 흡수성 향상, 나아가서는 에어백으로 대표되는 SRS(Supplemental Restraint System=시트벨트 효과를 높인다는 의미의 보조 구속장치) 분야의 발전이 효과를 발휘했다. 도로 쪽도 사고를 줄이는 도움이 되도록 차도와 보도의 분리, 중앙분리대 설치, 위험에 빠지지 않도록 도로 구조를 개선하는 등의 대책을 실시했다.

손을 안 댄다는 느낌이 있는 것은 「사람」문제이다. 「사람은 반드시 실수를 범한다」「악의가 없는 실수는 관용을 베풀어야 한다」는 일각의 의견도 있지만, 이 문제가 잘 해결되지 않는다. 현재의 일본에서 말하자면 아직도 음주운전이나 「난폭운전」같은 행위가 없어지지 않고 있다. 또한 주의태만이나 인지판단 실수도 있다.

이 「사람의 문제」에 대한 대책으로 등장한 것이 전방위 가상 방어이다. 레이더나 카메라를 사용해 자차의 사방 360도를 감시해 위험이 다가오고 있다고 컴퓨터가 판단했을 때는 경고를 보내거나, 운전자의 조작에 우선하는 자동제어를 하는 기능으로써, ADAS(첨단 운전자 지원시스템, Advanced Driver Assistance Systems)로 대표되는 「사람을 보좌하는」기능이다. 당연히 이것은 가격을 높인다는 부작용도 따른다. 그러나 개선이 쉽지 않은 「사람」문제에 대한 대응 차원에서 사회가 요구하는 기능이라고 할 수 있을 것이다.

특히 차량 진행 방향인 전방에는 감시의 눈분만 아니라 만일의 충돌 시에 피해를 줄여주는 가상 범퍼(Virtual Bumper)를 갖추는 중이다. 충돌피해 경감 브레이크(원래는 자동 브레이크라는 의미가 아니다)이다. 자동차 보험업계의 조사에 따르면 이것이 확실하게 사고 발생 건수를 줄인다는 사실이 밝혀졌다. 동시에 가상 방어를 「두텁게」하는 것이 상품성 향상으로 이어진다는 사실이 소비자들 사이에서도 있어서, 이 분야에서의 치열한 개발 경쟁이 펼쳐지고 있다. 10년 전에는 없었던 현상으로서, 그런 의미에서 우리는 새로운 안전장비를 얻게 된 것이다.

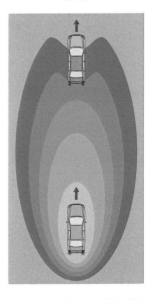

가상 범퍼

전방의 방호영역(shield) 내에 장애물이 들어왔을 경우는 감시기능에 「자율주행 제어」가 추가된다. 이것이 사고경감 브레이크이다. 앞차 속도 자동추종 형식인 크루즈 컨트롤도 가상 범퍼로서의 자동제어 개념이다.

◆ 전방위 센서를 통한 자율주행

360도 전방위 감시기능은 시가지에서 자율형 자율주행을 가능하게 하는 필수조건으로서, 운전을 AI에게 맡기더라도 AI가 판단을 내리기 위한 재료로 전방위 감시 데이터는 필요하다. 현재 자동차산업계 차원에서 ADAS 관련 장비를 개발하는 이유는 앞으로의 자율주행 실현에 있다. 이것은 지금까지 없었던 안전장비로서, 자동차 교통 전체에 끼치는 사고방지 효과가 기대된다.

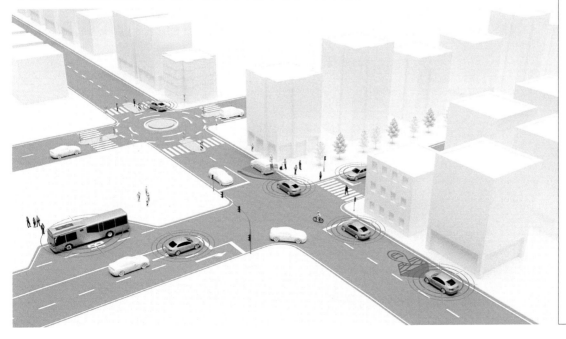

02 / 아직 끝나지 않은 대책

현재의 「충돌안전」

1980년대에 「풀랩 전면충돌」에서 시작된 충돌안전대책은 현재 「전면 4대 6 옵셋」 「측면」「뒷부분」 더 나아가 「전면 스몰 오버랩」까지 확대되었다.
본문 : 마키노 시게오   그림 : 볼보

100m를 10초에 달릴 수 있는 사람은 매우 적다. 시속으로 나타내면 36km이다. 이것이 인간의 거의 한계이다. 이 속도를 몇 분이고 유지하는 일은 불가능하다. 하지만 자동차는 시속 100km를 계속해서 유지할 수 있다. 인간의 신체 능력보다 몇만 배는 높다. 그 대신에 만에 하나 충돌사고가 났을 때는 반대로 뛰어난 운동능력이 화가 된다. 고속으로 달리는 거대한 운동에너지를 가진 자동차가 매우 짧은 시간에 속도 제로로 떨어지는 것이 충돌사고이다.

일본의 충돌 사망사고(89년)

범례 유형별 사고
☐ 정면충돌
▥ 측면충돌
■ 추돌
▨ 차량 대 물체
▤ 차량 대 이륜차

미국의 충돌 사망사고(88년)

탑승객 상해정도 평가라는 개념이 미국에서 만들어진 것이 1980년대 중반. FMVSS(미국연방 자동차안전기준) 내에 이 기준이 만들어지면서 충돌안전대책이 크게 바뀌었다. 그 무렵 미국에서는 위 그림에서 나타낸 것처럼 측면충돌로 인한 사망사고가 많았기 때문에 당연히 그 실태를 안전기준에 반영했다. 같은 시기 일본에서는 정면충돌로 인한 사망사고가 많았는데, 이것은 미국과 완전히 다른 사고실태였다. 양국의 충돌안전기준은 여기가 출발지점이다. 하지만 대책이 발전되면 사망사고 형태도 바뀐다.

● 전면 4 대 6 옵셋 충돌

서로 간에 운전석 쪽 보디의 전면만 부딪치는 「옵셋 충돌」로 인한 사망사고는 나라·지역을 불문하고 일정한 비율로 발생하고 있었다. 그에 대한 대책으로 운전석 쪽 40%를 부딪치는 40%(4 대 6) 옵셋 시험이 이루어졌다. 실내변형이 아주 격렬한 시험이다.

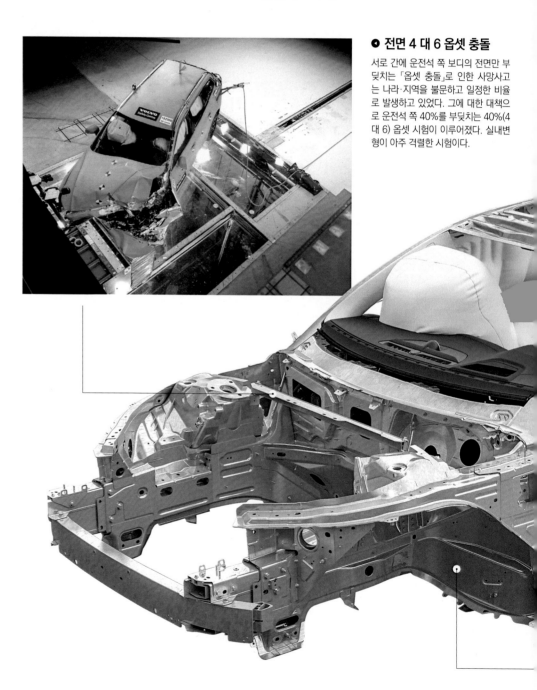

이때 운동에너지 보존의 법칙이 작용된다. 충돌 전에 자동차가 갖고 있던 운동에너지는 갈 곳을 잃고 자동차 보디를 찌그러지게 하는데 소비된다. 그렇다고 찌그러지지 않는 보디가 이상적인 것은 아니다. 계산한 대로 여러 방향으로 충격을 분산하면서 될 수 있는 한 천천히 찌그러들어, 충돌 직전에 남아 있던 운동에너지를 방출함으로써 탑승객의 생존공간을 확보하는 것이 이상적이다. 안전규제 시험에서는 시험차량에 더미(실험용 인형)를 앉힌 다음 더미에 가해진 충격을 계측하고, 그 수치를 실제 인간이 받을 것으로 예측되는 충격으로 변환한 「상해정도」로 평가한다. 자동차가 심하게 찌그러들면 더미에 가해지는 충격도 커진다.

예를 들면 차량 중량 1톤짜리인 자동차가 벽에 30km/h로 부딪치는 전면(前面)충돌을 떠올려 보자. 앞 끝부분이 벽에 충돌한 순간, 아직 자동차 전체에는 1톤의 무게를 30km/h로 달리게 할 때의 운동에너지가 남아 있다. 벽에 막혀 자동차는 그 이상 앞으로 나가지 못한다. 하지만 아직 속도를 잃지 않은 부분인 보디, 엔진 룸이나 실내는 계속해서 전진하려 한다. 이 운동에너지로 인해 보디가 찌그러진다. 점점 찌그러진다. 자동차가 갖고 있던 운동에너지를 모두 소진하면 그때야 자동차는 멈춘다. 하지만 꾸깃꾸깃 찌그러져 있다. 보디 쪽에서 보면 운동에너지의 흡수이고, 운동에너지 쪽에서 보면 에너지 방출이다. 지구의 대기권 안에서 이루어지는 충돌사고는 모두 이 규칙이 적용된다.

세계적으로 눈을 돌리면 충돌시험 방법이 지역마다 다르다. 그 지역의 사고실태를 반영한 것이 법규이며, 충돌안전기준은 그 지역만의 규칙인 경우가 많다. 도로상에서 실제로 일어나 사고를 조사하고 어떤 원인이 있었는지를 특정함으로써, 어떻게 하면 사고를 막을 수 있는지를 생각하고 사고가 일어나도 탑승객에 대한 피해를 줄일 방법을 찾아내 대책을 세운다. 그것이 충돌안전성에 대한 개념이고 실천이다. 다만 거기에는 기준 이상의 개념과 솔선해서 인적 피해를 줄이려는 연구도 필요하며, 그것이 바로 상품경쟁력으로 이어진다.

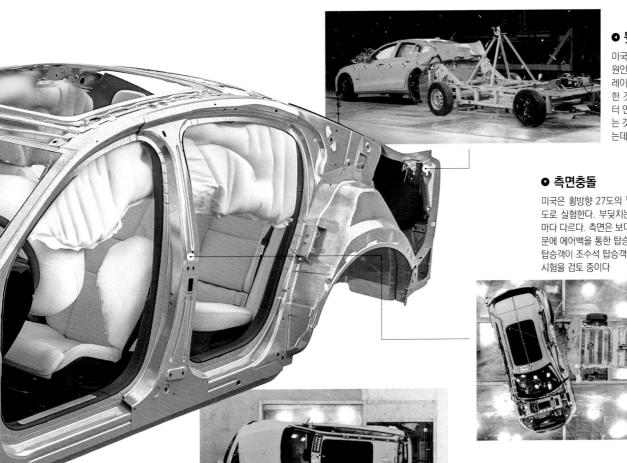

● 뒷부분 충돌
미국에서는 부주의나 음주로 인한 졸음운전이 원인으로 작용해, 주차 중이던 차량에 노 브레이크로 추돌하는 사고가 많다. 그래서 고안한 것이 뒷부분 충돌실험으로, 연료탱크로부터 연료가 새어 나와 발생하는 화재사고를 막는 것이 목적이다. 현재는 탑승객 상해를 줄이는데도 도움이 되고 있다.

● 측면충돌
미국은 횡방향 27도의 「게걸음」시험, 유럽과 미국은 횡방향 90도로 실험한다. 부딪치는 대차(Moving Barrier)의 무게는 지역마다 다르다. 측면은 보디 표면에서 탑승객까지의 거리가 짧기 때문에 에어백을 통한 탑승객 보호가 필수이다. 유럽에서는 운전석 탑승객이 조수석 탑승객에게 위해를 가하는 파 사이드(Far Side) 시험을 검토 중이다

● 전면 소몰 오버 랩 충돌
옵셋 충돌 중앙에서도 양쪽 운전자가 「피하는」 노력을 한 다음에 부딪치는 사례를 미국의 보험업 협회가 중시해, 차 전체 폭 중에 운전석 쪽 25%만을 고정벽에 부딪치는 실험을 개발했다. 운전석 사이드멤버와 A필러 하부 쪽에 충격이 집중되며, 차량변형은 40% 시험과 다르다.

03 / 충돌안전성을 담보하는 규칙
세계의 충돌안전기준과 NCAP

충돌안전기준은 레몬 카(Lemon Car, 결함차량) 문제를 계기로 미국에서 만들어진 이후, 유럽과 일본 심지어는 호주나 유럽으로 확산되었다.
현재는 NCAP(New Car Assessment Program)라고 하는 안전성능에 대한 정보공개제도가,
나라나 지역의 안전기준을 넘어설 만큼 엄격한 시험을 거치기 때문에 주목도가 아주 높아졌다.

본문&사진&기준비교표 작성 : 마키노 시게오 취재협력 : 일본자동차공업회(JAMA)

전 면 충 돌			
기 준		**NCAP**	

미국

광대한 국토나 언덕길 정상에 신호 없는 교차로가 있었던 역사적 배경 때문에 유럽과 일본과는 다른 사고 형태를 띤다. 법규는 독자적으로 형성되어 왔다. 시트벨트를 착용하지 않는 탑승객을 상정한 충돌시험을 계속하고 있다는 점도 특징.

FMVSS 208
- RB 대상 35mph(약 56km) 풀랩 충돌
- RB 대상 20~25mph(약 32~40km) 풀랩 충돌0±5° 조건
- ODB 대상 32mph(약 40km) 6대4(40%) 옵셋 충돌

운전석/조수석 더미는 모두 하이브리드 Ⅲ를 사용. 크기는 미국인 남성의 50%를 커버하는 키 175cm/몸무게 78kg의 AM50을 사용하지만, 0±5° 조건의 풀랩 충돌과 6대4 옵셋 충돌에서는 미국인 여성의 5%에 해당하는 키 145cm/몸무게 45kg인 AF05를 사용.

 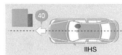

U.S.NCAP
- RB 대상 35mph(약56km/h) 풀랩 충돌
  운전석은 THOR 더미로 변경 예정.
  조수석과 뒷좌석에 AF05더미.
- MDB대상 55km/h(약 88km/h) 15도 경사 전방 35% 옵셋 충돌시험의 추가를 검토 중. THOR 더미 AM50 사용예정.

U.S.NCAP
- ODB 대상 64km/h 6대4(40%) 옵셋 충돌. SOB대상 40mph(약 64km/h) 3대1 (25%) 스몰 오버랩 충돌.
- 더미는 운전석에만 승차. 크기는 AM50.

 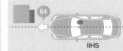

EU

시골 및 도시를 잇는 도로망이 옛날부터 있어서, 사람과 차의 분리가 도시 외에서는 그다지 진행되지 않는다. 미국과 일본보다 간선인 도시 간 고속도로나 일반도로 모두 상용속도 영역이 높고, 사고형태에도 높은 속도가 나타난다.

UN R137-1
- RB 대상 50km/h 풀랩 충돌
- ODB 대상 56km/h 6대4(40%) 옵셋 충돌

운전석/조수석 더미는 모두 하이브리드 Ⅲ를 사용. 크기는 AM50. 다만 풀랩 충돌시험의 조수석 탑승객은 약간 작은 AF05를 사용하는 새 기준으로 이행. 이것은 고령자 탑승객을 상정한 것으로, 가슴 부상 정도에 대한 평가를 엄격히 하기 위해서이다.

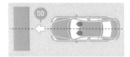 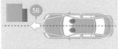

Euro NACP
- ODB 64km/h 6대4(40%) 옵셋 충돌

하이브리드 Ⅲ더미 사용. 운전석과 조수석은 AM50 크기. 뒷좌석에는 어린이 시트를 이용한 운전석 후방에 Q6(6세 아동 상정) ALC 조수석 뒤에 Q10(10세 아동 상정)을 앉힌다. TOHR더미를 이용해 1,400kg MDB를 통한 50km/h 50% 옵셋 시험을 2020년 도입으로 검토 중.

일본

도시 외에는 사람과 차의 분리가 진행되지 않기 때문에, 자동차 대 보행자 및 경자동차 사고가 미국보다 많다. 고속도로 제한속도가 낮은 점도 특징. 자동차 안전기준은 적극적으로 기준조화를 추진할 만큼 유럽과 보조를 맞추고 있다.

Art.18 Attachment.23-2 (도로운송차량의 보안기준 제18조 23의 2)
- RB 대상 50km/h 풀랩 충돌
- ODB 대상 56km/h 6대4(40%) 옵셋 충돌

운전석/조수석 더미는 모두 하이브리드 Ⅲ를 사용. 크기는 AM50. 2018년에는 EU와 같이 풀랩 충돌시험의 조수석 탑승객은 약간 작은 AF05를 사용하는 새 기준으로 이행. 이것은 고령자 탑승객을 상정한 것으로, 가슴 부상 정도에 대한 평가를 엄격히 하기 위해서이다.

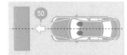 

JNCAP
- RB 대상 55km/h 풀랩 충돌
- ODB 대상 64km/h 6대4(40%) 옵셋 충돌

하이브리드 Ⅲ더미 사용. 전면 풀랩 시험에서는 운전석이 AM50, 조수석이 AF05. 옵셋 충돌에서는 운전석이 AM50, 조수석은 앉히지 않는다. 조수석 뒤쪽에 AF05. AF05 사용은 고령자를 상정.

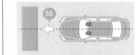 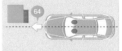

격벽 대상, 풀랩 전면 충돌시험

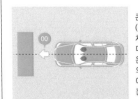

콘크리트의 무거운 고정 배리어(격벽)에 차량 앞부분을 차량 전체 폭에 걸쳐 충돌시키는 시험. 더미에 가해지는 충격이 가장 높은 시험으로, 시트벨트나 에어백의 탑승객 보호효과를 파악하기에 적합하다. 도로상의 사고사례는 매우 드물다.

변형벽 대상, 옵셋 전면 충돌시험

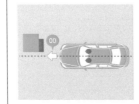

고정 벽 앞면에 차체를 모방한, 잘 찌그러지는 알루미늄 허니컴 소재를 장착해 차량 대 차량의 「옵셋 충돌」을 재현하는 시험. 충돌 충격을 운전석 쪽 골격으로만 받기 때문에 풀랩 시험보다 차량 변형이 커서 탑승객 가해성 평가에 적합하다.

측면충돌시험(미국방식)

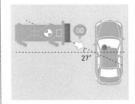

대차(Moving Barrier) 전면에 차체를 모방한, 잘 찌그러지는 알루미늄 허니컴 소재를 장착한 다음, 상대 차량의 측면 문짝을 향해 27도 각도에, 33.5mph(약 54km/h) 속도로 충돌시킨다. 무빙 배리어 무게는 1,368kg. 비스듬히 부딪치게 하는 시험방법은 사고실태를 통해 고안되었다.

측 면 충 돌

기 준	NCAP

기 준

FMVSS 214

- MDB 대상 33.5mph(약 54km/h) 차량중심선에 대해 직각 라인 상으로 27도.
- 직경 10인치(254mm) 고정 막대 대상 20mph(약 32km/h) 충돌.

더미는 운전석이 ES-2(AM50 상당), 운전석 뒷자리가 SID-2S(10세 아동 상당). 또한 30mph(약 48km/h)에서의 정중앙 가로 충돌시험도 한다. 측면 막대 충돌은 운전석에 ES-2 더미만 승차. 충돌방향은 차량진행방향에 대해 75도 기울기.

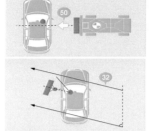

UN R95

- MDB 대상 50kmh 차량중심선에 대해 90도 MDB 무게는 950kg으로, 미국의 1,368kg보다 약 30%가 가볍다. 더미는 Euro SID-2(AM50 상당).

UN R135-1

- 직경 10인치(254mm) 고정 막대 대상 20mph(약 32km) 충돌.

더미는 운전석에 W-SID 50%를 사용. 일본의 조정으로 유럽, 미국, 일본이 같이 기준을 사용한다.

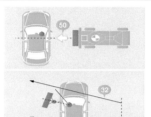

Art.18 Attachment.24
(도로운송차량의 보안기준 제18조 24)

- MDB 대상 50km/h 차량중심선에 대해 90도 MDB 무게는 950kg으로, 미국의 1,368kg보다 약 30%가 가볍다. 더미는 Euro SID-2(AM50 상당).

UN R135-2

- 직경 10인치(154mm) 고정 막대 대상 20mph(약 32km/h) 충돌.

2018년부터 적용. 더미는 운전석에 W-SID 50%를 사용. FMVSS 및 UN에 준하며, 커튼 에어백 사용이 필수가 된다.

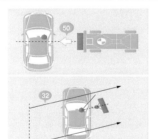

NCAP

U.S. NCAP

- MDB 38.75mph(약 62km/h) 차량중심선에 대해 직각라인 상으로 27도. 운전석 더미는 ES-2에서 W-SID 50%로 이행. MDB 무게 1,368kg. 뒷자리 더미는 SID-2s(10세 아동 상당). 같은 MDB를 사용하는 90도 방향 34.5mph(약 55km/h) 시험도 있다.
- 스몰 오버랩 MDB 56mph(약 90km/h) 경사 15도MDB 무게 2,486kg. 차량에 대해 전방 경사로부터 35% 오버랩에 의한 충돌로서, 더미는 TOHR 50%를 사용예정. 검토단계.

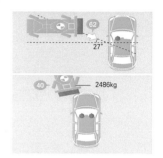

Euro NCAP

운전석 후방에 Q10(10세 아동 상당), 조수석 뒤쪽은 Q6(6세 아동 상당)를 각각 어린이 시트를 이용해 고정. 앞으로는 충돌쪽 반대에 앉아 있는 탑승객에 대한 위해성을 평가하는 반대쪽 사이드 승객보호 시험을 실시할 예정.

- 직경 10인치(254mm) 고정벽 대상 20mph(약 32km/h) 충돌
- 더미는 운전석에만 있고, W-SID 50%를 사용.

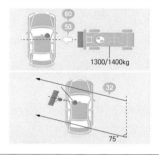

JCAP

- MDB 대상 50km/h 차량중심선에 대해 90도

더미는 운전석만 W-SID 50%를 사용. 2018년부터 MDB 무게를 950kg에서 1,300kg으로 변경. 더 엄격한 조건으로 변경해 고령자의 사고평가에 반영한다.

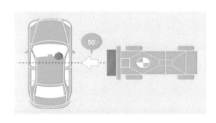

측면충돌시험(유럽·일본방식)

- 서로 직각으로 교차하는 차량의 충돌을 상정한 시험. 대차(이동 벽) 전면(前面)에 차체를 모방한, 잘 찌그러지는 알루미늄 허니컴 소재를 장착해 시험한다. 전면 충돌과 달리 충격지점에서 탑승객까지의 거리가 짧다. 대차 무게는 유럽과 미국, 일본이 각각 달라서 직접 비교하기가 어렵다.

RB(Rigid Barrier) = 고정 벽

DB(Deformable Barrier) = 가변 벽

MDB(Moving Deformable Barrier) = 주행형 가변 벽

ODB(Offset Deformable Barrier) = 옵셋 가변 벽

SOB(Small Deformable Barrier) = 스몰 가변 벽

FMVSS = Federal Motor Vehicle Safety Standard
(미국연방 자동차안전기준)

IIHS = Insurance Institute for Highway Safety
(미국 고속도로 안전보험협회)

THOR = Test Device for Human Occupant Restraint
(탑승객 안전장치 시험기구)

SID = Side Impact Dummy
(측면충돌용 더미)

Euro-SID = Euro Side Impact Dummy
(유럽기준 측면충돌용 더미)

W-SID = World Side Impact Dummy
(국제규격 측면충돌용 더미)

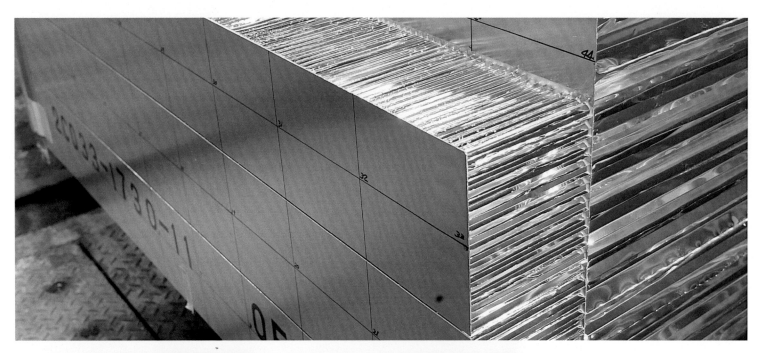

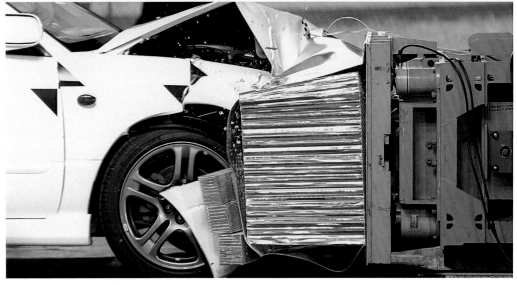

가변 벽은 원래 여객기의 바닥 재질로서, 허니컴 면을 위로 향하게 해 상하방향의 강도를 부담하는 소재. 고정 벽 앞면에 장착하는 경우 무게가 많은 차량으로 시험하면 완전히 찌그러져, 시험차량이 결국 고정 벽에 부딪치는 것 같은 결점이 있다.

미국에서는 크고 작은 언덕 위에 교차로가 있는 풍경을 자주 본다. 역마차 시절의 유산물로서, 보기 좋은 장소에 교통의 요충이 생긴 것이다. 이곳을 중심으로 도시가 형성되긴 했지만, 신호기를 설치하지 않으면서 직각 충돌사고가 발생한다. 그 결과 미국에서는 전 세계에서 가장 먼저 측면충돌기준이 마련되었다. 신호기가 교통의 흐름을 멈추게 하는 것이 아니라 4방향 정지라는 제도가 생겼다. 교차로는 전 방향 일시 정지의무가 있어서, 가장 먼저 일시 정지한 차량에 재출발 우선권이 부여된다. 미국의 시골에서는 이런 규칙이 잘 지켜지면서 신호기가 없어도 사고가 거의 일어나지 않았다. 하지만 미국 전체에서 보면 직각 교통사고는 많은 편이어서, 측면 문짝 내부에 충격방지 빔을 넣는 식의 안전기준을 적용한다.

현재 미국에서 논의되고 있는 사항은 전방 비스듬하게 가해지는 충돌에 대한 대응이다. 중량급 SUV나 대형 밴이 비스듬한 방향으로 부딪쳐 오는 사고를 NCAP에 반영하는 것을 검토 중인 것이다. 유럽과 일본은 지금 상태에서는 「필요 없다」는 판단이지만, 이것도 시장별 특성이 안전기준이라는 배경에 있다는 것을 알려주는 논의라 할 수 있다.

근래에는 자동차의 안전성을 실제로 시험하고 그 결과를 공표하는 NCAP(New Car Assessment Program)이 활발히 작동하고 있다. NCAP는 시대를 선도해 법규보다 엄격한 시험조건·시험방법을 계속 반영하는 경향에 있다. 한편 법규는 최소한으로 마련해 신흥국 자동차 메이커에서도 도입할 수 있도록 배려하고 있다. 그러면서 부족한 부분은 NCAP가 보완하는 구조가 되었다.

04 / 가상과 메커니즘의 융합으로
더미의 경이적인 변화

인간과 비슷한 크기와 형태를 갖춘 충돌실험용 목제 인체모형인 더미 「시에라 샘」은 1949년에 태어났지만,
18년에 70주년을 맞은 더미의 역사 속에서 두드러졌던 시기는 근 20년 동안이었다.

본문&사진 : 마키노 시게오 그림 : JAMA / HMTSA / 도요타 / 볼보 취재협력 : 일본자동차공업회(JAMA)

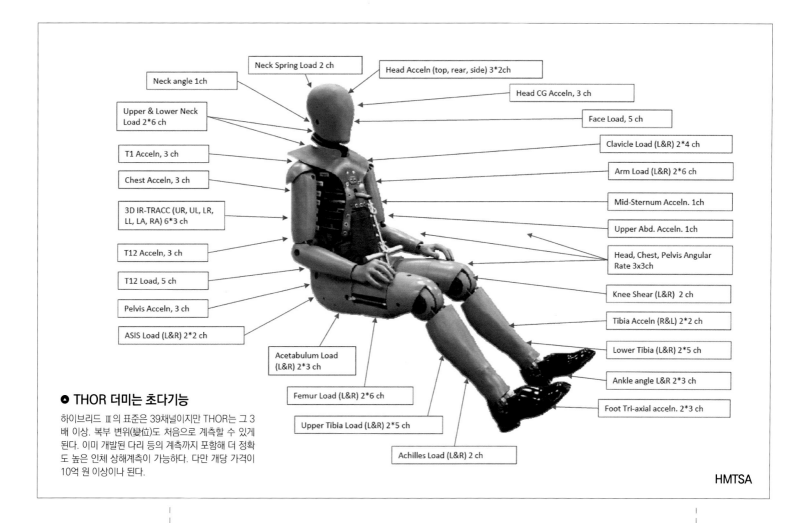

- Neck Spring Load 2 ch
- Head Acceln (top, rear, side) 3*2ch
- Neck angle 1ch
- Head CG Acceln, 3 ch
- Upper & Lower Neck Load 2*6 ch
- Face Load, 5 ch
- T1 Acceln, 3 ch
- Clavicle Load (L&R) 2*4 ch
- Chest Acceln, 3 ch
- Arm Load (L&R) 2*6 ch
- 3D IR-TRACC (UR, UL, LR, LL, LA, RA) 6*3 ch
- Mid-Sternum Acceln. 1ch
- Upper Abd. Acceln. 1ch
- T12 Acceln, 3 ch
- Head, Chest, Pelvis Angular Rate 3x3ch
- T12 Load, 5 ch
- Pelvis Acceln, 3 ch
- Knee Shear (L&R) 2 ch
- ASIS Load (L&R) 2*2 ch
- Tibia Acceln (R&L) 2*2 ch
- Acetabulum Load (L&R) 2*3 ch
- Lower Tibia (L&R) 2*5 ch
- Ankle angle L&R 2*3 ch
- Femur Load (L&R) 2*6 ch
- Foot Tri-axial acceln. 2*3 ch
- Upper Tibia Load (L&R) 2*5 ch
- Achilles Load (L&R) 2 ch

● THOR 더미는 초다기능

하이브리드 Ⅲ의 표준은 39채널이지만 THOR는 그 3배 이상. 복부 변위(變位)도 처음으로 계측할 수 있게 된다. 이미 개발된 다리 등의 계측까지 포함해 더 정확도 높은 인체 상해계측이 가능하다. 다만 개당 가격이 10억 원 이상이나 된다.

HMTSA

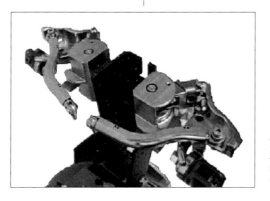

THOR의 견갑골과 쇄골 부분. 하이브리드 Ⅲ에서는 전혀 재현되지 않은 부분으로, 벨트 밀착이 반대로 어깨뼈에 위해를 줄 수 있다는 현상의 분석에 도움이 될 것이다. 당연히 캘리브레이션의 정확도도 요구된다.

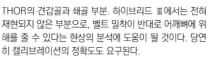

가슴 부위는 우측 CG의 뾰족한 부분으로 계측한다. 실제 교통사고에서 부상을 당한 사람의 데이터를 넣어 인체 충실성이 높은 레벨이 되었다. 이 뾰족한 부분은 갈비뼈 및 외피 아래에 가려진다. 근래에 고령자의 갈비뼈 골절이 문제가 되면서 정확도 높은 데이터 수집이 기대된다.

TOYOTA

VOLVO

● 도요타의 가상 모델 THUMS

위쪽 CG는 도요타·도요타 중앙연구소가 개발한 가상 더미 THUMS(썸스라고 읽는다)를 이용한 시뮬레이션. 순환기나 소화기 모델이 들어가 있어서 GHBMC(Global Human Body Model Consortium)와 세력을 양분한다. 좌측그림은 최신 하이브리드 Ⅲ 더미의 요추부분. 골격에 가해지는 충격을 상당히 정확하게 계측할 수 있다. 다만 더미가 정교해지면 가격이 상승할 뿐만 아니라 교정(Calibration) 등의 실험장비도 더 복잡해진다.

시에라 샘(Sierra Sam)을 만든 사뮤엘 W 앨더슨은 ARL (Alderson Research Lab)을 설립해 VIP-50 시리즈를 개발했다. GM은 시에라 샘의 개량형인 시에라 스턴과 VIP 시리즈의 장점만 살린, 이름 그대로 하이브리드 Ⅰ을 1971년에 개발한 이후 현재까지 이어지는 하이브리드 Ⅲ를 76년에 완성했다. GM은 하이브리드 시리즈 사양을 공개함으로써 탑승객 상해정도 측정과 그 저감에 크게 공헌했다.

이 하이브리드 Ⅲ가 완성된 직후부터 NHTSA(미국 도로교통안전국)는 국가예산을 얻어 독자적인 충돌시험 더미 개발에 착수했다. 인체해석이라는 기초부터 착수해, 나중에 하이브리드 Ⅲ의 한계로 지적된 인체 충실성을 철저히 추구하는 개발이었다. 목, 가슴, 다리 등 부

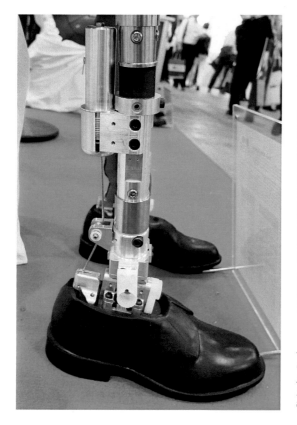

← 일본의 더미 메이커인 자스티(JASTI)가 개발한 다리 부분. 와이어로 아킬레스건을 모방하고, 금속 부품으로 복사뼈부터 무릎까지 구성했다. 다리 손상은 사회복귀까지 걸리는 시간이 긴 부상인 경우가 많아 이런 부위가 개발되었다.

↑ 부위마다 개량된 하이브리드 Ⅲ. 특히 목 부상에 있어서는 사진 같은 구조가 적용되어 데이터 신뢰성이 높아졌다. 그래도 「서서히 한계」에 도달하고 있다고 개발자는 말한다.

● 체격 차이가 원인인 부상

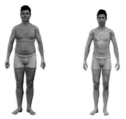

지금 문제가 되는 고령자 사고는 체격이 원인 중 하나로 거론되고 있다. 일본 법규에서 AF05 더미의 사용이 의무화된 배경에는 몸집이 작은 고령자 사고가 증가하고 있다. 사상자에서 차지하는 65세 이상의 고령자 비율이 이미 50%를 넘고 있다. 체격 차이에 THUMS 데이터를 가미한 시뮬레이션이 이미 시작되고 있다.

	미국 성인 AM50	일본인 성인	일본인 고령자
키(cm)	175	170	160
몸무게(kg)	78	68	60

위마다 인체와 비슷한 더미를 개발해 오다가, 그 성과를 2001년에 THOR(토르라고 발음) 알파라는 전신(全身) 인체모형의 더미로 통합했다. 이것을 바탕으로 더 개량된 양산형 THOR가 13년에 완성되었다. 개발착수 이후 완성까지 30년 이상이 소요된 집념의 더미이다.

최대 특징은 표준형의 계측 채널은 144채널이지만, 진화형은 각각 그 이상의 설정이 가능하다는 점이다. 예를 들면 현재 이미 큰 문제가 되고 있는 흉부 손상에 있어서 가슴 4곳의 「변형량」을 계측할 수 있다. 반면에 하이브리드 Ⅲ는 가슴뼈(胸骨) 1곳만 계측해 계측정확도는 매우 높다. 평가단계에서는 4곳 중앙에 최대 변형부위를 표기하게

될 것이다.

머리 쪽에서는 가속도분만 아니라 회전 방향의 각속도를 계측할 수 있다. 종래의 계측방법은 두개골 골절 위험성을 HIC(Head Injury Criterion, 머리 부상 기준) 값으로 평가하지만, 골절이 없어도 뇌가 미만성 축색손상(Diffuse Axonal Injury)을 일으킬 위험성이 있기 때문에 각속도 계측을 가능하게 했다. XYZ 3방향의 각속도를 합성해 판단하는 사이먼(SIMon)이라는 평가기준 도입을 검토 중이며, THOR는 여기에 대응한다.

갈비뼈나 견갑골·쇄골 부분은 더 비슷해졌다. 하이브리드 Ⅲ의 갈비뼈는 지면에 대해 거의 한 가운데 가로이지만, THOR에서는 인간과 비슷하게 약간 아래쪽으로 비스듬한 나무통 구조이다. 시트벨트에 의해 부상이 발생하는 견갑골과 쇄골도 인체구조에 가깝다. 이것이 하이브리드 Ⅲ 이후 30년 동안에 발전된 결과물들이다. 더미의 인체 충실도와 계측정확도 향상이 지금까지 보지 못했던 인체 손상 메커니즘의 분석을 가능하게 할 것이라는 기대가 크다.

0 차 안전성

상황인식의 대부분은 눈으로 들어오는 정보이다.
그것을 사방에 걸쳐 어떻게 확보하느냐 여부가 안전을 위한 첫걸음이다.
대시보드의 계기나 스위치 설계, 배치와 더불어 「생각해야 할 첫걸음」의
중요성에 대해 검증해 보겠다.

앞으로 시판할 것을 감안해서 제작된 스바루 콘셉트 카들. 주목할 것은 유리창 영역의 크기이다.
선진적인 외관을 하고 있으면서도 직접적인 시야를 배려하고 있으며, 유리 면적은 시판 차량과 거의 비슷하다.

SUBARU | 면면히 이어져 오고 있는 "직접 시야"의 기준

본문 : 가와시마 레이지로 사진 : 스바루 / MFi 그림 : 스바루

항공기 메이커를 전신으로 하는 스바루에는 타사와 확실히 구분되는 개발철학이 있다.
직접 시야의 확보는 어느 의미에서 디자인과 상반 관계에 있다고 할 수 있지만, 그것을 넘어서는 공동작업의 실태를 살펴보겠다.

스바루의 안전사상이란? 〉〉〉
- 자동차를 운전하는 사람이 상황을 정확하게 인식하고 빠른 단계에서 위험을 파악할 수 있는 시야를 확보한다.
- 오조작을 방지하기 위해 스위치나 다이얼 배치, 크기, 형상을 배려해 설계한다.

(좌) 1965년~1986년까지 생산된 후지중공업의 경비행기 FA-200「에어로 스바루」. 조종석 덮개(Canopy)가 보디 뒷부분 보다 솟아난 형상은 전투기를 제조했던 나카지마 비행기 시대부터의 전통이다.

(우) 「A-5」의 가느다란 A필러는 보기에 좋게 하려는 것이 아니라 시야를 확보하려는 목적 때문이다. 당시 개발 중에 그렸던 스케치에도 이미 시야를 나타내는 라인이 그려져 있었던 것을 보면, 엔지니어가 좋은 시야 확보를 지향하고 있었다는 것을 알 수 있다.

⊙ 디자인 단계에서도 면밀하게 검증되는 시야

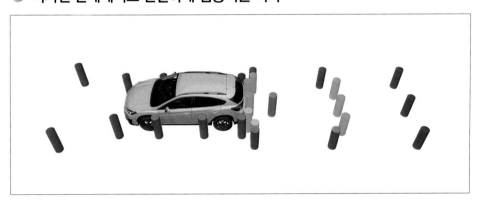

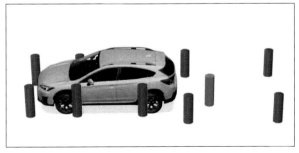

설계현장에서는 시뮬레이션도 활용한다. 적색 원기둥은 법규로 정해져 있는 높이 1m, 청색과 녹색 원기둥은 사내 규정인 90cm 와 1m 높이로서, 어린이 키를 상정하고 있다. 후방시야는 헤드 레스트 등이 방해하기 때문에 유리 면적이 충분하더라도 보기 어려운 위치·각도가 되기 쉽다. 시뮬레이션을 통해 시야를 확인해 둠으로써 후속 작업을 원활하게 한다.

자동차의 탄생 이후 지금까지 메이커와 서플라이어는 사고를 줄이고 피해를 낮추려는 기술을 개발해 왔다. 동력원의 전동화나 자율주행이 예상되는 시대적 흐름도 안전기술 진화에 박차를 가하고 있다. 그런 자동차 메이커 중에 독자적인 「종합 안전」철학을 설계에 반영하는 곳이 스바루이다. 스바루는 아이사이트를 필두로 해서 선진기술을 통해 사고를 사전에 피하는 기술로 주목받고 있지만, 이미 그 철학에는 시야 성능 등과 같은 0차 안전을 우선시하는 자동차제조가 나카지마 비행기 주식회사를 뿌리로 하는 창업 당시부터 면면히 이어져 오고 있다. 스바루 차의 디자인 부분을 총괄하는 이시이씨는 다음과 같이 말한다.

「안전성, 특히 0차 안전과 관련된 설계철학은 1917년이 설립된 당사의 전신 나카지마 비행기 시대부터 시작된 겁니다. 그것은 전투기의 조종석 덮개(Canopy) 형상에 가장 잘 나타나 있죠.

당시의 스바루는 프랑스 기술자를 초빙해 비행기 설계를 배웠는데, 『살아서 돌아오라』는 것을 우선시했습니다. 당시의 독일이나 영국, 미국 전투기는 성능=공력을 중시해 캐노피가 보디 뒷부분과 같은 높이에 오게 했는데, 그러면 후방 시야가 방해를 받습니다. 전투기는 적에게 뒤를 보여서는 끝이죠. 파일럿에게 있어서 후방 시야는 생사를 구분하는 일이기 때문에 속도와는 다른 의미가 있는 겁니다. 원래는 더 우선시해야 하는 요건인 것이죠. 나카지마 비행기의 전투기는 캐노피가 독립되어 있어서 뛰어난 후방 시야를 확보할 있었습니다.」

스바루의 안전을 우선한 물건제조의 원형은 새로운 장치의 탑재나 장비의 고도화로 인해 진행된 것이 아니라, 운전자가 사용하기 편리하도록 초점을 맞추고 있다는 점은 주목할 만하다.

「비행기에서 자동차로 제품은 바뀌었어도 사람을 우선한 물건제조는 그대로 이어져 왔습니다. 그것은 자동차산업에 진출했던 초기 스바루 360과 스바루 1000을 봐도 알 수 있습니다. 스바루 360은 경자동차

스바루 360의 목제 모델에 여러 개의 못이 박혀 있다. 이 작업은 못 박기라고 해서 차체 치수나 바퀴 위치는 설계도면을 반영한 것이고, 못의 머리는 클레이의 높이 한도를 나타낸다. 그 이상도 이하도 안 되는 절대적인 치수를 추구한다는 이 개념은 현재도 이어지고 있다고 한다.

◉ 시야 단절과 장애물 가시 범위의 균형을 모색

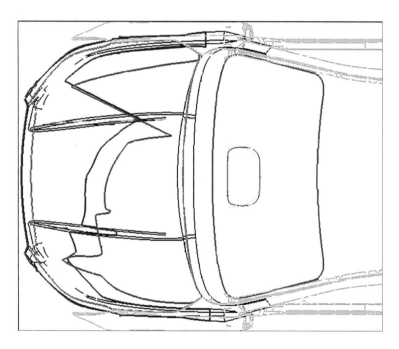

선대 포레스타

신형 포레스타

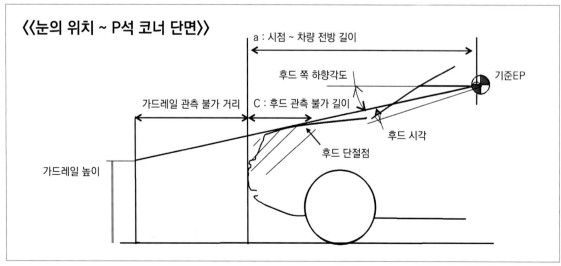

《눈의 위치 ~ P석 코너 단면》

a : 시점 ~ 차량 전방 길이

후드 쪽 하향각도

기준EP

가드레일 관측 불가 거리

C : 후드 관측 불가 길이

후드 시각

후드 단절점

가드레일 높이

SUV에서는 후드의 네 귀퉁이를 눈으로 볼 수 있는 것이 중요시된다. 후드가 높으면 네 귀퉁이는 보기 쉽지만, 지면의 장애물은 보기 곤란하다. 가드레일 높이 800mm를 염두에 두고 자동차 접근 편이성과 양립하는 것을 도모했다. 위 그림은 좌측 핸들 차량으로, 핑크색은 선대 포레스타, 청색은 신형 포레스타의 시야를 나타낸 것이다. 당당한 인상의 얼굴=후드를 세우고 싶었던 디자인 쪽과 장점을 공유하면서 도출된 좋은 사례이다.

영역 분할과 세밀한 배려로 오조작을 방지

시각으로 정보를 얻는 영역을 바탕으로 조작을 하는 영역은 아래쪽에 배치한 레이아웃. 순간 판독성을 높이기 위해 계기판 문자의 색을 흑색 배경에 비취도록 기본적으로 흰색으로 통일.
문자 크기와 밝기도 배려했다. 그리고 결정적인 것은 스바루 폰트의 도입(우측 아래 사진). 6과 8, 9 등 지금까지 구분하기 어려웠던 숫자·문자를 한눈에 파악할 수 있게 되었다.

라는 어려운 차체 치수 제한 속에서, 기계는 작더라도 인간중심의 패키징을 실현했던 것이죠. 스바루 1000은 일본 최초의 FF로 알려져 있는데 그 파일럿 모델로 A-5라는 시작차가 있습니다. 그 차의 A필러는 당사 상황에서도 매우 가늘게 만들어졌었죠. 그것은 시야를 배려한 설계의 산물이기 때문입니다.」

지금은 0차 안전, 1차 안전 같은 개념이 일반화되었지만, 필자가 아는 한, 안전을 이렇게까지 단계별로 나누어 각각의 기술을 연마함으로써 종합적으로 안전성을 높이는 시도는 스바루가 원조일 것이다. 현재의 스바루는 거기서부터 한 걸음 더 나아가 0차 안전, 주행 안전, 예방 안전, 충돌안전까지 4가지 안전으로 구성된 "종합안전"이라는 개념에 기초해 안전성을 높이고 있다.

0차 안전은 형태나 조작 시스템 같이 기본적인 설계를 연구해, 달리기 전부터 자동차의 안전성을 높인다는 개념이다. 스바루의 자동차는 좌우 어떤 유리창에서도 1m 정도 높이의 물체가 보이도록 설계되어 있다. 이것은 자동차 주위에 어린이가 있을 때 운전석에서 정확하게 파악할 수 있도록 하기 위해서이다. 사이드미러나 문짝에 위치하는 삼각 창의 위치, 운전하기 쉬운 운전 위치나 쉽게 피로해지지 않는 시트, 자연스럽게 조작할 수 있는 스위치 등, 쉽사리 알아차리기 어려운 부분에 0차 안전을 높이는 노하우가 담겨져 있다. 주행 안전이란 주행 중의 위험을 피해 사고를 미리 방지하는 것이다. 그것을 뒷받침하는 것이 스바루가 장기로 하는 수평대향 엔진과 대칭적인 AWD이다. 확

실한 제어성능, 안심을 주는 브레이크 성능과 조화를 이루어 구축된다. 예방 안전이란 스바루가 세계적으로 앞서서 시판 차량에 탑재한 아이사이트 외에, 첨단기술을 이용한 운전지원 시스템을 가리킨다. 충돌안전으로는 새로운 구조의 보디(New Annular Power Frame Structure Body)를 만들어냈다. 충격에서 탑승객을 지키는 수동 안전성(Passive Safety) 외에 보행자를 보호하는 성능도 높였다.

그런데 인체공학적 시각에서 직접 시야 등을 검증하는 차량연구실험 제2부의 나가노씨는 안전성을 높이기 위해서라는 특별한 의식을 갖고 설계하지는 않는다고 말한다.

「솔직히 말하면 우리는 『안전을 우선시하는 물건제조가 스바루의 DNA』라고 생각했던 적이 없습니다(웃음). 운전자의 사용 편리성을 우선하는 것은 설계자에게 있어서 당연한 일이기 때문입니다.」 이 당연하다고 여겨서 실현하는 행위야말로 DNA로서 굳어진 것은 아닐까.

이런 회사문화를 바탕으로 디자인 부서와 직접 시야 확보를 검증하는 부서가 개발 초기 단계부터 밀접하게 연계해 진행하는 것이 스바루의 큰 특징이라고 말할 수 있을 것이다. 「자동차 카테고리에 맞춰 그릴 높이나 보닛, 필러 위치 등을 대략적으로 디자이너와 의사통일하고 있습니다. 여기서 단추를 잘못 끼우면 뒤쪽에서 큰일이 일어나니까요」라면서 나가노씨는 웃는다. 이시이씨도 「디자이너가 이런 요건을 충분히 이해하고 나서 형태를 생각하는 것이 스바루의 특징이라면 특징입니다. 타사 사람들에게, 스바루 디자이너는 논리적인 생각

안 보고도 조작할 수 있도록 다이얼과 스위치를 조합한 에어컨 조작은 계속해서 사용하고 있다. 하지만 스마트폰의 급속한 보급에 맞춰 터치패널 방식의 조작으로, 안전하고 확실하게 조정할 수 있는 인터페이스 적용도 연구 중이다.

을 하는 사람이 많다는 말을 듣곤 하죠」라고 말한다.

근래에는 후방 카메라를 많이 탑재하기는 하지만, 현재도 스바루는 계속적으로 육안을 통한 후방 시야 확보에 노력하고 있다. D필러에 요구되는 강도는 유지하면서도 가능한 리어 쿼터 글라스를 넓게 한다. 그리고 뒷좌석 헤드 레스트는 리어 쿼터 글라스와 뒷유리를 매개로 하는 시야를 방해하지 않는 위치, 즉 D필러의 폭에 들어가도록 설계되어 있다. 스바루에 따르면 미국 운전자는 우리가 상상하는 이상으로 눈으로 보는 것을 중시한다고 한다. 미국에서 자주 볼 수 있는 편도 5차선 고속도로에서의 차선 변경 시, 미러 너머 또는 목을 돌려 비스듬하게 후방을 살피는 운전자가 많다. 그런 그들의 운전특성을 고려하면 육안을 통한 후방 시야는 넓게 확보하지 않으면 안 된다.

조작시스템에 대한 인체공학적 적용 사례도 소개하겠다. 스바루에서는 운전자가 보는 곳과 조작하는 곳을 구분한 존 레이아웃을 적용해 직감적으로 조작할 수 있는 배치를 하고 있다.

또한 계기는 쉽게 읽을 수 있도록 순독성(瞬讀性)을 중시한다. 순독성이란 말은 익숙하지 않은 표현이지만, 한자에서 알 수 있듯이 운전자가 순간적으로 읽을 수 있는 성능을 의미한다. 이 순독성을 높이기 위해 문자 색, 크기, 밝기를 배려할 뿐만 아니라, 계기의 숫자나 문자에는 독자적으로 개발한 스바루 글씨체(폰트)를 도입했다. 범용 폰트로는 보기 어려운 문자이지만 스바루 폰트가 그것을 해결했다.

설계에서는 축적해 온 경험과 최신 인체공학, 시뮬레이션 등을 최대로 활용해 요구 요건이 충족된 자동차를 그림화한다. 그에 반해 디자인하는 쪽에도 지향하는 방향성이 있지만, 이것은 숫자로는 표현할 수 없는 감성으로 표현된다. 그 절충점 사이에 서는 것이 SE(Studio Engineer)로 불리는 디자인 부서의 하야시씨이다.

「설계자가 곡선 이야기를 할 때는 『라운드가 들어가는 곳 몇 개』라는 식으로 숫자로 표현하지만, 디자이너는 『좀 더 쎄게 보여야 한다』거나 『흐르는 듯이』라고 표현하죠. 좋은 자동차를 만드는 과정에서 자동차 제조 초기 단계부터 양쪽의 교량역할을 하면서 밥값을 하는 것이 SE의 역할이라고 생각합니다. 설계 쪽에는 디자이너의 감성을 숫자로, 디자이너에게는 설계자가 결정한 숫자를 감성으로 파악할 수 있도록 전달하는 것이죠. 번역자 같은 일이라고도 할 수 있겠네요.」

SE가 설계자와 디자이너를 중재함으로써 초기 스케치 단계부터 설계 쪽의 의도를 반영해 디자인할 수 있다. 콘셉트 카로 표현한 방향성을 반영한 아름다운 디자인과, 인간 중심의 설계를 양립시킨 스바루 차는 이렇게 만들어지고 있다.

Mamoru ISHII
이시이 마모루

주식회사 스바루 상품기획본부
디자인부 디자인부장

Hisashi NAGANO
나가노 히사시

주식회사 스바루 제1기술본부
차량연구실험 제3부 주간

Katsumi HAYASHI
하야시 가츠미

주식회사 스바루 상품기획본부
디자인부 디자인과장

1 차 안전성

최상의 안전은 사고를 미연에 방지하는 것이다.
이를 위해 근래에 눈부시게 발전해 오고 있는 것이
ADAS (첨단 운전자 지원시스템)이다.
1차 안전의 핵심인 ADAS를 정리해 보겠다.

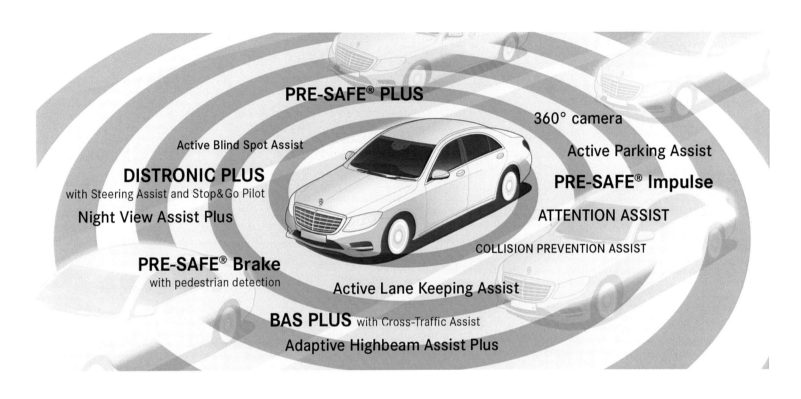

안전과 ADAS의 상호 진화를 추적

자율주행과 서로 얽혀서 선진운전 시스템을 대표하는 단어로 떠오른 ADAS.
이것은 인간의 운전을 대체하는 것일까, 아니면 인간의 능력을 더 높이는 것일까

본문 : 미우라 쇼지

자동차가 개발되고 난 이후 약 120년의 역사에 있어서, 안전성=안전이라는 개념이 성능 일부로 인식되기 시작한 것은 1970년대 무렵부터이다. 그때까지의 안전 개념은 오로지 운전자의 실력과 주의력에 의해 담보되는 것으로 생각해 자동차는 주로 섀시나 타이어 성능을 높임으로써 그것을 보조하는데 지나지 않았다. 하지만 자동차의 동력 성능이 향상되고 도로환경이 정비되자 교통의 흐름 속도가 높아지는 동시에 밀집도도 높아졌다. 그로 인해 안전에 대한 보장을 운전자에게만 맡길 것이 아니라 자동차에도 어떤 기능적인 대책을 적용해야 한다는 필요성이 생긴다.

자동차 보급이 더욱 진행되면서 자동차보험의 정비와 소송으로 인한 사고보상 문제가 나타났던 미국이 자동차의 안전성능에 먼저 눈길을 돌렸다. 국가도로교통 안전국(NHTSA)이 주도해 법제화한 연방 자동차 안전기준(FMVSS)이 자동차와 교통안전의 관계성을 명문화한 최초 사례일 것이다. 여기서는 시트벨트의 장착을 의무화하거나 충돌에 따른 충격을 완화할 목적으로 5마일 범퍼 같은 시책을 추진했으며 이는 타국에까지 파급되었다.

1970년대 단계에서는 자동차의 안전장비가 「부딪쳤을 때 어떻게 할 것이냐」는 수동적 안전(Passive Safety)으로 한정되었지만, 점차 메이커나 서플라이어가 운전자의 운전실력을 지원하는 보조기술을 시장에 투입하게 된다. 단서가 된 것은 ABS나 트랙션 컨트롤이었지만, 배경에 있었던 것은 전자제어 기술의 숙성이라는 요소였다. 자동변속기나 파워 조향핸들 같은 운전 보조기술도 안전성과는 직접적인 관계가 없어 보이지만, 자동차 조작에 대한 수고를 줄임으로써 그만큼 도로 쪽으로 주의를 기울이게 했다고도 간주할 수 있다. 운전조작 보조기능은 운전자에 대한 기여도가 높아 상품성 일부로 어필하는 것도 쉬워서 행정적인 강제가 없어도 자연스럽게 발전해 왔을 뿐만 아니라, 「자동차의 진화」차원에서도 알기 쉽고 자연스러운 것이라고 할 수 있다.

불행하게 사고가 발생했을 때의 충돌안전성능도 볼보가 1959년에 특허를 취득한 3점식 시트벨트가 특허의 무상공개를 통해 안전기술의 표준으로 일반화되면서, 나중에 실용화된 에어백과 함께 탑승객 보호의 중추가 되었다. 또한 70년대 배기가스 규제가 일단락되자 파워트레인과 섀시성능이 비약적으로 향상되고, 메이커는 그것을 수용하기 위한 보디 강성에 대해 적극적으로 성능향상을 모색하기 시작한다. 보디 강성을 단순하게만 높여서는 차량 무게가 과도하게 증가하기 때문에 「강하게 할 부분」과 「약하게 찌그러질 부분」을 조합해 보디를 설계하게 된다. 이때 여기서 얻은 노하우를 바탕으로 충돌 시 탑승객을 보호하면서 보행자나 다른 차량에 대한 충격을 최소한으로 억제하는 보디의 보급이 촉진되었다.

이처럼 운전자의 조작 보조와 최종적인 수동적 안전=충돌안전에 대

ADAS의 기본 「인진·판단·조작」의 진화

자동차의 기본적인 성능은 1990년에 거의 완성형에 이르렀다. 계속 진화하고 있는 것은 「제어」이다. 제어에는 자동차 상황을 알기 위한 센서가 필요한데,
지금의 자동차는 센서 덩어리라고 할 수 있다. 센서를 이용해 「달리고, 선회하고, 정지하는」 기본에 「예측」이라는 위상을 가미한 것이 ADAS의 근간이다.
인간의 능력에 한계가 있다는 것을 인정하고 운전을 기계에 위탁하는 셈이지만, 그러기 위해서는 보디를 비롯한 자동차의 기초체력이 더 필요하다.

■ ADAS 〈판단〉

● 마쓰다 i-ACTIVSENSE

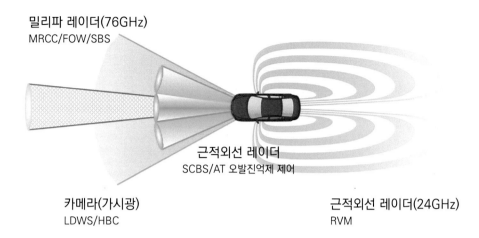

밀리파 레이더(76GHz)
MRCC/FOW/SBS

근적외선 레이더
SCBS/AT 오발진억제 제어

카메라(가시광)
LDWS/HBC

근적외선 레이더(24GHz)
RVM

● 스바루 아이사이트

ADAS와 자율주행은 완성을 위한 요소는 거의 똑같지만 개념적으로는 다르다. 운전자를 대신해 외부를 감시하다가 장애물을 감지해 위험이 있다고 판단했을 때는 감속 또는 방향을 바꾼다. 자율주행은 여기에 진로의 자동 선택과 가속이라는 단계가 추가되지만, ADAS는 목적지로 이동하는 것을 자동화하는 것이 아니라 어디까지나 위험회피가 목적이기 때문에 감속·정지가 기본기능이다.

각사의 대표적인 ADAS인「세미 자율주행」기능은 ACC의 진화판이라 할 수 있다. 속도를 유지하는 크루즈 컨트롤 기능은 상당히 오래전부터 있었지만, 앞차와의 간격을 유지하기 위해 감속하는 ACC는 레이더나 카메라 같은 외부인지 센서와 필요한 가/감속도를 순간적으로 연산·실행할 수 있는 ECU와 조합됨으로써 만들어지게 되었다.

항공기에서 레이더는 필수장비이지만, 도로에서는 장애물 양이 매우 많아 대상의 표면적이 작아지는 경향이 있기 때문에 카메라나 레이저 같은 보조장치가 꼭 있어야 한다. 어떤 기기든지 악천후 상태에서는 정확도가 떨어져 잘못 인식할 가능성이 있으므로 약점을 서로 보완하는 의미에서도 병행사용은 필수이다.

고속도로에서의 사용을 전제로 하는 ACC와 달리 ADAS는 일반도로에서도 기능해야 한다. 일반도로에서는 저속 전동자전거나 보행자같이 작은 면적에 예상을 벗어나게 움직이는 대상물이 많아서 위험도도 높다. 이런 대상물을 감지·인식하려면 센서의 성능 이상으로 컴퓨터 쪽의 인지능력이 중요하다. 카메라의 자동초점 제어로 대표되는, 광학기기에서 사용된 기술(뿌리를 더듬자면 모두 군사기술이다)을 응용하는 경우가 많다.

그렇다 하더라도 브레이크를 걸게 돼서는 실용성 결여뿐만 아니라 상품으로도 적합하지 않다. 따라서 천차만별한 도로환경에 대응하기 위해서는 피드백제어로는 불완전하고,「예지능력」을 갖춘 AI기술의 발전이 기술을 촉진하는 열쇠가 될 것이다.

한 자연스러운 진화가 모색되었지만, 그것만으로는 사고에 대한 자동차의 성능이 완전한 것은 아니었다. 운전자가 조작하기 이전의「인지」와「판단」즉, 사고를 사전에 방지하기 위한 단계=능동 안전(Active Safety)의 적용이 빠졌기 때문이다.

「와이퍼를 대체할 수 있는 기술을 발명한다면 억만장자가 될 것」이라는 말이 있다. 와이퍼를 비롯해 헤드라이트나 유리창, 계기 같이 자동차 내외의 정보를 확보하기 위한 기술은 자동차 메이커 내부적으로 개발·제작하지 않는 경우가 대부분으로, 비약적인 진화가 좀처럼 쉽지 않다. 게다가 내외장 디자인이나 공간적인 제약을 받을 뿐만 아니라, 각국의 법규로 인해 더욱 규제를 받는다. 인지와 판단을 위한 첫

걸음인 시각정보는 여전히 운전자의 운전실력에 의존해 왔다. 운전실력 이상으로 시각 능력은 개인차와 연령차가 있어서, 비가 오거나 야간 때는 시인성이 극단적으로 떨어진다. 중대한 사고 대부분은 시각으로 인한 판단력 저하 상황에서 발생하는데, 여기에 대처하기 위해서는 기존 자동차기술과는 차원이 다른 기술혁신이 필요했다.

이론의 여지는 있겠지만, 현재의 ADAS로 직결된 첫 번째 기술혁신은 카 내비게이션이라고 생각한다. 애초에는 단순히 지도를 대신하는 기능이었지만, 정보가 고도로 정밀해지고 외부로부터의 통신 기능이 조합되면서 동승자를 대신해 운전자에게 주의를 환기시키고, 안전을 촉진시킬 수 있도록 발전해 왔기 때문이다. 자이로센서나 GPS같이

당시까지의 자동차에는 필요하다고 생각되지 않았던 센서가 카 내비게이션과 동시에 도입된 것도 크게 작용했다. 속도 센서는 파워트레인 제어 외에도 활용되기에 이르렀다. 신뢰성이 향상된 현재 자동차에 이미 속도계 이외의 인디게이터는 필요 없다고 해도 되지만, 카 내비게이션에 차량 정보(연비나 항속거리 등)를 반영한 안내표시는 당연시되고 있다.

자동차업계뿐만 아니라 산업 전반의 핵심 열쇠로 이야기되는 커넥티드화도, 위치 정보를 축으로 한 외부정보를 차량 실내에 도입함으로써 운전자의 인지·판단능력을 지원하려는 것이다. 본 특집 취재에 응해준 메이커 기술자는 ADAS와 그 끝에 있는 자율주행을 실현할 핵심은 누가 뭐라 해도 인간의 능력을 뛰어넘는 센서라고 단언했다. 그와 동시에 요소기술 자체는 다양화되고 있지만, 방법론은 아직도 정해지지 않아서 당분간은 운전자에게 주의를 환기시키는 HMI를 세련되게 해 나가는 것이 과제일 거라 말해 주었다.

물론 우리는 센서 종류가 점점 고성능화되고 가격이 싸져도 자동차의 안전성능에는 일정한 한계가 있다는 점을 이해해야 할 것이다.

자동 브레이크가 충돌 전에 완전히 정지할 수 있게 되었다 하더라도, 그것은 브레이크와 타이어가 완전한 성능을 발휘한다는 전제조건이어야만 하는 것이지, 타이어가 닳아서 트레드가 얼마 남지 않은 타이어로 주행한다면 의미가 없는 것이다. 무의식적으로라도 과속으로 운전할 때가 있을 것이고, 있어서는 안 되지만 개중에는 약물이나 술을 마시고 운전하는 사람이 있는 것도 또한 현실이다. 현재의 안전기술은 최종 조작을 운전자가 양식을 갖추고 얼마만큼 올바르게 하느냐가 어디까지나 대전제이다. 이것은 당면한 자율주행 기술도 마찬가지이다. 특히 운전자 보조는 감속 방향으로만 기능하지, 가속에 대해서는 제어가 미치지 못한다는 사실도 알아두어야 한다. 철도처럼 제한속도를 조금이라도 넘으면 바로 감속되는 기능은 어떤 자동차에도 없다. 앞의 기술자는 이렇게도 말했다. 「완벽하게 안전한 자동차를 만들었다면 그 자동차는 이미 달리지 않는다」고. 주택이나 빌딩의 보안기술을 개발하는 어떤 담당자는 「보안을 강화하면 할수록 안전해지기는 하지만 생활은 불편해진다」고 말했던 적이 있다.

'자동차가 20세기에 폭발적으로 보급된 이유는 가고 싶을 때 어디든지 갈 수 있다는 자유를 누렸던 때문이다. 사고방지가 사회적 요청이고 정의라는 점에는 의의가 없지만, 「자유로운 자동차」라는 것을 보증하면서 그것을 실현하는 일은 의외로 어려울지도 모르겠다.

■ ADAS 〈인지〉

⬇ LED제어

전조등은 가능한 넓은 범위를 밝게 멀리까지 비추는 것이 중요하다. 그러나 평지와 산길, 시내마다 요구되는 성능이 제각각이라 맞은편 자동차를 현혹하지 않아야 하는 등, 모든 상황에서 기능성을 다 갖추기는 어렵다. 필라멘트를 사용하는 열원 발광등은 내구성이 떨어지고, 조도를 크게 하면 배터리나 하네스에 과도한 부담을 주는 문제도 있었다. 할로겐 전구에서 HID로 광원이 발전하자 그와 동시에 디자인적인 요청 때문에 독특한 라이트가 일반화되는 한편으로, 덮개의 커팅 기술이 좋아져 조도까지 향상되었다. 에어 서스펜션이 고급차량에 사용되기 시작하자 차고와 광축(光軸) 조정이 연동되는 기능이 만들어진다. 전조등은 법적 규제가 엄격해서 아무래도 제품개발에서 뒤로 밀리기 쉽지만, LED가 승인되고 자동조명 기능이 의무화되는 등, 라이트와 사회안전이 접목된 것은 다행이라 할 수 있다. 유럽에서는 상식이었던 「기본사양은 하이빔」도 많은 LED 조사방향을 제어하는 기술이 바탕이 되면서 일본에서도 보급 중이다.

⬇ 스마트 미러

일본의 백미러에 관한 법적 규제가 갈라파고스였던 것은 1980년대의 도어미러 해금 소동을 기억하는 분들이라면 이미 알고 있을 것이다. 그런데 무슨 일인지 룸미러는 도로운송차량법에 규정이 없다. 그것을 역으로 이용해 미러의 디지털화에 있어서 선두가 된 것이 룸미러였다. 그 이전에 내비게이션 화면을 이용한 후방모니터는 일반화되어 있었기 때문에 기술적으로는 그다지 선진적인 것은 아니다. 하지만 설치 위치로 인한 외부 빛의 영향이나 원근감의 정확성, 기기의 신뢰성 등 아직도 과제는 많다. 16년에 도어미러의 전자거울이 승인되면서 17년에 등장한 신형 렉서스 SE는 양산시판 차량 최초의 전자거울을 탑재. 모니터를 설치한 위치나 크기에 시행착오는 있겠지만, 시선의 이동량이 줄어들고 야간·악천후에서의 시인성 향상에는 크게 이바지할 것이다. 카메라의 EVF(Electrical View Finder)도 등장 당시에는 비난 일색이었지만 지금은 표준기능이 된 것처럼, 카메라 모니터의 정확도 향상으로 보급은 촉진될 것이다.

🔽 다기능 디지털 계기

시각정보의 디지털화는 카 내비가 선구자였지만 구성 부품을 집약해 저가로 만들 수 있다는 점, 인테리어 디자인의 여유를 높일 수 있다는 점 등 때문에, 인스트루먼트 패널의 디지털화도 급속하게 진행 중이다. 이 부분도 일본에서는 법적 규제와 얽혀 있어서 유럽이나 미국처럼 도약하기는 힘들 것이다. 아우디가 솔선했던 계기판 내의 내비 표시 등, 스마트폰 같은 다기능·고기능화를 기대할 수 있는 측면도 많지만, 자동차의 시각정보 표시기능은 운전자의 운전을 「보조하는」 이상이어야 할 필요는 없다. 기능조작으로 인해 주의력이 산만해질 수 있고, 야간에 각양각색의 화면이 눈앞에서 깜빡거리는 것은 오히려 위험하기 때문이다. 사견이긴 하지만, 계기들의 기능적 배치나 색상, 폰트 시인성과 관련해 앞선 의식을 갖고 있는 곳이 BMW이다. 필요한 정보를 최소한으로 정리해 보기 쉽게 간추리지 않으면 정보는 결코 안전에 이바지하지 못한다는 사실을 그들은 이미 오래전부터 알고 있는 것 같다.

■ ADAS 〈조작〉

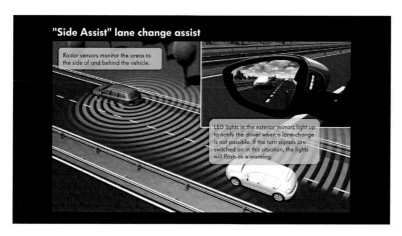

🔽 차선유지 어시스트

초기 ACC는 차간거리 유지, 즉 앞뒤 방향의 차량만 관리했다. 노면의 흰선과 차체 측면을 감시하는 센서를 탑재해 좌우방향 관리가 가능했다. 이 상태로는 사각지대 모니터(다른 차량 감시 시스템)에 경고 기능만 넣을 뿐이었지만, EPS로 제어를 끼워 넣으면 조향 기능을 부가할 수 있다. 덧붙이자면 닛산의 프로파일럿은 기존의 칼럼 어시스트 EPS에서 조향을 제어하는데, 어차피 액티브 스티어링(스티어 바이 와이어)을 상품화하고 있으므로 그것을 사용하는 것이 더 좋지 않았을까 하는 생각이다. 현재 상태에서는 고속도로에서 진로를 수정하는 기능에 그치고 있지만, 자율주행을 고려하면 이 시스템이야말로 조종 안전기술의 열쇠가 될 것이다. 독일진영의 액티브 스티어링은 섀시 성능향상에 중점을 두어 카운터 스티어링까지 가능하다. 다만 자동 브레이크 이상으로 자동차 쪽의 스티어 조작은 운전자에게 위화감을 주기 때문에, 상황판단 플러스 조향량과 조향속도에 대해 균형을 취하는 것은 매우 어렵다고 하겠다.

🔽 자동 브레이크

1990년대 후반, ACC의 등장과 동시에 운전자의 의사와 상관없이 브레이크를 거는 기구가 실용화되었다. 그 이전부터 ABS 기능의 다양화를 통해 유압 브레이크의 자동제어를 향한 씨앗이 되었기 때문에, 안전 시스템으로서는 상당히 긴 역사를 갖고 있다고 할 수 있다. 하지만 운전자의 의사에 반한 브레이크가 다른 차량(사람)에 미치는 영향을 예측하지 못했던 각국의 도로행정 당국은, 브레이크는 운전자가 주체적으로 조작하는 것이라는 사실을 알리는 차원에서 일부러 완전정지를 하지 않도록 기능을 제한했다. 소비자가 기능을 과신하게 될 것을 염려한 것이다. 그 뒤 「액티브 세이프티」라는 말과 기구가 알려지면서 자동 브레이크는 드디어 당초의 성능을 완전히 발휘하기에 이르렀다. 그러는 동안이 약 15년. 안전 운운 이전에, 운전자가 운전조작을 일부라도 자동차에 맡기는데 있어서 심리적 우려를 불식하기까지 이 정도로 시간이 걸리는 것을 보면, 마치 ADAS의 종합적인 보급이 그리 빨리 다가오지 않을 것이라는 사실을 상징하는 것처럼 보인다.

🔽 전자제어 브레이크

브레이크와 조향, 이 두 가지 조작이 어려운 것임을 레이싱 드라이버는 잘 알고 있다. 어느 쪽도 조작을 잘못하면 위험을 초래하기 때문에 매우 섬세히 다루어야 하기 때문이다. 이것을 자동화하는 어려움은 EPS가 등장하고 20년이 지났음에도 불구하고, 어떤 자동차 메이커도 조향 감각에 일정한 답을 내놓지 못하고 있는 사실에서도 알 수 있다. 유압 브레이크를 일반도로 주행 때 위화감 없이 액추에이터로 제어하는 일은 그 이상으로 어려울지도 모른다. 자동 브레이크의 긴급정지와는 차원이 완전히 다르다. 제어라는 점에서는 모터를 통한 회생 브레이크 쪽이 자동제어에 친화적이라고 할 수 있겠지만, BMW i3과 닛산 이파워(e-Power)의 원 페달 브레이크의 감속도 표출 차이를 당연하다고 한다면 프로그램하는 메이커의 「특성」이 좋든 나쁘든 드러나게 된다. 브레이크 자체의 성능뿐만 아니라 센서로부터의 정보를 판단하고 해석하는 ECU의 「중복성(Redundancy)」도 의문시되는 부분이다.

「안전」, 그것은 이상과 현실의 조화
닛산자동차의 안전기술 개론-

본문 : 미우라 쇼지 그림 : 닛산

자동차의 안전성을 높이기 위해 기능을 적용하는 일은 사실 기술자들에게는 그리 어려운 일이 아니다.
문제는 이런 기능에 대해 「사람」과 「사회」가 수용할 수 있느냐의 여부이다. 닛산은 「자동차」「사람」「사회」의 삼위일체를 지향한다.

닛산의 안전철학은? ⋙ 「자동차가 사람을 지킨다」는, 안전방어라는 발상을 통해 수동적·능동적 양쪽에서 접근한 안전철학.
이것들을 포괄한 「트리플 레이어드 어프로치(Tripple Layered Approach)」 차원으로 전개 중이다.

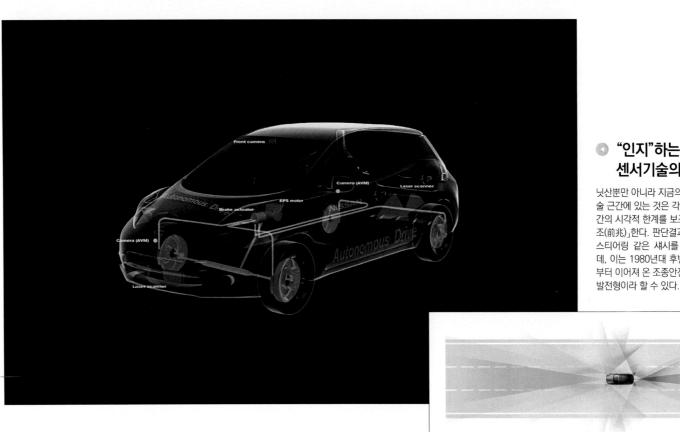

● "인지"하는 센서기술의 진화

닛산뿐만 아니라 지금의 자동차 안전기술 근간에 있는 것은 각종 센서로서, 인간의 시각적 한계를 보조해 사고를 「전조(前兆)」한다. 판단결과는 브레이크나 스티어링 같은 섀시를 통해 실행되는데, 이는 1980년대 후반의 「901운동」부터 이어져 온 조종안전성 확보기술의 발전형이라 할 수 있다.

「안전」은 한 단어로 표현하기에는 매우 난해한 주제이다. 그래서 이것을 총론으로 말하기는 어렵다. 이번 닛산자동차 취재에서 안전성능에 관여하는 각 부문의 기술자 10여 명이 한자리에 모였지만 질문을 미처 하지 못했던 분야도 많았고, 이야기 들은 내용도 분야를 넘나들 뿐만 아니라 겹치는 부분도 있었다. 그래서 기사로 정리하지 못하는 상황을 막기 위해서 몇 가지 고유한 기술을 끄집어내 각각의 현장에서 대체 무엇이 진행되고 있고, 무엇이 과제인지를 질문했다. 이를 바탕으로 닛산자동차가 추진하는 안전기술에 관한 전체상을 대략적으로나마 살펴보았다.

자동차의 안전성능이란 우선 운전자가 올바른 운전을 하면서부터 시작된다. 올바른 운전을 하기 위해서는 외부정보가 정확하게 전달되어야 한다. 여기에 가장 잘 부합하는 것은 시각정보이다. 하지만 자동차는 좋은 날씨 때만 달리는 것이 아니라 밤이나 악천후에서도 주행한다. 그때 운전자가 파악할 수 있는 정보량은 줄어들 수밖에 없다.

날씨 좋은 낮의 시야를 기본으로 한다면, 야간의 정보량은 대폭 줄어든다. 그것을 보완하는것이 전조등이다. 전조등은 설치만 되어 있어서는 의미가 없다. 완전히 어두워지기 전에 조금 빨리 점등시켜 충분한 조도를 확보한 다음, 가능하면 상향등(High Beam)을 많이 사용해 시야를 확보해야 한다. 닛산에서는 특히 조기 점등이 중요하다고 보고 있다. 다른 차량이나 보행자에게 자차의 존재를 알림으로써 예

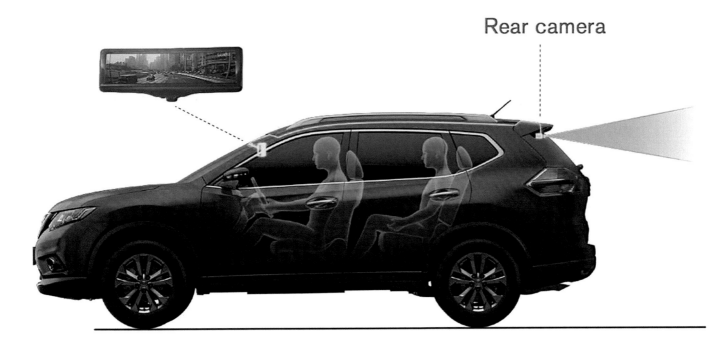

Rear camera

◉ 인텔리전트 룸 미러

「캠핑하러 갔을 때 짐을 가득 실으니까 뒤가 보이지 않더라」는 기술자의 개인적 불만이 발단되어 실현에 이른 신기술. 전자거울의 규격화에 즈음하여 전 세계에서 가장 먼저 카메라와 액정화면을 통한 후방시야를 확보한 메이커로서, 닛산은 ISO 팀에게 적극적인 정보제공과 제안을 했다. 아세안 각국에도 똑같은 선전활동을 펼쳐 안전기술을 널리 보급하고 있다.

방 안전에 이바지하기 때문이다.

유럽에서는 낮 동안의 전조등 점등을 의무화하고 있지만, 일본에서는 얼마 전까지 사륜 일반 자동차의 낮 동안의 점등이 금지되어 있었다. 또한 가로등이 잘 갖춰져서인지 일본인 운전자는 어두워도 전조등을 좀처럼 켜지 않는다. 자동 전조등이 보급되면서 다른 메이커보다 일찍 점등되도록 한 것에, 닛산은 사용자로부터 불만의 목소리도 많이 들었다고 한다. 닛산은 2010년부터 전조등을 조금 일찍 켜는 운동을 통해 조기 점등이 세계적인 추세라는 점을 운전자들에게 알려 왔다. 이런 생각이 결국은 호응받기 시작하면서 다른 메이커도 점등 타이밍을 빨리하는 추세로 전환했다고 한다. 2020년부터 생산되는 신차는 자동 전조등 설치가 의무화되는데, 차에서 내릴 때까지 전조등이 꺼지지 않고 작동하도록 강제된다. 등화에 관해서는 법규가 앞서 나가는 경우가 많기는 하지만, 메이커 쪽도 법률에 따라서만 움직이는 것이 아니라 자율적인 노력도 기울이고 있다.

닛산의 독자적 기술인 「인텔리전트 룸 미러」를 개발한 담당자는 원래는 범퍼를 설계·개발하던 기술자이다. 취미로 캠핑을 하러 갔을 때 짐 때문에 뒤가 안 보이는 것을 어떻게든 보이게 하고 싶다는 개인적인 욕구 차원에서 틈틈이 개발했다고 한다. 후방 시야를 카메라에 의

존하는 만큼 약간의 기능적 부족은 아무래도 피할 수 없다. 특히 영상이 실제와 다르다던가 영상의 지체는 치명적이기 때문에, 그런 경우는 즉각 기능을 정지하고 인간의 눈으로 확인하도록 촉구한다. 전조등이나 와이퍼의 자동화도 역시나 운전자에게 위화감 없이 작동하도록 하는 동시에, 무슨 일이 있으면 상시 작동(하향등 점등)으로 돌리고 자동안전장치(Fail-Safe)를 작동시킨다.

전자거울의 시인성에 관해서는 아직 사용자들이 전면적으로 수용하지 않는 부분이 있다는 현실을 인식해, 서플라이어와의 긴밀한 회의 하에 개선계획을 세우고 있다고 한다.

전조등 같은 시각보조 기능을 사용하기 전에 전방 유리의 시야가 충분하도록 하기 위해서는 A필라의 취급이 중요하다. 특히 최근 자동차는 충돌안전 관계상 A필라가 굵고 경사가 심할 뿐만 아니라, 디자인 측면에서도 필러를 가능하면 세우고 싶어하지 않기 때문에 시야를 방해하는 경향이 있다. 극단적으로 말하면 「상품성과 기능성의 이율배반」으로서, 그것이 안전과 관련된 것이라면 문제의 뿌리가 깊다. 물론 어떤 메이커든지 간에 이 사항에 대해서는 문제의식을 갖고 있어서, 어떻게든 차체 디자인과 시야를 양립시키려고 고심한다. 닛산에서는 2015년에 사내적으로 「시야 계획」이라는 프로젝트를 출범시

운전지원 시스템 개발 역사

■ ADAS의 기본 「인진·판단·조작」의 진화

*세계최초

| 1990 | 2000 | 2010 |

1996 ABS표준화

1997 비클 다이내믹스
컨트롤(VDC)

1997 브레이크 어시스트

1999 인텔리전트 크루즈
컨트롤

2001 차선유지 지원 시스템*

2004 LDW(차선이탈 경보)*

2004 인텔리전트 브레이크 지원

2007 거리제어 지원*

2007 전방위 화면*

2007 LDP(차선이탈방지 지원시스템)*

2009 FCW(전방차량 근접 경보)

2010 BSW(후방·측방 차량감지 경보)

2010 BSI(후방·측방 충돌방지 지원시스템)*

2011 MOD(이동물체 감지기능)*

2012 BCI(후진 시 충돌방지 지원시스템)

2012 가속페달 오조작 방지 어시스트*

2013 비상 브레이크

2013 PFCW(전방 충돌예측 경보)*

2013 지능형 파킹 어시스트

2013 능동 차선 제어*

2014 후방 크로스 트래픽 경보

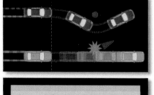
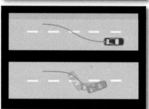

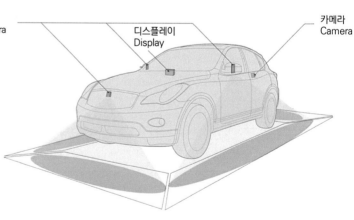

🔵 **축적해 온 ADAS 기술이 인지되기까지**

1990년대에 ABS가 급속히 보급되자 능동 차체제어 시스템에 활용하려는 움직임이 시작되었다. 대표적인 사례로는 ESC와 ACC를 들 수 있다. ACC에 차선유지 어시스트 기능이 추가되면서 오늘날의 ADAS 기본이 완성되었다. 닛산에서는 CIMA에 탑재한 것이 계기이다. 그 뒤로는 오로지 센서 기능의 발전으로만 나아가지만, 근래에 안전기능을 저가의 양산 차량부터 도입하게 된 것은 새로운 흐름이다.

켜, 차체부문뿐만 아니라 내장부문을 비롯해 여러 부문을 넘나들면서 문제를 해결하기 위한 모색을 시작했다.

충돌안전에 관한 A필러의 성능은 단면적과 재료강도에 비례한다. 따라서 초고장력 강재를 사용해 재료 강도를 높이는 대신에 필러를 가늘게 하는 대책을 많이 적용하고 있다.

다른 안전성능이 어떠한 이유로 전자시스템에 의해 담보·분담되느냐는 것과 달리, 차체에서 중요한 것은 순수하게 기계적인 강도와 강성이다. 충돌안전을 위해 강도를 우선시하면 조종 안전성이나 승차감이 나빠지는 경우가 있고, 강성을 우선시하면 바로 무거워진다. 여기서도 성능을 실현하는데 따른 이율배반이 있기 때문에, 설계자는 그 균형을 맞추는 일에 진력한다고 한다. 충돌안전성은 최후의 수단이지만 조종 안전성이나 승차감은 안전에 대한 입구라고 생각하는 것이다.

A필러의 굵기·경사와 동시에 작금의 자동차는 벌크 헤드가 높아지면서 전방시야(하향각도)가 좋지 않다. 이것을 해소하기 위해 유럽 자동차 대부분은 시트 리프터를 설치하고, 틸트&텔레스코픽 스티어링과 함께 조종범위를 크게 함으로써 운전자의 체격에 맞출 수 있도록 하고 있다. 그러나 많은 일본 차, 특히 저가 차량은 그런 장비가 없거나 있더라도 조정범위가 적은 것이 엄연한 사실이다.

인체공학을 전문으로 하는 기술자는 이런 사실을 당연히 알고 있지만, 범용기술로 하기에는 비용적인 측면 때문에 조기에 해결하기는 어려운 것 같다. 그래도 조금씩 장착 차량을 늘려가거나 조종 폭을 크게 하려는 노력은 계속하고 있다고 한다. 적절한 운전위치는 시야뿐

만 아니라 운전피로를 줄이는데도 직결되는 만큼 메이커의 노력이 절실히 요구된다.

닛산의 ADAS 개발은 전자제어 서스펜션 개발팀이 모체이다. 그 당시 앞으로는 예방 안전이야말로 핵심기술이 될 것이라는 점을 예측해, 2000년 무렵부터 충돌안전 그룹과 함께 안전성능 포인트를 논의해 온 결과가 13년의 FEB(Forward Emergency Brake)라는 결실로 이어졌다.

그때 중시되었던 것은 당시까지의 최첨단 기술이 고급자동차부터 적용했던 것을, 사고를 줄이려면 양산 저가 차량부터 적용하지 않으면 의미가 없다는 의식개혁이었다. 「비전 제로」라고 하는 개혁운동을 통해 자동 브레이크를 시마가 아니라 먼저 노트와 세레나, 엑스트레일 등과 같은 주요 양산 저가 차량부터 적용했다.

자동 브레이크 실현에 카메라를 비롯한 센서는 중요한 역할을 한다. 하지만 아무리 고성능 센서를 사용해도 그것만으로는 자동차로서의 성능이 안 나온다. 기본이 되는 마찰 브레이크와 그것을 담당하는 EBD(전자제어 제동력 배분시스템)의 액추에이터, 타이어나 서스펜션 같은 전통적 기능을 되살릴 필요가 있다. 머리만 크지 운동신경이 따르지 않아서는 안 되는 것이다. 그래서 ADAS 팀은 타 부문과의 협업에 중점을 둔다. 결과적으로 사고를 방지하는 것은 자동차의 기본 성능이지 시스템이 전제가 아니라는 사실을 알고 있기 때문일 것이다.

세레나에 탑재된 자율주행기술 「프로파일럿」의 원형을 찾아가면

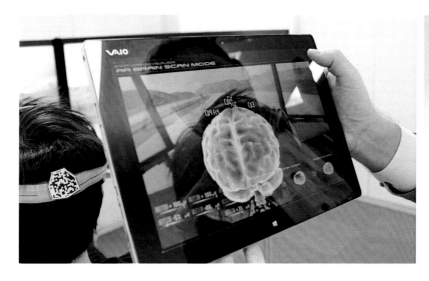

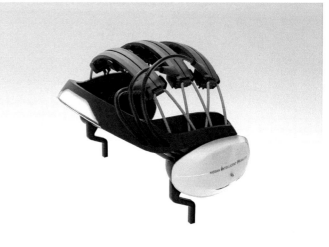

⚫ **뇌파측정을 통한 운전지원시스템 연구**

운전조작을 자동차가 할 때의 문제점으로는 기계와 인간의 판단·조작 속도의 차이를 들 수 있다. 인간은 정보를 얻고 나서 조작할 때까지 시간 지체가 있다. 운전실력이 뛰어난 운전자는 시간 지체를 초월한 상태에서 운전하지만, 판단속도는 차원이 다르게 기계가 빠르다. 닛산에서는 뇌파측정연구를 응용해 뇌의 행동준비 전위(電位)를 검출함으로써 운전자의 조작 지체를 제어 시스템이 보완하는 운전지원기술을 발표. 고령자의 운전 실수로 인한 사고사례가 크게 줄어들지도 모른다.

안전기술은 ADAS를 중심으로 한 조작의 자동화에만 이목이 쏠리고 있지만, 충돌할 때의 위험성 경감은 물론이고 비상 브레이크나 조향을 확실하게 떠받치는 것은 기본적인 섀시 성능, 특히 고강성 차체이다. 그러나 고강성화가 중량를 늘리는데 직결되고 단면적 증가를 수반하기 때문에 A필러에 사용하면 시야 방해로 이어질 수 있다. 1GPa을 넘는 고장력 소재로 바꿔서 그런 문제를 해소한다.

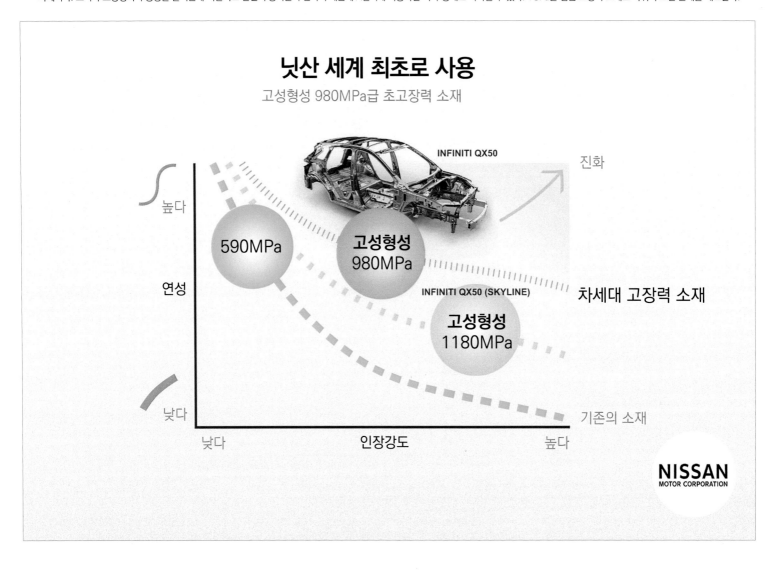

1999년에 닛산이 먼저 시작한 ICC(Intelligent Cruise Control)에 도달한다. 당시의 가감속을 제어하는 오토 크루즈에 차간 간격을 유지하는 기능을 넣은 것으로, 2001년에는 차선유지 어시스트 기능을 추가했다. 앞뒤 방향뿐만 아니라 좌우 제어가 가능해지면서 자율주행의 단서가 된 기구이다.

그런데 일본에서는 크루즈 컨트롤 사용이 일반화되지 않은 탓도 있어서, 자동 브레이크 기능이 적용될 때까지 ICC를 적용한 차종이 늘어나질 않았다. 그 사이에 센서기능은 강화되고 기능도 늘어났지만, 기본적인 기술은 ICC가 등장하던 당시에 이미 확립된 상태여서 그것을 바탕으로 프로파일럿이 완성되기에 이르렀다. 앞서 언급한 전조등 사례와 마찬가지로 기능만 앞서 나갔지 세상이 쫓아오지 못했던 것이다. 실제로 시장에 투입된 프로파일럿도 아직까지 「운전자는 곁눈질을 괜찮다」는 오해·곡해가 약간씩 있다. 안전의 3대 요소인 「자동차」 「사람」 「사회」 중에서 자동차만 돌출되었지 사람과 사회가 쫓아오지

못한 전형적인 사례일 것이다.

레벨5의 자율주행이 실현되면 그때는 자동차 운전에 인간이 관여할 여지가 없게 되지만, 그때까지는 운전의 주체가 인간이고 운전을 관리하는 것은 행정을 주체로 하는 사회이다. 자동 브레이크가 실용화되었을 때, 기능적으로는 완전정지가 가능했던 것을 운전자의 과신을 염려해 일부러 정지하지 않게 한 사례가 상징하듯이, 선진적인 자동차기술은 단계를 거치지 않으면 스며들기 어려울 뿐만 아니라 실용화도 안 된다. 닛산 ADAS 기술자는 「자동 브레이크조차 세상의 공통된 이해를 쌓기까지 15년이 걸렸다」고 언급했지만, 기술 관련 선전과 사회적 기반·법적 정비야말로 선진안전기술에 있어서의 당면 과제이다. 메이커로서는 운전자에 대한 주의를 환기해 「자동차는 할 수 없는」 일을 확실하게 하는 HMI 구현도 중요하다고 말한다.

어쨌든 법으로 묶는 일은 오히려 운전자가 생각하지 않게 되므로 주의해야 할 일이지만, 메이커 개별적으로 개발한 자동 브레이크에 국

🔻 트리플 레이어드 어프로치의 추진

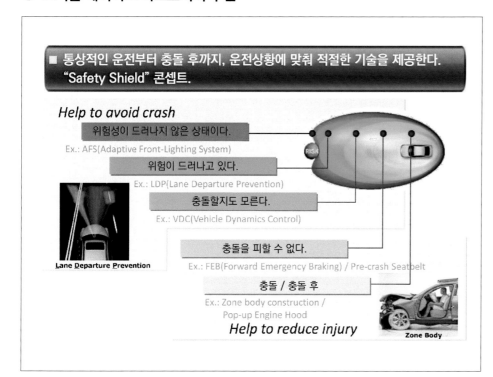

안전기술이란 「사람」, 「자동차」, 「사회」라는 계층에 있어서 시점이 바뀌면 적용하는 방법도 바뀐다. 닛산은 이런 개념을 「트리플 레이어드 어프로치」라고 한다. 자동차기술은 필요할 때 마음대로 이용할 수 있더라도 사람의 능력이나 가치관 그리고 사회에 관한 기술의 접목지점을 생각하지 않으면 안 된다고 본다. 기술은 단순한 아이디어에 지나지 않는다는 것이다. 전조등의 성능향상과 동시에 조기 점등을 호소하는 풀뿌리 활동이나 자율주행의 존재 방식을 모색하는 시책 등에 적극적으로 대처하고 있다.

가가 기준을 마련해 성능인정을 하거나, 전자 거울의 표준화를 향해 실적 있는 닛산이 ISO에 대해 적극적으로 로비를 하는 등, 사고를 없애기 위한 기술을 대중화하기 위해서 각 방면에서 기반기술을 추진 중이다.

ADAS 너머에 있는 자율주행에 관해서는 단계별로 구분되어 있기는 하지만, 당국이나 메이커도 모두 아직 일반적 상식이 있는 것은 아니다. 앞으로 오랜 시간을 거쳐 형성되어 나가겠지만, 그러는 사이에도 요소기술은 계속 진화한다. 기능과 상품, 사물과 사용방법에 대한 친화성을 어떻게 도모해 나갈 것인가. 닛산 기술진이 이구동성으로 말한 것은, 결국 기술 자체의 우열이 아니라 자동차가 어떤 모습이어야 하는지, 이상에 대한 자문자답과 자동차와 사회의 관계성이었다.

🔻 그리고 프로파일럿으로

프로파일럿은 자율주행에 필요한 기본 성능을 갖추고 있지만, 닛산은 자율주행과는 선을 그어 어디까지나 ADAS의 일종이라는 입장이다. 현재 상태에서는 도로상황에 맞추는 속도조종 기능이 없기 때문이다. 그러나 이것이 자율주행으로 가는 위대한 첫걸음이라는 사실은 명백하므로 많은 피드백을 얻으려고 노력한다.

AISIN

액티브 세이프티의 진화
「달리기」야 말로 안전장비

본문&사진 : 마키노 시게오 그림 : 아이신

아이신정밀기계가 개발한 AVS시스템은 「달리기」와 「승차감」을 양립한 것이다.
그러나 운전자의 불안감이나 스트레스를 완화한다는 점에서 보면, 이것은 안전장비로 해석할 수 있다.

◉ 리니어 솔레노이드

소형 리니어 솔레노이드 하나도 신장/압축 양쪽을 제어한다. 3중 원통구조로 항상 오일 흐름을 한 방향으로만 흐르게 한 이유는 여기에 있다. 전력소비도 아주 작고 시스템 적으로도 간소하다.

Hiroshi AOYAMA
아오야마 히로시

아이신정밀기계 주식회사
주행안전 상품본부
주행안전 제2제어
기술부1팀

Takafumi MAKINO
마키노 다카후미

아이신정밀기계 주식회사
주행안전 상품본부
주행안전 제2제어
기술부 섀시제어 그룹

◉ 신장/압축이 독립된 오리피스

이것이 크라운에 적용된 새로운 기구. 기존에는 신장/압축에서 한 가지 오리피스(Orifice, 오일통로) 크기만 선택할 수 있었다. 독립 오리피스를 넣어 신장/압축 경로를 전환할 수 있다. 압축에서는 아래쪽에서 오일이 체크밸브를 밀어 올린다. 이때 오일이 압축 전용 오리피스를 관통한다.

→ 오일흐름

피스톤

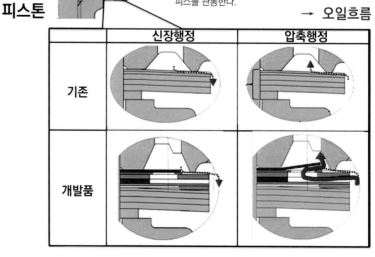

	신장행정	압축행정
기존		
개발품		

일반적인 시판 차량은 운전 경험이나 실력, 나이 등 다양한 불특정다수의 운전자가 운전한다. 달리고, 선회하고, 정지하는 기본 성능뿐만 아니라, 타이어의 마찰력 한계에 도달하지 않도록 차량이 운전자의 운전조작에 개입하는 ESC(차량자세제어)가 실용화됨으로써, 예방안전=능동 안전 분야는 「실력」에 대한 의존도를 대폭 낮추었다. 하지만 ESC는 일상적인 운전영역에 「즐거움」을 가져다주지는 않는다. 어디까지나 사고억지력에 초점이 맞춰져 있다.

아이신정밀기계는 일상적인 운전을 지원하는 장비로 AVS(Adaptive Variable Suspension) 시스템을 실용화했다. KYB(가야바)와의 공동개발을 통해, 한마디로 말하면 「승차감」과 「안정적인 주행」을 양립하겠다는 목적이다. 뒷바퀴로 하중이 이동하는 출발 상황, 선회하는 안쪽 바퀴가 내려가는 회전 상황, 앞바퀴로 하중이 이동하는 제동 상황, 또는 이런 상황들이 겹치는 상태에서 운전자에게 불안감을 주지 않고 시선을 가능한 한 노면과 평행하게 유지하면서 운전조작에 집중할 수 있도록 하는 완만한 체중 이동. 그러기 위해서 댐퍼(쇽 업소버) 감쇠력을 적극적으로 제어. 간략히 설명하면 이런 시스템이다.

통상적인 댐퍼는 감쇠력을 한 가지밖에 선택할 수 없다. 주행 감각을 단단하게 하려면 어느 정도의 감쇠력이 필요하기는 하지만, 그렇다고 감쇠력을 너무 높이면 승차감이 나빠진다. 반대로 「항상 부드러운 승차감」을 추구하면 롤 각·피치 각이 커져서 주행이 불안해진다. 두 가지의 균형을 어느 지점에서 타협하느냐가 관건이다. AVS는 주행상태에 맞춰 이 균형을 제어한다. 통상적인 수동 댐퍼에서 불가능한 감쇠력 변화를 줄 수 있다. 그것이 특색이다. 게다가 이 변화를 리니어 솔레노이드 한 개로 제어 한다.

아래 그림처럼 AVS는 3중 원통 구조로서, 베이스 밸브와 피스톤 양쪽에 있는 오리피스(오일통로)를 통과하는 작동유(油)는 반드시 「아래에서 위」로 흐른다. 신장/압축 모두 작동유가 가장 안쪽 원통에서 2번째 원통으로 흐른 다음, 여기와 연결된 리니어 솔레노이드로 흐른다. 감쇠력은 이 리니어 솔레노이드로 흐르는 전류의 강약으로 조정한다. 제어에 필요한 데이터는 속도, 가속도, 조향각 등으로, 이 데이터는 차량 쪽으로부터 CAN통신으로 공급받는다. 「스프링 아래와 스프링 위의 공진주파수 중간, 2~8Hz에서 뭔가 걸리는 느낌을 완화」한다고 담당자는 말한다. 걸리는 느낌이 완화되면 불쾌한 진동이 크게 줄어든다.

나아가 도요타가 신형 크라운에 적용한 시스템에서는 승차감을 확보하기 위해 「감쇠력을 낮춰달라」는 요구와 감쇠력의 「가변 폭을 확보해 달라」는 상반된 요구를 양립하기 위해서 개량을 했다. 운전자의 기분을 좋게 하는 것이 안전으로 이어진다. AVS는 이렇게 해석해야 할 장비가 아닐까.

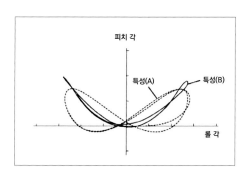

🔘 수동 댐퍼에서는 불가능한 롤 자세를 제어

위쪽 그래프는 리사쥬 파형을 나타낸 것이다. 통상적인 댐퍼에서는 불가능한 특성이 가능해졌다. 우측 그림은 작동 모습. 신장 쪽이나 압축 쪽 모두 솔레노이드 부분에서는 오리피스에서의 유동방향을 항상 한 방향으로 제어할 수 있다. 전자제어 댐퍼는 해외 업체가 앞서 나갔지만, 아이신정밀기계는 독자적인 구조로 특허를 취득했다.

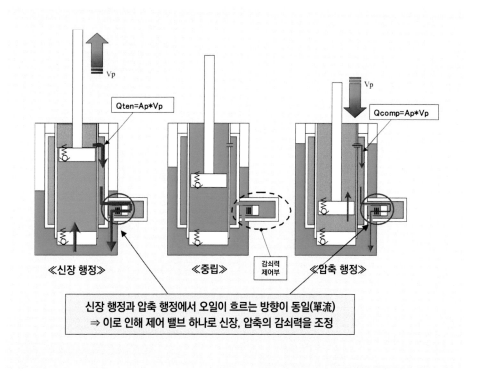

≪신장 행정≫　　≪중립≫　감쇠력 제어부　≪압축 행정≫

신장 행정과 압축 행정에서 오일이 흐르는 방향이 동일(單流)
⇒ 이로 인해 제어 밸브 하나로 신장, 압축의 감쇠력을 조정

1+차 안전성

Active (Dynamic) Safety Advance

1차 안전성 중에서도 도요타의 프리-크래스 세이프티
(Pre-Crash Safety)로 대표되듯이, 운전자에게 그런 의식이
없더라도 위험영역에 접근할 때 운전을 지원해 주는 충실한 기능이
두드러진다. 앞으로 더 고성능으로 바뀔 것이다.

2015년 3월부터 도입되기 시작한 도요타
Safety Sense는 동작 속도를 중시했기 때문
에 레이저 레이더+단안 카메라, 밀리파 레이더
+단안 카메라 2종류의 조합이 있었다. 최신 제
2세대는 밀리파 레이더+단안 카메라 한 가지
조합으로 통일했다.

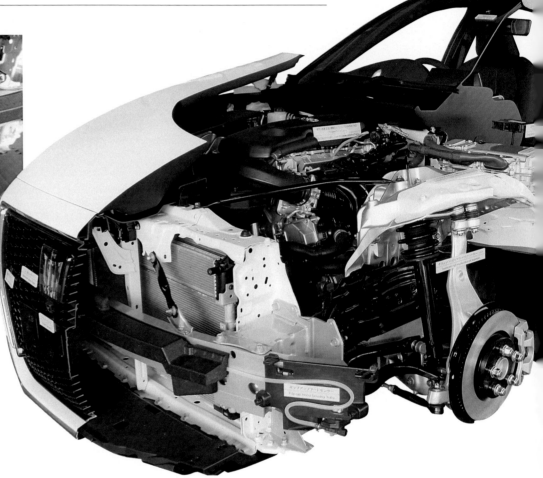

(CASE STUDY 1)

TOYOTA

실제 일어나고 있는 사고를 조사·분석해 실효성이 높은 장치부터 개발

본문 : 세라 고타 사진 : 니즈카와 나오요시 / 도요타 그림 : 도요타

사고를 줄이지 않으면 교통사고 사상자는 제로가 될 수 없다. 실제로 일어나는 사고 데이터를 조사·
분석하는 일이 안전기술에 대처하는 출발점이다. 도요타는 효과가 높은 장치부터 개발하겠다는 자세이다.

도요타의 안전사상이란? ≫ • 「자동차」「사람」「교통」 삼위일체로 대처
• 「사고의 조사·분석」「시뮬레이션」「개발·평가」를 묶어내는 실질적 안전의 추구

◉ 안전보급의 문제

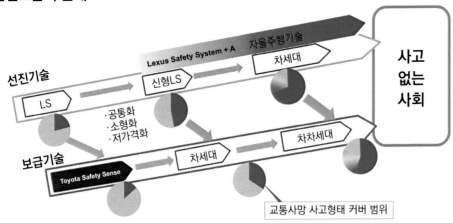

안전기술 보급확산에 대한 생각을, 렉서스 LS를 예로 들어 설명한 그림. 렉서스의 기함 모델인 LS에는 「생각할 수 있는 모든 기술」이 담겨있다. 예를 들면 카메라는 단안이 아니라 스테레오이다. 그것을 기본 모델에도 적용하는 것은 무리가 있기 때문에, 공통화·소형화·저가격화를 이룬 기술부터 「보급기술」로 채택, 적용해 나갈 계획이다.

◉ 통합 안전 개념 …… 다양한 운전상황에서 최적의 운전지원과 안전 시스템을 연계

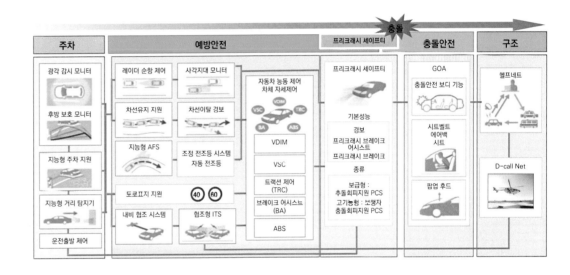

→ 「주차」「예방안전」「프리-크래시 세이프티」「충돌 안전」「구조」5가지 단계에 거쳐 안전기술을 정리하고 있다. 각각이 단독으로 기능할 뿐만 아니라, 예방안전 장치와 충돌안전 장치를 연계시켜 안전효과를 높이는 등, 전체를 내다보면서 개발한다.

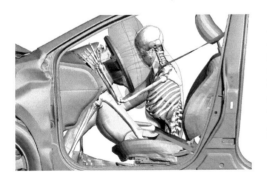

← 실세 사고가 발생했을 때의 상해발생 메커니즘을 컴퓨터상에서 분석하기 위한 인체모델이 섬스(THUMS)이다. 2015년 버전5에서 근육을 묘사할 수 있게 되었다. 그때까지는 충돌안전이 주체였지만, 근육이 묘사되면서 예방안전에도 사용할 수 있게 되었다.

← 예방안전 기술의 개발을 촉진하기 위해 히가시후지 연구소에 있는 드라이빙 시뮬레이터를 활용. 위험한 장면을 생생하게 재현하는 것은 비현실적이기 때문에 유사한 공간에서 재현하는 것이 매우 유효하다. 위험한 상황에 직면했을 때 어떻게 반응하는지 검증한다.

도요타자동차는 「교통사고 사망자 제로」를 최상의 목표로 설정하고 「삼위일체의 대처」와 「실질적 안전의 추구」라는 두 가지 접근방식으로 안전기술 개발에 대처하고 있다. 목표로는 지극히 정당하지만, 그렇다면 목표에 도달하기까지 전망이 세워졌느냐면 전혀 그렇지 않아서, 그 점이 높은 장벽을 실감하게 한다. 목표에 도달하려면 안전한 자동차를 개발하는 것은 물론이지만, 그것만으로 사고가 없어지지 않기 때문에 사상자가 제로가 될 수도 없다. 사람에 대한 계발(啓發)도 빼놓을 수 없고, 위험한 곳이 있는 도로의 개선을 국가나 지자체에 요청하는 활동도 중요하다. 즉 「자동차」「사람」「교통」의 「삼위일체의 대체」는 필수불가결하다.

또 하나의 「실질적 안전 추구」는 안전과 연결되는 기술에 무작정 손을 대려고 하지는 않는다. 실제 사고의 조사·분석을 출발점으로 보고,

▶ **보행자 사고는 야간에 많이 발생**

2017년도 경찰청 조사에 따르면 보행자 사망사고의 70%는 야간에 발생하고 있다. 제2세대 Toyota Safety Sense는 사람 눈으로 인식하기 곤란한 야간의 보행자를 시스템이 인식한다. 단안 카메라의 촬상소자의 감도를 높이고(1룩스=달빛 정도), 하반신만으로도 보행자를 인식할 수 있는 알고리즘을 완성하면서 실현되었다.

◉ **고감도 촬상소자를 통한 뛰어난 야간 시인성**

제1세대 카메라 이미지   제2세대 카메라 이미지

◉ **하반신 이미지를 추가해 하반신만으로도 보행자를 인식**

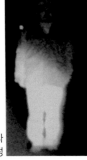
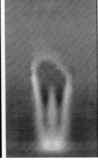

(좌)하향등은 하반신을 조사
(우)하반신 이미지로 판정

사고 저감효과가 높은 시스템부터 개발하는 것이 중요하다고 생각하고 있다. 일본 같은 경우는 ITARDA(이타르다 : 교통사고 종합분석센터), 미국의 경우는 FARS(파즈 : 사망사고통계)나 NASS(나스 : 사고사례 데이터), 유럽은 독일의 GIDAS(기다스 : 독일교통사고 상세연구), 여기에 중국의 CIDAS(시더스 : 중국교통사고 상세연구) 등을 통해 많은 정보를 수집하려고 한다.

이들 데이터의 분석을 통해 「현재 부족한 부분」을 살피는 한편, 기술적 동향과 서로 살피면서 개발을 추진한다. 에어백이 운전석과 조수석뿐만 아니라, 무릎 앞 공간이나 커튼 방식으로 늘어난 것은 실제 사고를 분석한 결과로부터 도출된 사례이다.

안전기술 개발에 관여하고 있는 이케다 유키히코씨는 다음과 같이 설명한다. 「전면충돌뿐만 아니라 측면충돌도 있고, 비스듬한 충돌도 있습니다. 자동차가 부딪친 경로와 실제 탑승객의 피해 상황을 대조함으로써, 효과적인 에어백 시스템을 개발해 왔던 것이죠.」

「예방 안전 시스템 기술에서는 자동 브레이크가 주목받고 있지만 빠른 속도에서 달리다가 전방 자동차와 부딪치는 경우만 있는 것은 아닙니다. 주차장을 아주 느린 속도로 움직일 때 살짝 부딪치는 때도 있

🔽 동작이 빠른 자전거 운전자를 감지

「다음 단계는 여기」라고 하면서 강한 개발의지를 보였던 것이 프리크래시 세이프티의 자전거 운전자 대응이다. 자전거 운전자는 보행자보다 이동속도가 빠르다(특히 전방에서 횡단할 때). 확실하게 감지하는 기술도 물론 필요하지만, 우선은 시스템에서 「보인다」라는 사실이 필요하다. 그래서 밀리파 레이더의 감지 범위 각도를 넓혔다.

🔽 밀리파 레이더의 근거리 감지각의 범위를 약 40% 확대

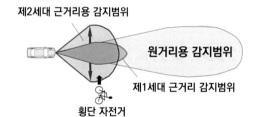

제2세대 근거리용 감지범위

원거리용 감지범위

제1세대 근거리 감지범위

횡단 자전거

← 밀리파 레이더는 제1세대부터 근거리용과 원거리용 2종류를 탑재하고 있다. 제2세대에서는 근거리용 감지각범위를 약 40% 확대(廣角化)해 횡단 자전거를 빨리 감지할 수 있도록 했다. 자전거는 보행자보다 속도가 빠르기 때문에 빨리 감지하는 것이 중요하다.

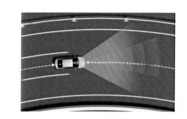

레이더 크루즈 컨트롤(전체 차량속도 추종기능 내장)이 작동할 때, 흰선을 벗어나려고 하면 차선유지에 필요한 조향핸들 조작을 지원하는 기능도 새로 추가되었다.

→ 단안 카메라에 「움직임 감지 로직」을 추가해 횡단 자전거를 정확하게 인식할 수 있도록 했다. 패턴인식과 더불어 이동물체의 특징을 연속적으로 추적해 이동속도를 파악하고, 다음 위치를 예측한다. 복잡한 처리를 해야 하므로 고속처리 프로세서를 새롭게 사용.

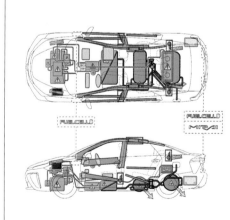

전동화가 진행되고 배터리 등이 커지면, 지금까지는 필요없었던 안전대책 항목도 늘어난다. 도요타는 1997년의 프리우스 등장 이후, 고전압 배터리의 배치, 격리, 차단 같은 전기안전에 대해서 철저히 연구해 온 덕분에 지금까지 사고경고를 받은 적이 없다. 또한 만일의 사고 발생 시, 탑승객 구출이나 2차피해를 막기위해 2013년부터 자동차마다 구조 매뉴얼도 준비해 놓고 있다(그림은 미라이).

죠. 최근에는 브레이크 페달과 가속페달을 잘못 밟을 때도 있습니다. 2012년 크라운부터 적용한 ICS(Intelligent Clearance Sonar)는 실제 사고형태를 바탕으로 만든 기술입니다.」
ICS는 저속으로 주행할 때의 충돌회피, 충돌피해 경감에 이바지하는 시스템으로, 출발 시 앞뒤 방향에 장애물을 감지하면 엔진 또는 하이브리드 시스템의 출력을 억제하는 한편, 거리가 좁혀지면 자동으로 브레이크가 걸린다.
「당시에는 현재만큼 가속페달을 잘못 밟는 사고가 많지는 않았습니다. 하지만 일본의 고령화 사회를 생각하면 대처해 놔야겠다는 생각으로 개발했던 것이죠.」

미국에서는 고속도로 주행이 많다. 그것도 모든 차선에서 거의 비슷한 속도로 달린다. 옆 차선에 차가 없다고 판단해 차선을 변경하는 순간, 사각에서 오는 자동차와 충돌사고가 나는 경우가 많다. 사각지대 모니터는 미국 도요타 R&D로부터 강한 요청을 받고 개발했다고 한다.

실제 사고를 조사·분석하고, 그 사고를 해소하는 기술을 개발(그것도 실효성 높은 쪽부터 순서대로)하겠다는 것이 기본 입장이다. MBD(-Mode Base Development) 시대이다. 근래의 안전 시스템은 복잡하기 때문이기도 해서 검증항목이 늘어나는 추세이다. 자율주행을 향해 나아가려면 실제 환경에서는 실증 불가능한 검증도 늘어나게 된다. 가상 환경에서 검증하거나, 시뮬레이션으로 검증하는 방식의 개발은 효율 측면에서 빼놓을 수 없다. 다만 최후에는 실제 차량을 사용해 현지, 현물 검증도 한다.

정리하면, 「사고의 조사·분석」~「시뮬레이션」~「개발·평가」의 순환 고리를 통한 「실질적인 안전추구」가 안전에 대한 대처에 있어서 또 하나의 접근방식이다.

「도요타만의 특색」이라고 이케다씨가 설명하는 것은 「통합안전 개념」이다. 「주차」「예방안전」「프리크래시 세이프티」「충돌안전」「구조」 5가지 운전상황으로 분류하고, 각각의 상황에 대해 최적의 장치나 시스템을 제공할 계획이다. 또한 각 상황의 장치가 단독으로 기능할 뿐만 아니라, 예를 들면 예방안전 장치와 충돌안전 장치를 서로 연계시켜 각각의 안전효과를 높인다는 생각으로 임하고 있다.

그렇게 개발한 안전장치를 욕심 같아서는 일거에 적용했으면 한다. 이케다씨는 「소형차부터 한 번에 적용하는 것이 이상적입니다」라고 인정한다. 「한편으로 실제 차종에 적용하는 문제는 여러 상황을 고려할 필요가 있습니다. 그러나 새로운 기술이나, 새로운 센서, 새로운 알고리즘을 개발하면 최초 단계에서는 가격이 맞지 않는 경우가 많습니다. 결과적으로는 최신기술을 먼저 최고급 모델부터 적용한 다음, 가격하락을 유도하면서 보급해 나가는 방식이 하나의 흐름처럼 되어 있죠.」

예를 들면 사고 저감효과가 높은 복수의 예방안전 시스템을 패키지화한 Toyota Safety Sense 제2세대는 2017년 12월에 마이너 체인지를 한 알파드와 벨파이어부터 도입되었다. 「빨리 적용해 나가겠다」는 것이 기본 입장이었기 때문이다.

Toyota Safety Sense는 2015년 3월부터 도입이 시작된다. 적용 속도를 중시했기 때문에 풀 모델 체인지 시점을 기다리지 않고 마이너 체인지 때도 투입한다는 전략이었다. 그런 경우 변경 범위가 한정되기 때문에, 레이저 레이더와 단안 카메라를 일체화해 기능을 성립시키는 패키지를 개발했다. 이 패키지를 Toyota Safety Sense C라고 한다. 한편 풀 모델 체인지를 통해 크게 변경할 수 있는 모델은 밀리파 레이더와 단안 카메라를 조합한 Toyota Safety Sense P를 준비했다. C와 P를 합친 Toyota Safety Sense의 적용이 2017년 말로 끝나면서 전 세계 누계 판매대수가 약 800만 대에 이르렀다. 알파드와 벨파이어부터 시작된 제2세대 Toyota Safety Sense는 밀리파 레이더와 단안 카메라를 조합한 것이다.

「대응할 수 있는 사고 상황을 추가했습니다」라는 미야코시 쓰네오씨의 설명이다. 「보행자 사고는 야간에 많다는 데이터에 기초해, 야간에도 보행자를 식별할 수 있도록 했습니다. 촬상소자(撮像素子) 감도를 높인 것 외에, 알고리즘을 개량해 (처음으로 헤드라이트가 비추는) 하반만만으로도 사람을 인식할 수 있도록 했습니다.」

게다가 기존 시스템에서는 감지하지 못 했던 「자전거 운전자」 감지 기능을 추가했다. 자동차 앞을 횡단하는 자전거는 속도가 있다. 그런 자전거를 감지하려면 더 넓은 범위를 감지할 필요가 있다. 그 때문에 근거리 측정과 원거리 측정 2가지를 갖춘 밀리파 레이더 중에 근거리 측정각의 범위를 40%가량 넓혔다고 한다.

레이더 크루즈 컨트롤 사용 시, 고속도로의 동일 차선 내 중앙을 달릴 수 있도록 조향핸들 조작을 지원하는 레인 트레이싱 어시스트를 새롭게 적용한 것도 Toyota Safety Sense 제2세대의 특징이다. 또한 길 밖으로 이탈하려고 하면 경보를 보내 회피조향을 지원하는 차선 이탈 경보는 흰선이 없는 상황에서도 기능하도록 했다. 인식 알고리즘을 개량한 성과이다.

「안전기술에 대한 개발규모를 축소할 때가 왔다면 그것은 교통사고 사상자가 제로가 되었을 때」(이케다씨)이겠지만, 아직은 그런 목표를 향해 개발할 때이다.

Tsuneo MIYAKOSHI
미야코시 쓰네오
제1선진 안전개발부
제13 개발실실장

Yukihiko IKEDA
이케다 유키히코
선진기술개발 컴퍼니
선진기술 총괄부
안전기술기획 주사

Toshihide IIJIMA
이지마 도시히데
선진기술개발 컴퍼니
선진기술 총괄부
안전기술기획 주간

경자동차에도 고급 예방안전 장비를 장착

앞 유리창 위쪽에 장착된 단안 카메라와 전방 그릴에 들어 있는 밀리파 레이더를 같이 사용하는 "혼다 센싱". 혼다는 경자동차 N-BOX에도 차별을 두지 않고 일반 차량과 똑같은 시스템을 적용. 더불어 역시나 경자동차에서는 보기 드문 ACC(Adaptive Cruise Control)까지, 모든 기능을 적용하고 있다.

(CASE STUDY 2)

HONDA

규제를 기준으로 삼지 않고 독자적인 판단으로 안전을 추구

본문 : 다카하시 잇페이 사진 : 혼다 / MFi 그림 : 혼다

지금은 당연한 장비가 된 에어백을, 일본 메이커 중에서 가장 먼저 실용화한 것이 혼다이다.
이상을 쫓으려면 「없는 것은 스스로 만든다」는 자세로, 수많은 독자적 기구를 안전측면에도 투입해 오고 있다.

혼다의 안전사상이란? 〉〉〉
- 현실 세계에서 발생하는 현상을 엄밀하게 조사하는 현실주의.
- 「사람」을 철저하게 연구해 인체 검증을 거쳐 현재는 뇌신경까지 연구하는 단계로.

● 차량 충돌실험을 효율적으로 할 수 있는 시설

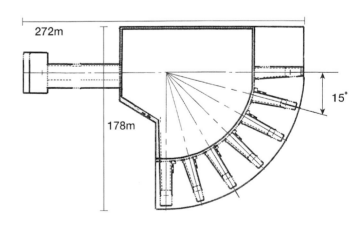

2000년에 완성하여 운용하고 있는, 세계최초의 전천후 「차 대 차」전방위 충돌실험 시설. 목적은 현실 세계의 안전성능을 향상시키는 것이다. 실험할 때 안전확보를 위해 제어실을 공중에 배치했으며, 정보수집까지 많은 부분을 자동화. 덧붙이자면 차 대 차(車vs車) 실험항목은 아직도 국가가 정하는 충돌안전기준으로 명문화되어 있지 않다. 「규제를 기준으로 삼지 않는다」는 혼다의 자세를 엿볼 수 있다.

연속 용량변화형 에어백을 세계 최초로 개발

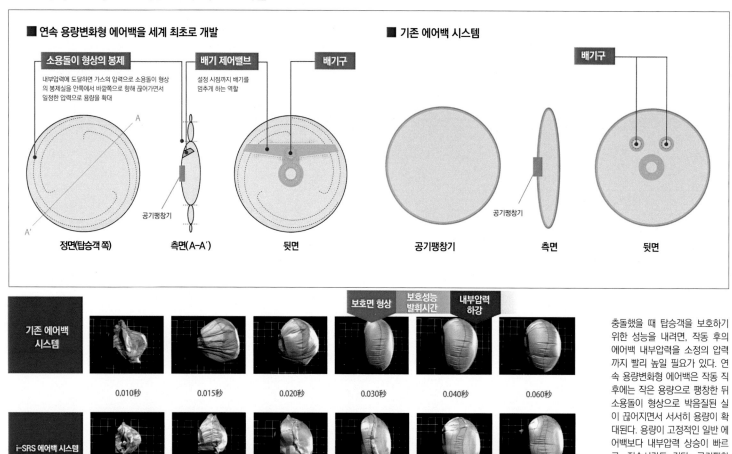

■ 연속 용량변화형 에어백을 세계 최초로 개발　　　　　　　　　■ 기존 에어백 시스템

소용돌이 형상의 봉제
내부압력에 도달하면 가스의 압력으로 소용돌이 형상의 봉제실을 안쪽에서 바깥쪽으로 향해 끊어지면서 일정한 압력으로 용량을 확대

배기 제어밸브
설정 시점까지 배기를 멈추게 하는 역할

배기구

정면(탑승객 쪽)　　측면(A-A´)　　뒷면　　공기팽창기　　측면　　뒷면

공기팽창기

	보호면 형상	보호성능 발휘시간	내부압력 하강

기존 에어백 시스템

0.010秒　　0.015秒　　0.020秒　　0.030秒　　0.040秒　　0.060秒

i-SRS 에어백 시스템
(연속 용량변화 형식)

보호면 형상　　보호성능 발휘시간　　　　배기개시 내압 강하

특징	신속한 전개	장시간 지속
	충격이 작다	

충돌했을 때 탑승객을 보호하기 위한 성능을 내려면, 작동 후의 에어백 내부압력을 소정의 압력까지 빨리 높일 필요가 있다. 연속 용량변화형 에어백은 작동 직후에는 작은 용량으로 팽창한 뒤 소용돌이 형상으로 박음질된 실이 끊어지면서 서서히 용량이 확대된다. 용량이 고정적인 일반 에어백보다 내부압력 상승이 빠르고, 지속시간도 길다. 공기팽창기 출력도 최소한으로 하기 때문에 에어백으로 기인하는 부상 문제는 발생하기 힘들다.

※탑재차종에 따라 다르다.

「우리는 창업자가 가졌던, 안전에 대한 철학을 가장 소중히 여기고 있습니다.」

다카이시 엔지니어는 이렇게 말하고는, 혼다 창업자인 혼다 소이치로씨와 혼다 초창기부터 소이치로를 보좌해 온 것으로 알려진 후지사와 다케오씨 사진을 회의실 스크린에 띄웠다. 스크린에는 두 사람이 안전에 대한 생각을 담아 내세웠던 두 가지 단어「인명존중, 적극안전」, 그리고「교통기관이라는 것은 인명을 존중하는 것」이라는 슬로건이 부가되어 있었다.

이런 말들의 배경에는 "교통전쟁"이라는 단어까지 생겼던 일본의 모터리제이션 시절이 있었기 때문이지만, 그로부터 몇십 년이 지난 현재도 크게 바뀌지 않고 있다. 이 글의 서두에 다카이시 엔지니어가 말한 한마디는 창업자의 철학이 아직도 철저히 계승되고 있는 혼다라는 회사의 기업문화를 말해 주는 것이기도 하다. 하지만 그것이 단순한 혼다만의 구전으로 머물지 않고 지금도 그대로 통용되고 있다는 점, 여기에 안전이라는 요소의 심오함이 있다.

안전의 목적이라 할 수 있는 지켜야 할 대상이나 안전을 위협하는 사고를 일으키는 것 모두 인간이다. 하지만 자동차를 구성하는 구성 요소와 비교하면 인체에 대한 이해는, 극단적으로 표현하면 아직도 "미개"에 가깝다. 그것은 운전에서 가장 중요하다고 할 수 있는 인

지판단을 하는 뇌 기능, 거기에 크게 영향을 끼치는 심리가 어떤 작용을 통해 만들어지느냐는 영역까지 들어가면 더욱 그렇다.

자동차의 안전이 시트벨트나 에어백으로 시작해, 보디의 충격흡수 구조 등 자동차 쪽 하드웨어에 관한 연구를 중심으로 진행되었던 이유가 여기에 있다. 자동차를 조종하는데 필히 중심이 되는 뇌의 기능까지를 포함한 이해는 최근에 와서야 겨우 실마리가 보이기 시작한 것에 불과하다. 앞의 모터리제이션 시절의 말이나 슬로건이 지금도 유효한 것은 이 때문이다.

앞의 말 중앙에 하나인「적극안전」이란, 안전이라는 것이 어떤 것인지부터 적극적으로 탐

도어 미러 기단부의 거울과 실내 거울을 조합하는 아이디어

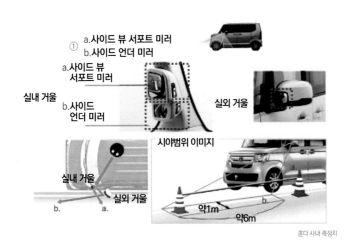

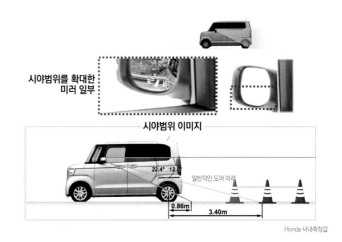

조수석 앞바퀴 부근을 볼 수 있는 사이드 언더 미러와 조수석 도어 근방을 볼 수 있는 사이드 뷰 서포트 미러로 구성된 서브 미러 세트. 사이드 언더 미러는 2개의 거울을 조합한 형태로 되어 있어서 (거울에 비친 모습이 아니라) 실제 모습으로 파악할 수 있다. 시야를 광각으로 한 도어 미러 아래쪽과 더불어 주차할 때 보조역할뿐만 아니라 안전확보라는 의미에서도 효과가 크다.

구하고 그것을 극복함으로써, 사람들이 안심하고 자동차를 이용할 수 있는 사회를 지향하자는 생각이 담긴 조어이다.

「우리는 사람의 연구를 모든 안전기술의 중심에 두고 있습니다. 그리고 그것을 파고들다 보면 사람이 어떻게 느끼느냐는 부분에 닿게 되죠.」(다카이 엔지니어)

최신분야의 연구인 만큼 상세한 것을 물어볼 수는 없었지만, 근래에 fMRI(functional Magnetic Resonance Imaging ※뇌 혈류의 분포를 실시간으로 관측이 가능한 핵자기공명 화상장치)로 촬영하면서 운전을 조작하는 방법도 활용하고 있다고 한다. 그러면서 사람이 어떻게 위험을 느끼는지 또는 안심을 느끼는지에 대한 것을, 실제로 뇌가 어떻게 움직이느냐는 관점에서 파악하려는 연구도 이루어지고 있다고 한다.

fMRI는 장치의 크기도 그렇지만 자기암실(磁氣暗室)이라는 특수한 환경이 필요하기 때문에 일단 차량탑재 환경이 아니라는 것은 틀림없다. 물론 그 목적이 정량화나 재현성 확보에 있기는 하지만, 지금까지의 연구를 보면 한 자동차 메이커의 이익 범주에 들어가지 않는다는 정도는 누가 보더라도 상상하기 어렵지 않다. 거기에는 안전 탐구에 진력하는 혼

다의 자세도 엿볼 수 있다.

혼다 소이치로씨가 앞세웠던 이념은 그대로, 현재의 혼다를 통해 "Safety for Everyone"이라는 슬로건으로 이어지고 있다.

「도로 위의 모든 사람을 지키자는 생각입니다. 자동차를 운전하는 고객만 지킨다는 좁은 의미가 아닌 것이죠.」(다카이시 엔지니어)

여기서 말하는 "모든"은 자동차 탑승객은 물론이고 보행자까지 가리킨다.

1964년 S600에서 3점식 시트벨트를 조기에 적용, 1987년에는 에어백을 일본 자동차 중에서 가장 먼저 탑재(레전드), 이렇게 항상 앞서나가려는 입장에서 안전에 관한 선진기술을 개발해 온 혼다는 충돌실험용 보행자 더미도 일찍부터 개발한다. 보행자 보호가 안전기준에 반영되기 이미 훨씬 전인 98년의 일이다.

「없는 것은 스스로 만든다.」「규제를 기준으로 삼지 않는다.」 이런 것들은 혼다가 안전을 실현하기 위해 정책적으로 정한 방침으로서, 2000년에는 차량끼리의 충돌을 재현할 수 있는 전천후 실내시험장도 개설했다. 거기서 이루어진 연구개발 성과로는 03년에 경자동차인데도 중량 자동차와의 충돌 시 탑승객 보호성능을 비약적으로 높인 컴패터빌리티

대응 보디(첫 적용은 라이프)를 들 수 있다. 이 컴패터빌리티 대응 보디는 충돌 상대 차량에 대한 공격성이 크게 줄어드는 효과도 얻었는데, 상태 차량에 대한 공격 부분은 아직껏 국가가 정한 안전기준에 항목으로 들어가 있지 않다. 그야말로 「규제를 기준으로 삼지 않는다」는 것을 여실히 보여주는 사례이다.

「(자동차가 아니라) 벽에만 부딪치는 충돌실험에서는 보이지 않던 부분이었습니다.」(다카이시 엔지니어)

그밖에도 충돌경감 브레이크(03년 인스파이어)나 톱 마운트 방식의 조수석용 에어백(90년 레전드), 연속 용량변화형 운전석용 에어백(08년 라이프) 등, 사실상 현재의 표준이 된 안전기술 중에는 혼다가 세계적으로 앞서서 개발한 기술이 상당히 많다. 앞서 언급한 보행자 더미는 다리 부분 등의 임팩터(Impactor, 충돌 시 장애를 평가하는 기기) 사양의 토대가 되고 있다. 「규제를 기준으로 삼지 않는다」는 자세 하에 혼다에서 이루어지는 연구개발은 여러 방면에 걸쳐 있다. 인체에 관한 기초연구에서는, 조건에 따라 뇌 손상은 머리부분이 차량과 부딪칠 때보다도 그 전에 먼저 크게 흔들릴 때가, 그 정도가 큰 경우가 있다는 충격적인 결과를 밝힌 적도 있다.

혼다의 독자적인 장비 「차선 감시(Lane Watch)」의 화상 보정기술

조수석 도어 미러에 카메라를 장착해 더 넓은 시야를 확보하게 해 주는 「레인 워치」. 넓은 시야각으로 파악한 카메라 화상을 모니터에 그대로 표시하면 대상물이 작아져, 보기가 어렵다는 문제를 개선하기 위해서, 화상처리 ECU를 통해 필요한 부분을 잘라낸 상태에서 각각의 화상 영역(가로방향)에 맞춰 확대와 압축을 구분하는 형태로 처리한 뒤, 마지막으로 처리에서 생긴 왜곡을 보정해 넓은 시야각과 시인성의 양립 외에 위화감 없는 화상표시를 실현한다. 도로 차선이 많은 (도로 폭이 넓은) 북미에서 절대적인 호응을 받고 있다. 이 고도의 화상처리는 혼다 독자적인 특허기술이다.

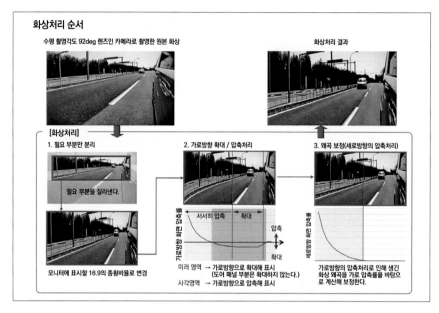

노면에 표시를 추가해
주의를 환기시킴

빅 데이터를 활용한 「안전지도」

커넥트 기능을 가진 혼다의 인터 내비를 통해 업로드되는 차량 주행 데이터 속에서, 급정지에 유사한 감속G 발생과 그 위치 정보를 추출해 지도(구글맵상에 표시하는 웹 서비스. 사용자가 위험하다고 느낀 장소를 SNS에 올릴 수도 있으며, 지자체와의 연계를 통해 신호나 표지, 도로 보수 등의 개선에 활용하는 구조가 구축되어 있다. 도로상의 모든 사람을 지키는 "Safety for Everyone" 방침에 기초한 사회공헌 중앙에 한 가지 사례이다.

이렇게 첨단분야를 탐구하는 한편으로, 고도의 기술에만 의존하는 것이 아니라 간편한 "저차원 기술"을 합리적으로 활용하는 것도 혼다이기 때문에 가능한 흥미로운 부분이다. 현재 사용되고 있는 에어백은 앞서의 가변용량 방식 에어백을 봉제방법으로 개량함으로써 이상적인 작동모드와 탑승객 보호 특성을 실현하고 있다. 근래 적용되고 있는 "사이드 뷰 서포트 미러"라고 불리는 시야 보조기술은, 트럭에 사용되는 서로 마주 보는 거울의

원리를 응용한 것이다.

혼다는 예전 기계식 4WS(87년 프렐류드)에서도 볼 수 있듯이 기계나 구조이기 때문에 실현 가능한 신뢰성을 중시하는 사고방식을 갖고 있다. 이런 사고방식이 안전기술은 경자동차 등에도 차별을 두지 않고 응용해야만 의미가 있다는, "Safety for Everyone"로 이어지는 혼다의 전통이라고도 할 수 있다. 물론 어떤 일이 있어도 기계나 구조로만 실현하겠다는 것이 아니라, 적절하게 최신기술과

더불어 조절하는 것 또한 혼다의 특징이기도 하다. 그런 일환으로 최근 사례를 보면 조향 장치의 조향각 센서와 외부 센서로부터 검출한 조향거동으로부터 운전자 상태를 추측하는, 운전자 모니터링 기술이라는 것도 있다. 거기에는 혼다의 "인간 연구"라는 바탕이 있는 것이다.

혼다에서는 이 사람 연구를 더 발전시키는 형태로 운전자의 능력을 보완, 보정하는 연구를 생각하고 있다고 한다. 여기서 말하는 능력이

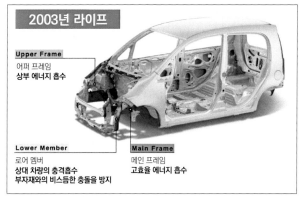

2003년 라이프

Upper Frame
어퍼 프레임
상부 에너지 흡수

Lower Member
로어 멤버
**상대 차량의 충격흡수
부자재와의 비스듬한 충돌을 방지**

Main Frame
메인 프레임
고효율 에너지 흡수

개선 전   개선 후

집중에서 분산으로

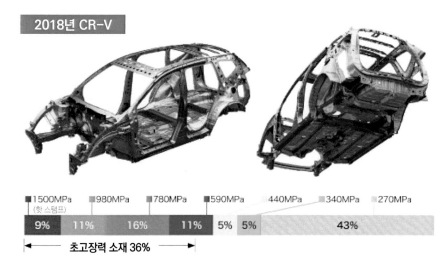

2018년 CR-V

■1500MPa (핫 스탬프)	■980MPa	■780MPa	■590MPa	■440MPa	■340MPa	■270MPa
9%	11%	16%	11%	5%	5%	43%

◄── 초고장력 소재 36% ──►

◉ 컴패터빌리티 대응 차체(Body)

지금까지 충돌했을 때 충격흡수 부자재로서 주역을 맡아왔던 메인 프레임 외에, 라디에이터 서포트(어퍼 프레임) 등을 강화하는 형태로 (충격흡수 부자재로서) 이용. 이를 통해 충격을 "면"으로 받아내는 동시에 실내로 전달되는 힘도 분산시킬 수 있다. 자기보호 성능을 높이는 동시에 상대 차량에 대한 공격성 억제에도 성공. 2003년에 발매된 인프라에서 처음으로 적용한 이후, 18년에 일본에서 데뷔한 CR-V에도 적용하고 있다.

◉ 엔진 룸의 충격흡수 부위를 확대

차체 크기는 다르지만 컴패터빌리티 대응 차체를 갖춘 일반차와 경자동차의 충돌실험 모습. 경자동차도 실내변형을 최소한으로 막아 탑승객 공간을 확보할 수 있다는 점에 주목. 스스로 지키는 것은 물론이고, 상대 차량에 대한 공격(공격성)도 최소한으로 줄인다.

란 인지능력까지 포함한 운동능력을 가리킨다. 알기 쉬운 예를 들자면, 젊은 층이나 고령자의 능력을 보완하기 위해 때로는 시스템이 도움을 준다거나, 때로는 경고를 통해 위험을 알리는 식이다. 안전은 원래부터 고령자의 QOL(Quality Of Life) 향상이라는 영역과도 겹칠 가능성이 있는 획기적인 것이다. "Safety of Everyone"이라는 목표를 실현하기 위해서는 각각의 운전자에게 맞는 방법이 필요하다. 예전에는 생각하지도 못했던 방법이 정보화, 지능화가 진행되는 현재의 자동차기술이라면 가능하다. 중요한 것은 목표와 목적을 정한 상태에서 필요한 기술을 선택하는 것이다. 혼다의 목표는 어디까지나 모든 사람을 지키는 안전이고, 자유롭게 이동하는 즐거움이다.

Hideaki TAKAISHI
다카이시 히데아키

주식회사 혼다기술연구소
사륜R&D 센터
제12 기술개발실
실장, 상석연구원

Mobileye

운전자의 「위기일발 상황」을 단안 카메라와 화상처리 소프트웨어로 방어

본문 : 마키노 시게오   그림 : J21 코퍼레이션

모빌아이의 화상처리 칩은 이미 많은 시판 차량에 사용되고 있다.
그런데 이 시스템이 「추가장착」으로 관광버스나 트럭에도 많이 사용되고 있다는 사실은 별로 알려져 있지 않다.

● **터널 출구 앞은] 어떤 도로상황일까.**

시야 밝기가 극명하게 바뀌는 터널 출구는 눈을 통해서는 차간거리가 잘 파악되지 않는 경우가 있다. 직업적인 운전자라도 마찬가지여서 「눈이 부시다」고 생각하는 순간에는 경보음이 도움이 된다. 마찬가지로 터널 안에서도 차간거리 판단을 잘못하기 쉬워서 실제로 버스나 트럭 사고가 발생하고 있다.

모빌아이의 후속장착 유닛을 사용해 계측한 결과, 직업운전사라도 차간거리의 육안측정이 「약간 길다」는 사실을 알 수 있었다. 왼쪽 그래프는 「확실하게 2초 이상」이라고 생각했던 차간거리가 실제로는 1.5초 정도였다는 사실을 말해 준다. 하지만 스스로는 이런 편차를 깨닫지 못한다.

이스라엘에 본거지를 두고 있는 모빌아이는 헤브라이대학의 암논 샤슈아교수가 1999년에 설립했다. 단안 카메라를 사용해 전방 차량을 감지하는 알고리즘을 개발한 것이다. 현재는 그 알고리즘을 적용한 칩을 많은 자동차 메이커에 공급하고 있다. 이 기술을 바탕으로 앞으로는 완전 자율형 자동운전으로 발전시킬 계획이다.

모빌아이의 칩은 카메라 및 표시 부분(아이 워치)과 세트로 「추가장착」이 가능하다. 그중에서도 버스·트럭용이 「자동 브레이크가 아니라 차간거리 경보장치」라는 점이 주목받고 있다. 사고

를 방지하고 싶은 회사·직업운전사의 이야기를 들어보면 「자동 브레이크는 싫다」는 목소리가 뜻밖에도 많다. 버스 같은 경우는 감속도가 「여객운송에 맞지 않는다」고 말한다. 트럭은 「짐이 무너지는 것이 걱정」이라고 한다. 실제로 필자가 취재한 사례를 보더라도 자동 브레이크보다 「경보」를 바라는 목소리가 많았다.

모빌아이의 차간거리 경보는 원칙적으로 2.7초이다. 일본에서는 차간거리를 계기로 표시하지만, 유럽은 시간(초)이다. 옛날에는 3초 차간(100km일 때 83m)이라고도 했지만, 현재의 혼잡한 고속도로에서는 2초 차간(100km일 때 55m)도 어려운 경

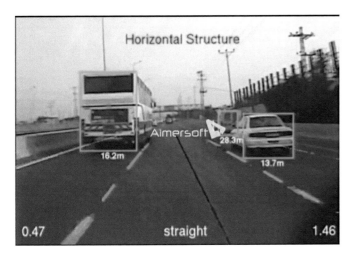

모빌아이 카메라는 외주로 만들지만 어떤 카메라든 EyeQ3 칩을 사용한다. 바꿔말하면 알고리즘이 카메라 성능에 그다지 의존하지 않는다는 의미이다. VGA로 전방 100m 차량을 볼 때는 촬영각도 40도인 경우 불과 13도트(dot), 차선은 2도트이다. 그래도 전방 차량인식 정확도는 99.9%나 된다.

◉ 아이 워치 표시장치

운전석에 설치하는 표시장치는 필요 최소한의 크기로 한정되어 있다. 제한속도 표지파악 외에는 차간거리 경보가 「핑~」, 차선이탈 경보가 「뜨르르~」, 보행자 경보는 주간에만 길게 삐~ 하고 울린다. 추돌경보는 약간 시끄럽게 「삐~삐~삐~」거리면서 표시와 소리가 같이 난다.

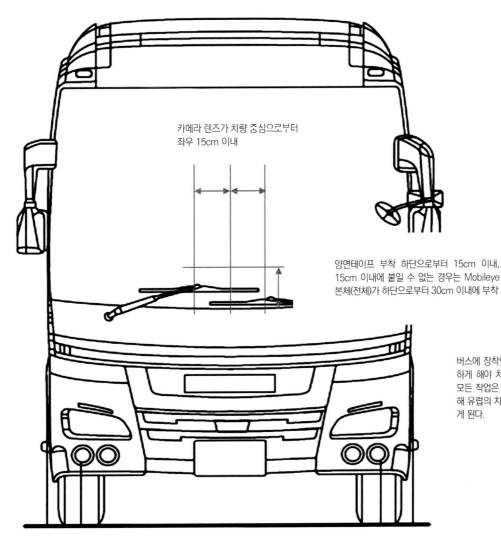

카메라 렌즈가 차량 중심으로부터 좌우 15cm 이내

양면테이프 부착 하단으로부터 15cm 이내, 15cm 이내에 붙일 수 없는 경우는 Mobileye 본체(전체)가 하단으로부터 30cm 이내에 부착

버스에 장착할 경우, 부착은 장착설명서대로 정확하게 해야 차량마다 캘리브레이션이 이루어진다. 모든 작업은 약 3시간이면 끝난다. 추가장착을 통해 유럽의 차선이탈 경보기준에 적합한 기능을 얻게 된다.

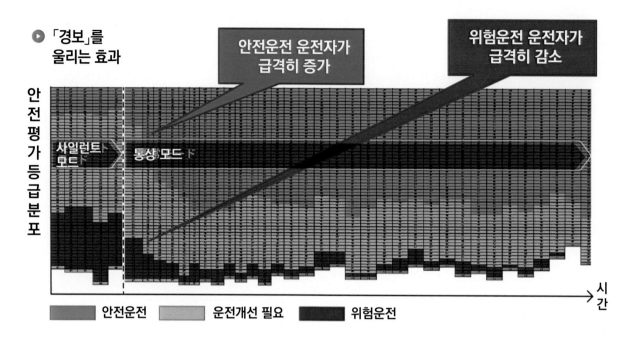

「경보」를 울리는 효과

안전운전 운전자가 급격히 증가

위험운전 운전자가 급격히 감소

안전평가 등급 분포

사일런트 모드 → 통상모드 →

시간

■ 안전운전 ■ 운전개선 필요 ■ 위험운전

↑ 실제로 버스회사에서 모빌아이 시스템을 도입한 뒤, 그 효과를 디지털 막대 그래프로 집계한 결과. 경보음을 울리지 않는 사일런트 모드 기록을 보면 위험운전이 30% 가깝게 포함되어 있었다. 경보음을 울리는 통상모드로 전환하자 바로 운전이 바뀐 것을 알 수 있다. 그래프는 직업운전사의 학습이 빠르다는 것도 증명하고 있다.

우가 많다. 모빌아이는 전통적으로 2.7초를 추천하고 그것을 경보에 사용한다.

「추가장착 유닛을 도입한 어느 버스 회사의 사례를 보면, 경보를 듣고 가볍게 브레이크를 밟는 운전자가 94%였다고 합니다. 처음에는 왜 경보가 울리는지 모르는 운전자도 있었지만, 회사 측의 지도를 통해 차간거리를 좁히는 위험운전이 크게 줄어들었습니다.」 일본 측 공급회사인 J21 관계자의 말이다. 경보가 울리지 않는 침묵 모드로 사용할 때는 위험운전을 가끔 했던 운전자까지도 「경보음을 듣는 것만으로 운전이 바뀌었다」고 말한다. 경보의 의미와 아이워치의 표시 의미를 이해하면 어떤 운전을 해야 위험영역에 빠지지 않고 운전할 수 있는지를 운전사가 학습하기 때문이다.

추가장착 유닛은 JR버스 간토(關東)나 게이세이(京成) 버스가 일괄도입해 운전자의 의식개혁에 효과를 발휘했다고 한다. 직업운전사도 의외로 차간거리를 잘못 파악하는 경우가 많아서, 자신은 3초 차이는 난다고 생각했지만 실제로는 2초 이하였던 식의 실수가 데이터로도 나타나 있다. 이 감각을 교정하는 것만으로도 의미가 있다. 2.7초라는 차간거리 감각을 몸으로 익히고, 아주 가벼운 마이너스G(감속도) 브레이크 작동과 조합하면 탑승객이나 화물에 부담을 주지 않으면서 제동을 걸 수 있다.

모빌아이의 다음 시도는 촬영각도가 다른 단안 카메라 3개를 사용해 원거리부터 근거리의 넓은 각도까지 감시하는 시스템이다. 광각 카메라는 보행자와 경자동차를 감지할 수 있다. 모빌아이의 화상처리 칩 EyeQ3를 사용한 승용차는 JNCAP 보행자 대응 브레이크 시험에서 좋은 성적을 거두었다. 상용차의 추가장착을 통해서도 확실한 사고 저감효과가 있다. 예방안전 분야는 사람의 눈과 감각을 보완하는 기기를 통해 계속 전진 중이다.

Mike KATO
마이크 가토

J21 주식회사
최고경영책임자(CEO)

2 차 안전성

Passive (Crash) Safety

만에 하나 운전자가 피할 수 없는 상황에 닥쳤을 때 충격으로 부터 탑승객을 보호하는 충돌 안전성능. 최근에는 보행자나 자전거 운전자와 충돌했을 때 이들을 보호하기 위한 충격 완화요건도 포함되었다.

(CASE STUDY 1)

MAZDA

CAE와 인체연구에서 뛰어난 충돌 안전성능을 실현 파손되는 부분을 통해 효율적으로 충격을 흡수한다.

본문 : 다카네 히데유키 사진&그림 : 마쓰다

앞으로 등장할 마쓰다의 차세대 차량구조기술「스카이액티브 비클 아키텍처」는 조종안정성과 쾌적성을 높은 단계에서 구현한다고 한다. "주행성능"과 관련된 이미지가 강한 마쓰다. 충돌 안전성도 무시할 수 없다.

마쓰다의 안전사상이란? ≫ • 인간이 가진 능력을 최대한 끌어내는 것을 가장 먼저 생각하고, 운전자 혼자서는 피할 수 없는 사태를 대비해 최후의 보호막으로 충돌 안전성능으로 탑승객을 지킨다.

마쓰다 자동차의 뛰어난 안전성이 의외로 일본에서는 잘 인식되지 않는 것 같다. 주행성능과 엔진 연소기술에 대한 이미지가 너무 강해서 다른 쪽이 상대적으로 주목받지 못하기 때문인 것 같다.

현재 판매되는 마쓰다 자동차는 세계 각국의 NCAP에서 최고 순위를 차지하고 있다.

마쓰다의 차량개발본부 충돌성능개발부 부장인 후쿠시마 마사노부 씨는, 「특히 로드스터는 보행자 보호 성능에 관한 한 유로NCAP에서 역대 1위를 차지하고 있습니다」라고 한다. 그렇게나 주행성능에 힘을 쏟았던 스포츠카가 보행자 보호 성능에서 역대 최고평가를 받고 있다는 것은 굉장한 사실이 아닐 수 없다.

전방시야
좌우시야
쾌적·편리한 정보
선행정보

시선을 밑으로 떨구지 않고 차량 정보를 파악하며, 사각이 적은 윈도우를 통해 항상 운전자의 인지와 판단에 지체가 생기지 않도록 배려한 현행 악셀라의 운전자 시야 모습. 주행에 필요한 변화하는 정보는 액티브 드라이빙 디스플레이에, 엔터테인먼트 정보나 내비게이션 지도 등 기타 정보는 센터 디스플레이에 표시하도록 함으로써 헤즈업 콕핏(Heads-up Cockpit)을 구현하고 있다.

「신입사원들도 『마쓰다 자동차가 이렇게나 안전성이 높은 줄 몰랐다』며 연수회 때 놀랐다는 얘기를 하더군요」라며 후쿠시마씨는 웃으면서 말한다.

「일본의 교통사고 사망자 수가 연간 4천 명 이하로 감소한 것은 충돌 안전규제 등과 같은 내용이 제대로 정착했기 때문이라고 생각합니다. 그런 중앙에 당사에서는 서스테이너블(Sustainable) "Zoom-Zoom" 선언 2030을 통해 안심하고 안전한 자동차와 사회를 지향하겠다고 공표한 바 있습니다. 그런 연장선에서 마쓰다 자동차와 관여된 사망중상자 수를 제로로 만들 수 있도록 독자적인 안전기술 획득 노력에 힘쓰고 있습니다.」(후쿠시마 부장)

마쓰다가 NACP에서 높은 평가를 받는 것은, 관점을 달리하면 차량 무게가 많이 나가는 자동차나 가벼운 자동차 모두 똑같은 수준의 충돌 안전성을 확보하고 있기 때문이라고도 할 수 있다.

「충돌 안전성은 일괄기획을 통해 공통적인 구성을 CAE(Computer Aided Engineering)로 철저히 파고들었죠. 차체가 찌그러지는 방식을 통일해 뛰어난 충돌 안전성능을 효율적으로 실현하고 있습니다.」(후쿠시마 부장)

차체가 크든 작든 상관없이 변형되는 패턴과 G가 감쇄하는 패턴을 통일시켰다. 차종에 따라 다른 것은 캐빈 주변의 무게이기 때문에 무게에 맞춰 크래시블 존의 강도를 바꾸고 있다. 크고 무거워지면 크래시블 존도 크게 잡을 수밖에 없다.

「사실은 로드스터가 모델 변경될 때마다 차폭이 넓어진 것 한 가지 이유는 측면충돌 대책 때문이었습니다. 사이드 에어백이 없었던 당시에는 공간을 넓히는 방법 말고는 측면충돌을 향상할 만한 뾰족한 수가 없었던 것이죠.」(후쿠시마 부장)

덧붙이자면 차체 경량화는 직접적으로는 충돌 안전성과는 관계가 없다고 한다. 충돌할 때 탑승객에게 걸리는 것은 어디까지나 자신의 신체 무게와 속도(의 제곱)로 인해 발생하는 운동에너지일 뿐, 충격흡수 차체는 속도의 감쇄를 완화해 신체에 걸리는 충격을 낮추는 역할을 한다.

그래도 차체가 가벼우면 충돌을 피할 수 있을 가능성도 높다. 충돌할 때 자차의 안전성은 바뀌지 않더라도 상대가 있으면 충돌 시 충격력은 가벼운 쪽이 작아진다. 즉 소형차량과 충돌에 대한 영향은 있는 것이다.

「경량화를 위해서 복합재료도 검토하고는 있지만, 철에는 철의 장점이 있더군요.」(후쿠시마 부장)

마쓰다가 스카이액티브 보디로부터 채택하는 구조에 멀티 로드 패스(Multiple Load Path)라고 하는, 충격을 받아내 분산시키는 구조가 있다. 특히 앞쪽은 사이드 멤버의 메인 로드 패스 외에 코어 서포트나 스트럿 타워를 연결한 어퍼 로드 패스, 바닥의 서브 프레임을 앞쪽으로 연장한 로어 로드 패스 3가지 계통으로 구성되어 있다. 앞으로부터의 충격을 좌우 2개뿐만 아니라 상하 3개의 로드 패스에서 받아냄으로써 충돌할 때 확실하게 에너지를 흡수하겠다는 사고방식이다.

「그러나 로어 로드 패스를 채택할 때는 『서브 프레임에 왜 불필요한 것을 붙이는 거지』하고 설계 엔지니어로부터 저항이 있기도 했습니다.」(후쿠시마 부장)

서브 프레임은 엔진이나 하체 주변을 지지하는 구조재인 만큼, 주행 성능과 관계없는 부분을 덧붙이는 것은 당연히 저항이 따른다. 그렇게 덧붙이면 서브 프레임의 강성이 떨어지거나, 앞부분 끝의 관성 모멘트가 증가하는 것을 피하고 싶기 때문일 것이다.

실제로는 주행성능에서 요구되는 강성을 확보한 상태에서, 파괴강도는 충돌 안전에 맞추면 된다고 한다. 그러기 위해서는 충돌할 때 파괴되는 부분을 어떻게 만들 것이냐가 관건이라고 한다. CAE로 재현된 영상을 보면, 서브 프레임과 사이드 멤버(메인 로드 패스)를 체결하는 볼트는 어느 일정 이상 변형이 일어나면 파괴되면서 풀어지는 구조로 되어 있다. 이로 인해 효과적으로 충격을 흡수하고 있다고 한다.

후방 추돌 안전성과 관련해서 일본에서는 50km/h에서의 풀 랩, 북미에서도 80km/h에서 70% 옵셋 추돌에서 연료유출이 없어야 한다

● 마쓰다의 안전기술 개발과정

우측 그림은 각국 NCAP에서 평가되는 각 평가요소. 먼저 강인한 캐빈으로 탑승객을 지킬 뿐만 아니라 충돌을 흡수할 수 있는 차체구조가 중요하다. 거기에 시트벨트의 구속력이나 에어백 작동이 더미에 가해지는 충격을 좌우한다. 연료유출이나 문 개폐성도 평가받는다. 마쓰다는 실제 사고를 검증하고 다양한 요소를 분석해 충돌 안전성을 높일 수 있는 기술을 개발한다.

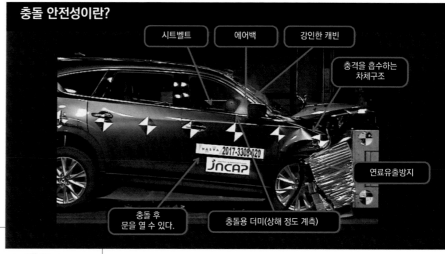

충돌 안전성이란?

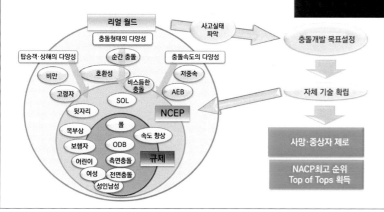

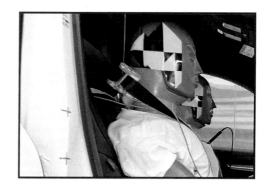

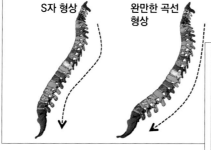

S자 형상   완만한 곡선 형상

● 인체 더미 특성을 마쓰다 풍으로 개량

충돌실험 때는 더미 인형도 사용하지만, 그것은 개발 최종 단계에서이다. 충돌실험도 CAE(컴퓨터 보조 엔지니어링)를 활용한다. THUMS라는 인체 더미를 더 개량해 내장이나 골격 구조를 한층 치밀화하고 있다. 또한 다양한 체격으로 변화시킬 수 있는 모핑(Morphing)도 가능하다.

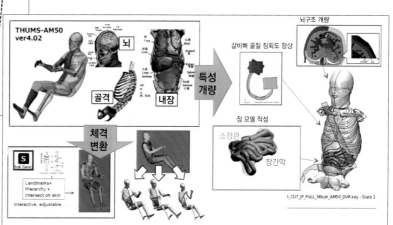

는 것만 법으로 규제되어 있다. 그러나 3열 시트인 CX-8에서는 3열째 시트의 생존공간을 확보해 뒷자리 도어의 개폐가 가능해야 한다는 엄격한 자사 기준을 마련해 뛰어난 추돌 안전성까지 확보하고 있다. 현재는 충돌실험으로 아직 커버하지 못하는 영역이 있는 것은 아닐까 하는 생각에, CAE를 사용해 더 치밀한 분석으로 선행(先行)개발을 하고 있다. 실제 충돌을 CAE로 재현할 뿐만 아니라, 에어백 안의 가스 흐름을 입자 수준에서 파악해 에어백의 작동을 재현하는 분석기술 향상이 진행 중이다. 그리고 충돌 안전기술을 더 향상하기 위해 인체연구 영역에까지 이르고 있다.

「인체 모델, 섬스(THUMS)를 토대로 개량을 거쳐 다양한 체격을 만드는 일도 진행 중입니다. 이 상황은 이미 10년 전과는 완전히 다릅니다. 슈퍼컴퓨터로 시트벨트가 가슴을 어떻게 압박하는지 분석하고 있으니까요.」(후쿠시마 부장)

역시나 시트벨트 효과를 더 끌어내려면 골반 위치를 올바로 하는 것이 중요한데, 충돌할 때 상황을 생각해도 등골이 S자 커브를 그리면서 골반이 서 있는 것이 이상적이라고 한다. 그래서 자연스럽게 S자가 되는 시트 구조를 지향하는 한편으로, 다양한 인체의 특징에 대해서는 야마구치대학과 공동으로 개발하고 있다.

● 3가지 로드 패스로 분산해 흡수

기존의 전면충돌에서는 주요 충격흡수 부위인 사이드 멤버를 메인 로드 패스로 삼고, 엔진 룸 상부를 지나가는 어퍼 로드 패스, 아래쪽을 지나가는 서브 프레임을 연장해 로어 로드 패스로 삼은 멀티 로드 패스 구조이다. 3가지 하중전달 경로를 통해 충격을 흡수하면서 전달함으로써 전체적으로 충격을 완화한다.

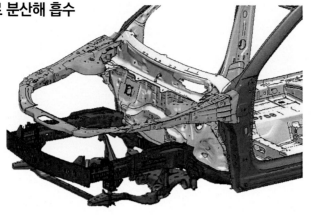

● 에너지 흡수효율을 향상

메인 로드 패스에 적용되고 있는 크래시블 존의 단면 구조. 십자형으로 만들어 상하좌우 지지 강성을 높이면서, 돌출부위가 찌그러지면서 효과적으로 충격을 흡수. 강재 특성을 살린 구조이다.

● 인체모델을 바탕으로 검증

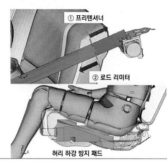

① 프리텐셔너
② 로드 리미터

허리 하강 방지 패드

모든 좌석의 시트벨트에는 충돌할 때 벨트가 느슨해지는 것을 흡수하는 프리텐셔너와 탑승객의 신체에 상정 이상의 G가 걸리는 것을 방지하는 로드 리계기가 갖추어져 있다. 거기에 시트벨트의 구속력을 높이기 위해 잠수(Submarine) 현상을 막는 좌면(座面)구조 등도 적용하고 있다.

● 보행자 머리·다리 부분의 상해 저감을 도모

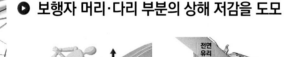

전면 유리

S자 형상 카울 패널

EA폼

로어 스티프너
앞범퍼 구조

보행자와 충돌할 때 안전성을 높이는 것은 머리 부분에 대한 충격을 어떻게 낮추느냐와 다리 부분에 대한 부상 방지. 그래서 「발목 감기」로 불리는 로어 스티프너(Lower Stiffener)로 보행자가 밑에 깔리는 것을 방지한다. 범퍼 부분도 적절한 강도의 에너지 흡수 형상을 통해 무릎으로 가는 충격이 최소화되도록 한다. 그리고 팝업 보닛과 찌그러지기 쉬운 S자 형상의 와이퍼 카울로 머리 부분을 보호하는 것이다.

「이것도 조종 안정성이나 설계 등과 대립하는 요소도 있으므로 충돌 안전이라는 부서가 사내 적으로는 성가시게 생각되는 점도 있을 것 같습니다(웃음).」(후쿠시마 부장)

설계 입장에서는 조종 안정성이나 환경성능, 쾌적성 같은 사용자에게 일상적으로 도움이 되는 부분에 돈을 쓰고 싶을 것이다.

역시나 마쓰다의 자동차제조는 독특하다. 무엇보다 먼저 "인간중심"이라는 사고부터 그렇다. 당연하게 들릴지도 모르겠지만 스카이액티브 이전의 마쓰다 자동차에서도 안전측면을 이렇게까지 철저히 하지는 않았다. 가로배치 FF차량의 경우 드라이빙 시트에 대해서 페달 위치를 조정하지 않고는 중심을 맞추는 일은 쉽지 않아서, 지금도 많은

메이커가 포기하고 페달 위치를 조정하고 있다.

「일단 사람의 능력을 최대한 끌어내는 것이 중요합니다. 자동차가 운전 실수를 유도하는 일이 없도록 하고도 있고요.」(통합제어 시스템 개발본부 나카시마 야스히로 주사)

인간이 올바로 인지, 판단, 조작할 수 있도록 자동차를 만든다. 자동차가 인간의 인지나 판단, 조작을 잘못하게 하는 구조나 디자인은 아닌가를 항상 염두에 두고 개발하고 있는 것이다.

그런 상태에서 운전자 스스로는 피할 수 없는 상태에 맞닥뜨렸을 때 운전지원 시스템이 등장하고, 최종적으로 부딪치는 상황을 피할 수 없을 때 충격흡수 차체나 에어백, 시트벨트가 탑승객을 지킨다. 그럴

● 뛰어난 안전성과 경량화의 양립

측면충돌 성능을 높이는 것은 B필러나 힌지 필러에서 오는 충격을 분산하는 멀티 로드 패스 구조와 3열 시트까지 커버하는 넓은 사이드 에어백. CX-8의 경우 B필러나 사이드 실에 980MPa의 고장력강을 이용해 강고한 구조를 하고 있다. 초고장력 강재인 핫 스탬프는 앞뒤 끝이나 A필러의 보강에만 사용한다. 이것으로도 소재를 최적으로 사용한다는 자세를 엿볼 수 있다.

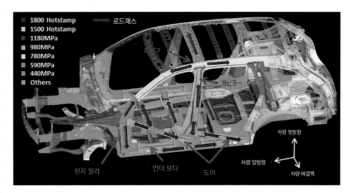

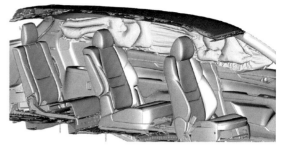

3열 대응 커튼 에어백

절단 단면

멀티 로드 패스는 경로를 늘릴 뿐만 아니라 각 멤버의 단면형상을 개선해 강성과 파괴 강도의 균형을 잡고, 재료를 경량화할 수 있는 1회용 단면을 적용하고 있다. 여기서도 강재를 능숙하게 사용하고 있다.

● C필러 아래에 마쓰다 최초의 양갈래 구조를 적용

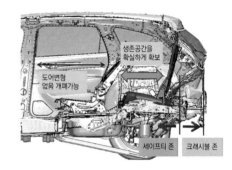

3열 시트 구조의 CX-8에 채택된 추돌 안전성 구조. 범퍼 내부에는 1800MPa의 강고한 범퍼 빔을 내장해 좌우 로드 패스로 추돌할 때의 충격을 분산. 80km/h 속도의 70% 옵셋 추돌이라는 북미의 강도 높은 규제는 물론 패스이고, 규제항목에 없는 3열째 생존공간이나 도어의 밀폐성 등도 확보하고 있다.

기 때문에 마쓰다는 고도의 충돌 안전성능이 "최후의 보호막"이라고 생각하고 있다고 한다.

3차 시험장에는 새로운 실험동도 완성되어, 대면(對面)충돌 등 다양한 충돌사고를 재현하는 것이 가능해졌다. 앞으로 등장할 스카이액티브 비클 아키텍처라고 하는 새로운 차체구조에도 지금까지 길러온 충돌 안전기술은 적용된다.

Hiroshi AOYAMA
나카시마 야스히로

마쓰다 주식회사
통합제어 시스템 개발본부 주사

Takafumi MAKINO
후쿠시마 마사노부

마쓰다 주식회사
차량개발본부 충돌성능
개발본부 부장

VOLVO

볼보 안전부문 책임자가 이야기하는 「안전」사상
2020년 「사고사망자/중상자 제로」를 달성할 때까지 해야 할 일

본문 : 다카네 히데유키 사진 : MFi / 볼보

「 볼보=뛰어난 안전성능을 자랑하는 자동차」라는 이미지는 전 세계적으로 정착했다.
설계에 있어서 안전을 최우선 순위에 두고 개발연구를 거듭해 온 결과이다. 그런 볼보가 2020년까지 새로운 볼보 자동차로
인한 교통사고 사망자나 중상자 수를 제로로 하겠다는 큰 목표를 내세웠다. 시간이 그리 많지 않다.

볼보의 안전사상이란? 〉〉〉

· 자동차는 인간에 의해 운전된다.
 따라서 인간의 목숨을 지키는 것이 중요

84년에 볼보의 안전부문에 취임
한 이래 일관되게 볼보 차의 안전
성을 높이는 일에 관여해 온 이바
슨씨. 볼보의 사고조사는 스웨덴
국내의 일이지만, 사고 경향 대
부분은 일본 국내의 교통사고와
공통되기 때문에 볼보 차의 뛰어
난 안전성이 발휘된다고 말한다.

Jan IVARSSON
얀 이바슨

볼보 카즈
안전센터 디렉터 겸
시니어 안전 테크니컬
어드바이저

새로운 V60의 보디 골격. 핫 스탬프에 의해 성형되는 붕소 스틸의 초고장력강(鋼)을
비롯해 부위에 따라 최적의 고장력강이나 보통강(鋼)을 구분해서 사용한다. 이를 통해
충돌할 때 완강하게 버티는 부분과 찌그러지면서 흡수하는 부분을 완전히 구분하는
등, 지금까지 구축해 온 노하우가 담겨있다.

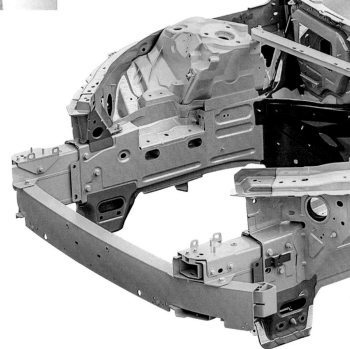

「우리가 자동차를 만드는 과정에서 안전은 최우선 사항입니다. 창업자가『자동차는 인간에 의해 운전된다. 따라서 인간의 목숨을 지키는 것이 중요하다』고 단언한 이래, 일관되게 안전측면에 신념을 두고 자동차를 만들어 왔습니다.」

1986년부터 볼보의 안전부문에 매니저로 근무해 오다 2014년부터는 안전센터 디렉터 및 시니어 안전 테크니컬 어드바이저를 맡고 있는 얀 이바슨씨는 볼보의 안전성에 대한 철학의 뿌리부터 이야기를 꺼냈다.

「요즘 운전자의 운전을 지원하는 운전지원 시스템의 발전이 빠른 속도로 가속화되고 있습니다. 게다가 볼보는 안전성이 높은 자동차라는 사용자의 기대치가 크기 때문에 거기에 부응하지 않으면 안 된다고 생각합니다.」

1970년에 발매한 볼보 240에서 탑승객을 지키는 안전 패키지라는 구조를 도입한 동시에 실제 발생한 교통사고를 조사해 자동차의 안전성을 더욱 높이는 노력을 계속해 온 볼보는, 오늘날 에는 안전성의 대명사라는 이미지가 완전히 정착되었다.

2008년에 볼보는 새로운 볼보 차로 인한 교통사고 사망자나 중상자를 2020년까지 제로로 만들겠다는 비전을 발표한 바 있다.

「지금까지 스웨덴 국내에서 4만 7천 대의 교통사고 차량 조사에, 7만 3천 명의 탑승객 조사, 분석 그리고 충돌실험으로 재현한 검증을 통해 지식을 축적해 왔습니다. 1980년에는 사망사고를 줄이기 위한 대책을 세웠고, 85년에는 중상을 줄이기 위한 대책에 주력했죠. 90년에는 그다지 중상이 아닌 부상을 줄이려면 어떻게 해야 좋을지를 검토하는 단계에 들어갔고, 95년에는 목이나 허리 등 치료에 시간이 걸리는 부분의 충격 완화를 위한 대책을 적용하기에 이르렀습니다. 그리고 2010년에는 보행자의 부상을 줄이는 대책에 착수했고, 2015년에

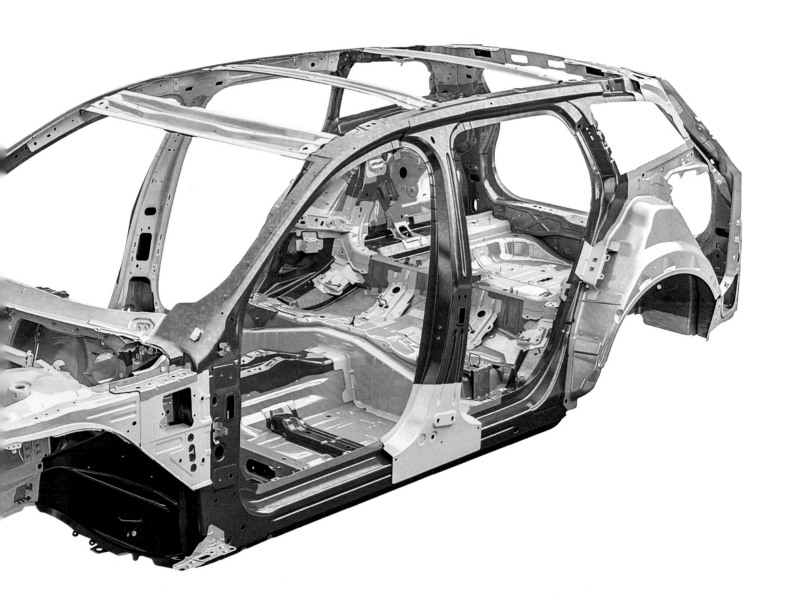

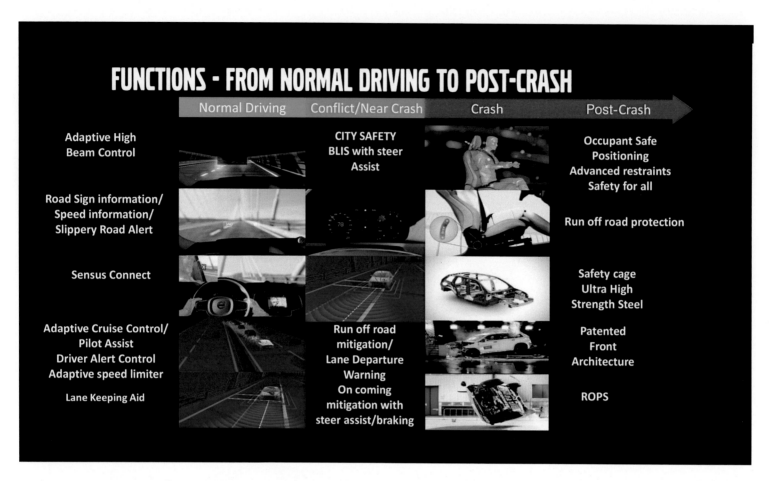

FUNCTIONS - FROM NORMAL DRIVING TO POST-CRASH

Normal Driving	Conflict/Near Crash	Crash	Post-Crash
Adaptive High Beam Control	CITY SAFETY BLIS with steer Assist		Occupant Safe Positioning Advanced restraints Safety for all
Road Sign information/ Speed information/ Slippery Road Alert			Run off road protection
Sensus Connect			Safety cage Ultra High Strength Steel
Adaptive Cruise Control/ Pilot Assist Driver Alert Control Adaptive speed limiter	Run off road mitigation/ Lane Departure Warning On coming mitigation with steer assist/braking		Patented Front Architecture
Lane Keeping Aid			ROPS

● 볼보가 생각하는, 안전성능을 향상하기 위한 혁신

가로축은 왼쪽부터 「통상운전 때의 위험성 회피」, 「사고의 위험성을 사전에 방지」, 「사고 시 피해경감」순서
대로, 세로축은 기능이나 장비를 배열한 그림. 일본은 가드레일이 많아서 노면 이탈 사고는 적은 편이지만,
유럽과 미국에서는 노면 이탈에 따른 중대사고도 많아서 도로 이탈 시 탑승객을 보호하는 기능(Run-Off
Road Protection) 등도 중요하다. 화살표에서 보듯이 앞으로는 사고가 났을 때 피해를 줄이는 일에서도,
포스트 크래시에 대해서도 더 적극적인 대책이 추진된다.

▶ 운전자가 만전을 기했을 때 기능하는 충돌회피 기술

오른쪽 사진은 좌회전할 때 맞은편 차량과의 충돌 가능성이 있을
때 회피하는 「인터섹션 서포트」기능이다. 좌측 통행인 일본에서
는 우회전할 때의 기능이다. 가운데 사진이 맞은편 차량과의 정
면충돌 시 피해를 줄이는 「맞은편 차량 대응기능」. 충돌을 피할
수 없을 때는 시트벨트를 강하게 조이고 속도를 10km/h 감속한
다. 오른쪽 사진은 브레이크만으로 피할 수 없을 때, 스티어링까
지 조향해 위험을 피하는 「스티어링 서포트」기능이다.

는 자동차끼리의 충돌을 방지하기 위해 대책을 세우게 되었습니다.」
"먼저 탑승객을 보호하기 위한 자동차를", 볼보의 자동차 제작은 여기서부터 시작해 단계를 거치면서 인간을 더 지켜 낼 수 있는 자동차로 진화시켜 왔다.

풀 모델 체인지된 V60에서는 세계 최초로 맞은편 차량과의 정면충돌 시 피해를 줄이는 「City Safety-맞은편 차량 대응기능」을 탑재했다. 이 이전에도 좌회전 시, 맞은편 차량과의 충돌 가능성이 높은 경우에 자동으로 브레이크를 걸어 충돌을 피하는 「City Safety-인터섹션 서포트(좌회전 맞은편 차량 감지기능)」등, 독자적인 운전지원 시스템이나 보행자 에어백 등, 근래에도 다른 메이커보다 앞서서 적용한 안전 장비가 몇 가지나 된다. 하지만 타 메이커보다 먼저 선진 안전장비를 탑재하는 일은 기술개발에 따른 어려움뿐만 아니라 도입에 대한 위험성 등 실용하에 직면해서는 넘어야 할 장애물들이 수두룩하다. 그런 것들을 어떻게 해결해 왔을까.

「새로운 안전장비를 개발할 때, 우리는 지식을 바탕으로 리스트를 만듭니다. 현실 문제에 그 우선순위를 대조해 보고 지금의 기술로 그것이 실현 가능한지를 검토합니다. 예를 들면 플러그인 하이브리드 자동차 등의 전동차에 대해서도 충돌할 때, 차체가 변형되는 부분에는 배터리를 설치하지 않습니다. 물론 성능은 제대로 발휘되도록 하면서 말이죠. 게다가 충돌할 때는 전류를 차단하는 기능이 있습니다. 볼보 차에 탑재된 시티 세이프티는 탑승객을 지키는 우산 같은 것이라 다양한 기능을 추가하면서 개선해 나갈 계획입니다.」

가령 자동 브레이크 같은 경우, 완전히 정지하는 기능을 처음에 일본에서는 국토교통성이 금지했었다. 그 규제에 맞췄던 것이 일본 자동차 메이커의 자동 브레이크였던 반면에, 볼보는 국토교통성을 설득해 완전히 정지하는 자동 브레이크를 발매했다. 이것을 실현한 원동력은 대체 무엇이었을까.

「정보 규제를 넘어서 판매할 수는 없습니다. 처음에는 판매를 허가받지 못한다고 들었죠. 그러나 끈질기고 줄기차게 교섭하고 설득해 판매에 이르게 된 겁니다. 중요한 것은 무엇이 올바른 것인지, 선(善)인가 하는 겁니다. 시티 세이프티는 운전자가 만전에 대비했을 때 자동차 쪽이 자동 브레이크를 거는 식으로 인간을 지키는 겁니다.」

자동차에 관한 규제는 외압에 의해 완화될 때가 많지만, 이 건에 관해서는 볼보의 신념에 대한 정열에 국토교통성이 완전히 손을 든 형태이다. 1970년 조사 시작 이후 일관되게 안전성을 추구한 흔들림 없는 자세가 나라를 불문하고 설득되고 있는 것이다. 그런 한편으로 연비나 쾌적성을 높이는 여러 가지 기능이나 성능에 대한 요구 수준이 계속 높아지면서 각각의 개발부서도 치열하게 개발에 임하고 있을 것이다. 그렇다면 이들 부서와 안전부문과의 충돌은 없을까.

「부서 간 충돌은 매일같이 일어납니다. 그것을 해결하는게 쉽지 않은 것도 사실이고요(웃음). 하지만 디자인 팀이나 실내, 성능과 관련된 팀 모두 볼보가 안전성을 최우선시하는 브랜드라는 사실을 이해하고 있고, 그런 상태에서 더 좋은 자동차를 사용자에게 제공하려고 노력하고 있다고 말씀 드릴 수 있습니다.」

CITY SAFETY

맞은편 차량 대응기능

NEW

CITY SAFETY

조향핸들 지원
(충돌회피 지원기능)

COLUMN

「입력1.000000」과「출력1.000000」

AI는 사고제로를 실현할 수 있을까.

우리 일상생활 안으로 AI=인공지능이 들어와 실제로 다양한 역할을 수행하고 있다.

그럼 자율주행 AI가 실용화되고 그 개량이 진행되었을 경우, AI는 100% 실수가 없는 판단을 내리게 될까.

본문 : 마키노 시게오 그림 : 엔비디아 / 마키노 시게오

터널

자전거

어린이

인공 뉴런(퍼셉트론)

$$y=w_1x_1+w_2x_2+w_3x_3$$

낙엽

눈길

장애물
없음

인공 뉴런 층을
많이 병렬로 배열한다.

각 층마다 각각 무거운
파라계기를 갖는다

딥 뉴럴 네크워크

응급차량

자

트럭

기계학습 속 3가지 단계

엔비디아가 화상처리용이었던 GPU를 범용 계산에 사용하기 시작한 것은 2006년. 그 성과가 12년 무렵에 딥러닝으로 나타났다. 동시 병렬계산이 전문이었던 GPU는 시간당 연산회수를 대폭 증가하는데 성공했다. 기계학습의 일부인 딥러닝이 「고양이는 어떤 것인지」를 정확하게 배우는데 도움이 된 것이다. 거기서 만들어진 AI가 자율주행에 이용된다.

AI는 학습을 통해 똑똑해진다.

신경 회로망(Neural Network)이란 인간의 뇌 구조를 닮은 다층구조로써, 각 층마다 「약간 무거운」 파라계기를 갖는다. 한 개 층에서 나온 답이 다음 층으로 전송되는 식의 구조이다. 이것을 사용해 「자차가 안전하게 달릴 수 있는 길」을 판단하게 하려면 위와 같은 화상을 될수록 많이 기억시킬 필요가 있다. 다른 차, 보행자, 자전거, 수목, 건물 등은 「달리면 안 되는 장소」라고 학습시킨다. 지금 상태에서는 AI가 내린 판단 잘못을 지적하는 작업을 인간의 인력에 의존한다.

자율주행을 위한 AI개발은 딥러닝(Deep Running)=심층학습(컴퓨터가 데이터를 반복해서 학습하는 것)에 의해 이루어진다. AI 정확도를 높이려면 더 많은 실제 사례를 효율적으로 기억시키는 작업이 필요하다. 자동차를 운전하는 AI가 배워야 할 것은 극단적으로 말하면 「안전한 장소를 구분하는 방법」이다. 「진행방향은 안전한가」「직진이 안전하지 않다면 어디를 달려야 안전한가」「또는 바로 정지해야 할까」에 대해 문제없이 판단을 내리면 된다. 가능하면 정확률 100%로 말이다. 실체로는 어떻게 심층학습을 시킬까. 현재 자율주행 AI 분야에서 최첨단을 걷고 있는 미국 엔비디아(NVIDAI)의 AI 학습 과정에 관해서 물어보았다.

「예를 들어 AI에 고양이 같은 동물을 기억시키려면, 고양이 사진에 『이것이 고양이이다』라는 딱지를 붙여서 몇만 장이고 기억시키는 겁니다. 동시에 고양이의 특징까지 기억시키는 「무게(입력값의 중요성을 그림화한 것) 인식」이라는 작업도 하죠. 『고양이 귀는 삼각형』이라든가, 『고양이 얼굴은 둥글다』, 『고양이는 다리가 4개』이런 식으로 고양이의 특징을 많이 기억시켜 AI가 1장의 사진을 봤을 때 『고양이입니다』하고 인식할 수 있을 만큼 정확도를 높여 나가는 겁니다. 컴퓨터는 계산이 빨라서 1장의 사진을 보여주면 『귀가 삼각형인가』『얼굴이 둥근가』『다리는 4개인가』등, 기억한 『무게 인식』을 순식간에 합니다. 특히 우리가 자랑으로 하는 GPU는 순차처리를 잘하는 CPU와 달리 독립적인 계산을 동시다발로 합니다. GPU를 심층학습에 사용하고, 자율주행 칩에 GPU를 사용하는 것이죠.」

이것을 자동차 운전에 적용하면 『길』을 정확하게 기억시킬 필요가 있다. 같은 길이라도 아침저녁 무렵에는 빛이 들어오는 방향이 다르다. 날씨에 따라서도 상태가 바뀐다. 도로 폭이나 커브의 곡률 차이, 배경 차이, 도로상의 페인트 유무, 또한 낙엽이나 눈이 쌓여 있어서 『길』이라고 판단하지 않으면 달릴 수 없다. 그리고 기억한 「무게 인식」을 동시에 병행해서 실시함으로써 달려도 되는 자유 공간(Free Space)을 찾아낸다.

엔비디아에서는 실제로 주행한 비디오 데이터를 AI 학습에 사용하기도 하고, 같은 영상의 주야 데이터를 시뮬레이션을 통해 중복함으로써 효율적으로 AI를 학습시킨다. 1시간당 4TB(테라 바이트)의 데이터를 20대의 데이터 수집차량(일본에도 1대가 있다)으로부터 서버로 전송받아 슈퍼컴퓨터를 사용해 AI를 학습시키는 것이다. 그런데도 자율주행에 충분한 데이터를 얻기 위해서는 몇 십 억 km의 주행 샘플이 필요하다고 한다. 하지만 이것은 현실적이지 않기 때문에 3D CG를 사용하여, 한 번에 많은 상황을 학습시키는 방법이 필요하다. 실제 자율주행에서는 카메라 등의 센서가 얻은 정보를 바탕으로 AI가 「자유 공간」을 최대한 100%에 가까운 정확률로 선택해야 한다. 그

최신 AI 장치

이것이 드라이브 자비에(DRIVE Xavier) 2대를 사용하는 장치이다. GPU와 CPU를 같이 사용하면서 각각의 전문 영역을 담당한다. 이 장치의 5배 성능을 가진 차세대 「드라이브 페가수스」도 개발되었다. 또 페가수스보다 2배, 즉 자비에보다 10배의 능력을 가진 장치가 조만간 실용화된다고 한다. 동시에 에너지 저감화도 진행된다.

래도 기본은 자율주행이라 외부 정보를 판단에 사용하는 것은 더 먼 단계에서의 이야기이다. 그러나 자율주행을 위한 AI는 「확실하게 도로교통의 안전에 기여할 수 있다」고 말한다.

「개발 중인 AI 베이스 소프트웨어를 사용하면 운전자의 한눈팔기 운전이나 졸음운전 등 주의력이 산만한 상태를 감지할 수 있습니다. 실내 카메라가 운전자의 시선을 추적하고, 머리 부분 상태나 몸짓을 인식한 다음 이상 상태가 판단되면 운전자의 주의를 환기합니다. 센서를 통해 얻은 차량주위 상황도 경보 등의 형태로 이용하는데, 이것은 앞으로 시판 차량에 적용될 예정입니다.」

하드웨어의 소형화·에너지 소비량 저감도 점점 진행된다. 트렁크 룸

· · · ·▶

정확한 판단을 내릴 수 있을까.

AI는 자차 앞을 가로막은 장애물이 경찰이라는 사실을 판단할 수 있을까. AI는 「사람」에 대한 데이터도 100만 명 정도가 들어가 있기는 하지만, 만약 판단을 잘못하면 경찰을 치게 된다.

실제 주행에서는…

주행 중에는 항상 센서를 통한 정보를 연산해 판단을 내린다. 기초 학습을 끝낸 AI는 인간보다 빨리 판단을 내릴 수 있는 능력을 갖지만, 모르는 것은 판단할 수 없다.

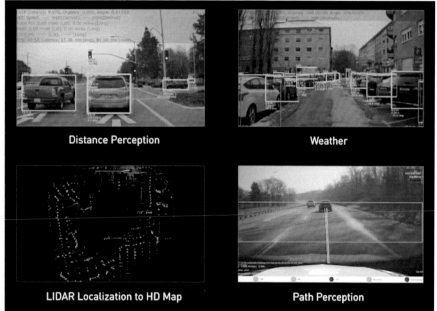

Distance Perception

Weather

LIDAR Localization to HD Map

Path Perception

을 전부 차지할 만큼 체적이 컸던 400개의 CPU와 2만Wh(와트 아우어)의 소비전력은 차세대에서는 A4 크기의 면적에 소비전력 500Wh로 대폭 줄어든다. 심층학습 연산은 매초 320조 회로 이루어지고, 이것 하나로 로보택시를 운행할 수 있다.

절대로 위험영역에 도달하지 않는 레벨5의 완전 자율주행 자동차는 예상보다 빨리 실현될 것 같다. 정보입력 「1.000000」에 대해 AI의 판단출력이 똑같이 「1.000000」이라면 완벽하다. 출력이 만약 0.999999라고 한다면 100만 번에 한 번의 사고확률이 된다. 그래도 인간보다는 똑똑하지 않을까.

Jan IVARSSON

마다 마사루

엔비디아 합동회사
오토모티브 비즈니스
사업부장

EPILOGUE

계속해서 논의되고 있는 문제

「사람」「도로」「자동차」의 관계

예전에 교통전쟁으로 불렸던 시대에 일본서는 연간 16,000명 이상이 교통사고로 생명을 잃었다.
16년의 사망자 수는 4천 명으로, 최악이었을 때의 4분의 1까지 줄었다.
앞으로 교통사고 대책은 「한 사람 한 사람을 구하는 것」에 초점이 맞춰진다.

본문 : 마키노 시게오 그림 : 다이믈러 / JAMA / 마키노 시게오 / 도요타
취재협력 : 일본자동차공업협회(JAMA)

위쪽 3장의 그림은 시가지 풍경을 나타낸 것으로, 질서와 혼돈의 대비로도 볼 수 있다. 그러나 전 세계 육지면적의 3분의 2는 열악한 도로상황 때문에 전복사고가 발생할 만큼 이상향과는 거리가 멀다. 자동차 메이커는 이런 발전과정에 있는 자동차 사회에도 대응해 나가지 않으면 안 된다.

인류 최초의 자동차 사망사고는 1869년 8월 31일에 아일랜드에서 일어났다는 기록이 있다. 고틀리프 다이믈러와 칼 벤츠가 가솔린 자동차를 탄생시킨 86년보다 17년이나 전의 일이다. 이후 오늘날까지 전 세계에서 얼마만큼의 사람들이 자동차 사고를 경험했을까. 이 기록이 정확하다면 올해가 최초 사망사고로부터 150년째에 해당한다.

전 세계에 공기주입 타이어를 장착하고 고속으로 이동할 수 있는 자동차가 13억 대 이상이다. 도로환경이 정비되고 자동차 사고의 위험성을 일찍부터 깨닫고 수많은 대책을 적용해 왔지만, 아직도 매해 몇만 명의 생명을 자동차 사고로 잃고 있다. 도로와 자동차의 발전만큼 사람의 의식이 쫓아가지 못하는 것 같다. 필자도 23살 때 한 번 인사사고 가해자였던 경험이 있다. 그 후에는 피해자 입장도 경험했었다. 사고 순간은 오랫동안 기억돼서인지 아직도 생생하다.

위 CG는 다이믈러가 미래의 자율주행 버스·택시나 공유EV가 달리는 모습을 표현한 것이다. 독일의 어느 거리. 공공 교통기관과 자가용차가 목적에 따라 구분되어 있고, 질서정연하게 도로를 달리기 때문에 혼잡하지도 않

다. 자전거와 오토바이도 자동차와 공존하는 모습이다. 여기에 그려진 개개 자동차는 그리 멀지 않은 미래에 실현될 것이다.

11년 전반, MFi vol.7에서 「현재의 안전기술」이라는 특집으로 필자가 집필을 담당했을 때 자율주행 등은 먼 이야기였다. 레이더를 사용한 전방감시가 실용화되고 충돌회피 브레이크가 막 등장했던 무렵으로, ADAS라는 말도 없었다. 그때를 생각하면 자동차의 진화는 눈부실 정도이다. 반대로 도로와 사람은 좀 뒤처진 느낌이 있다. 실제로 일본의 교통사고 사망자 수 감소는 자동차의 발전에 기인한 바가 크다.

사고통계에 잡히는 사망자 수는 사고 후 24시간 이내의 사망자만 대상으로 하지만, 전체 사망자 수도 줄어들고 있다. 국토교통성은 2020년에 24시간 사망자 수를 2,500명까지 줄이겠다는 것을 정책목표로 삼고 있다. 그를 위해 법규 및 JNCAP 조건을 더 강화하고 있다. 동시에 충돌피해경감 브레이크의 보급이 사고 발생 시 상해정도를 확실히 낮추고 있다.

그렇기는 하지만 2020년까지 24시간 사망자 수를 1,400명이나 줄인다는 것은 상당히 어렵다는 생각도 든다. 효과가 크거나 즉효성이 있는 대책은 이미 실시하고 있다. 나머지는 사고별로 철저히 분석하는 한편으로, 특수사례로 불리는 사고에 대한 대책을 진행하는 등 확실하게 한 사람 한 사람을 구하는 방법밖에 없다. 11년 전 취재 때 어떤 기술자는 다음처럼 말한 적이 있다.

「자동차는 인간이라는 훌륭한 제어장치가 운전을 합니다. 하지만 인간은 규칙적이지 않고 무작위적으로 실수를 하죠. 어떤 상황에서 실수가 발생하는지를 모르는 겁니다. 사람과 자동차가 맨=머신 시스템으로서 어떤 모습이어야 하는지에 대한 논의와 거기서 얻어진 답이 없습니다. 이것을 실현하기 위한 상세한 사고 데이터도 부족하고요.」

이 문제는 현재도 아직 남아 있다. 그러나 ADAS의 발전과 저가격화가 사고 건수 및 사망자 수 감소에 이바지하고 있다는 것은 틀림없다.

「어쨌든 마지막에는 자동차 쪽이 개입해야 합니다」라는 말이 결코 폭언이 아니다. 현재 가장 발전된 ADAS는 「제어되고 있는 느낌」이 약해서 자동차는 사람의 실수에 관대한 기계 노예 같은 모습에 가깝다. 앞으로 자율주행이 실용화되면 맨=머신 시스템이 갖춰야 할 모습도 더는 논의되지 않을 것이다. 소유자가 싫어하지 않을 부드러운 자율주행을 하는 것이 상품개발의 근간이 되는 날이 다가온다.

완전 자율주행이 이루어지면 충돌 안전성은 필요가 없어질까. 이 질문을 기술자에게 물었더니, 완전자동 로봇카와 인간이 운전하는 자동차가 섞여 있는 상태에서는 충돌 안전성은 필요하다는 대답이었다. 여기에는 신흥국에 대한 대응이라는 테마도 있다. 열악한 도로환경에서는 충돌 안전성 강화를 빼놓을 수 없기 때문이다.

한편 일본은 사고사망자에서 차지하는 고령자 비율의 상승이 문제이다. 2050년에 일본은 65세 이상의 고령자 비율이 40%를 넘는다. 가벼운 충돌로도 고령자의 갈비뼈가 골절되는 사례가 이미 늘어나는 추세이다. 안전장비인 시트벨트가 오히려 인체에 위해를 가하는 사례이다. 그리고 경자동차와의 접촉이다. 고령 운전자의 신체 능력을 보완하는 수단으로는 센싱을 통한 자동제어가 유효한 것으로 알려져 있다. 앞으로 시트벨트 포스 리계기의 인장력이나 ADAS 경보를 소유자 체형이나 나이에 맞춰서 설정할 수 있게 할 필요도 있다. 이것은 특정한 어느 한 사람을 구하는 대책이지만 어떤 식이든 필요할 것으로 생각한다. 운전면허 반납을 강제하는 것보다는 훨씬 좋은 대책이다.

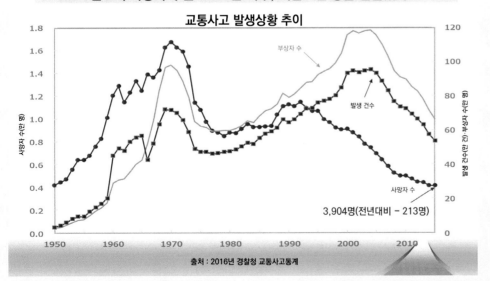

■ 2016년도의 사망자 수는 1950년 이후, 처음 4천 명을 밑돌았다.

교통사고 발생상황 추이

3,904명(전년대비 − 213명)

출처 : 2016년 경찰청 교통사고통계

일본의 교통사고 사망자 수 및 부상자 수와 발생 건수 추이. 1970년 전후의 큰 봉우리가 제1차 교통전쟁 시대이고, 다시 사망자 수가 증가한 90년 전후가 제2차 교통전쟁 시대이다. 2000년대에 들어와 발생 건수가 겨우 감소세로 돌아섰는데 여기에는 ADAS 효과가 포함되었을 것이다.

자전거의 규칙 무시는 사회적 문제이다. 자전거가 사망사고를 발생시키는 사례도 증가했다. 그런 한편으로 고령자가 운전하는 자동차와 보행자·자전거 사고도 늘고 있다. 사람과 차의 분리는 진행되었지만, 자전거의 자리매김이 아직도 애매한 상태이다. 여기에 고령 운전자 증가가 겹치고 있다.

Motor Fan
illustrated

Vol 1

친환경자동차

Vol 2

F1 머신
하이테크의 비밀

Vol 3

엔진 테크놀로지

Vol 4

하이브리드의 진화

Vol 5
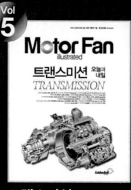
트랜스미션
오늘과 내일

Vol 6

가솔린 · 디젤
엔진의 기술과 전략

Vol 7

튜닝 F1 머신
공력의 기술

Vol 8

드라이브 라인
4WD & 종감속기어

Vol 9

자동차 디자인

Vol 10

조향 · 제동 쇽업소버

Vol 11

전기 자동차 기초 &
하이브리드 재정의

Vol 12

신소재 자동차 보디

Vol 13

타이어 테크놀로지

Vol 14

자동변속기 · CVT

Vol 15

디젤 엔진의 테크놀로지